Elisabeth Mann Borgese Mit den Meeren leben

Elisabeth Mann Borgese

Mit den Meeren leben

Über den Umgang mit den Ozeanen als globaler Ressource

ein **mare** buch

Aus dem Amerikanischen
von Sebastian Vogel

Kiepenheuer & Witsch

Die Originalausgabe erschien 1998 bei United Nations University Press, dem Verlag der United Nations University.
Die Universität wurde 1972 von der UN-Generalversammlung als internationale Vereinigung von Wissenschaftlern gegründet, die sich mit der Forschung über die drängenden globalen gesellschaftlichen Probleme wie zum Beispiel Entwicklung und soziale Fürsorge beschäftigen. Haupttätigkeitsfelder sind die Friedensforschung, Umwelt und Entwicklung sowie Wissenschaft und Technik.
Die Universität arbeitet mit einem weltweiten Netzwerk von Ausbildungszentren; das Planungs- und Organisationsbüro befindet sich in Tokyo, Japan.

1. Auflage 1999

Titel der Originalausgabe: *The Oceanic Circle. Governing the seas as a global resource*

Deutsche Erstveröffentlichung im Verlag Kiepenheuer & Witsch, Köln

Umschlaggestaltung: Claudia Bock, unter Verwendung eines Fotos von Andreas Dahlmeier
Satz und Lithos: KCS GmbH, Buchholz/Hamburg
Druck und Bindearbeiten: fgb, Freiburg
ISBN 3-462-02868-5

Inhalt

Geleitwort

Der Club of Rome ist eine Institution, die sich um die *problématique** der Welt kümmert und sich als Katalysator des Wandels sowie als Mittelpunkt von Innovationen versteht. Er organisiert in völliger geistiger Unabhängigkeit Studien und Diskussionen, um Initiativen zur Lösung der Probleme in Gang zu setzen.

Der vorliegende Bericht an den Club of Rome über die Ozeane ermöglicht tiefgründige Diskussionen. Elisabeth Mann Borgese, unsere Kollegin im Club of Rome, bringt in den Text die wertvollsten Befunde ihrer lebenslangen Untersuchungen ebenso ein wie ihre umfassenden, weltweiten Erfahrungen mit hochkarätigen Tätigkeiten im Zusammenhang mit den Ozeanen. Das alles hat sie im vorliegenden Bericht mit Hingabe und Begeisterung zusammengestellt. Daß manche Ideen, die hier zur Diskussion gestellt werden, in der Öffentlichkeit und in Fachkreisen auf Widerspruch stoßen dürften, ist uns klar.

Die treffenden Kommentare, die Ruud Lubbers, ein angesehenes Mitglied des Exekutivkomitees des Club of Rome, in seiner gehaltvollen Einleitung beisteuert, weisen noch einmal nachdrücklich darauf hin, wie wichtig und vielschichtig die von Elisabeth Mann Borgese erörterten Themen sind. In Übereinstimmung mit ihren Erfahrungen aus früheren Arbeiten, Ansichten und Visionen unterbreitet die Autorin am Ende ihres Berichts gezielte Vorschläge, wie die vor uns liegenden Probleme nach ihrer Überzeugung zu lösen sind. Die Mitglieder des Exekutivkomitees des Club of Rome sind jedoch der Ansicht, daß nicht Einzellösungen letzte oder umfassende Antworten liefern; man muß vielmehr verschiedene Alternativen gleichzeitig ins Auge fassen.

In diesem Sinn erkennt das Exekutivkomitee den bedeutungsvollen Text als neuen Bericht an den Club of Rome an. Statt aber einen Standpunkt zu den hier vorgetragenen Handlungsvorschlägen zu beziehen, fordert das Komitee

* Mit *problématique* und dem begrifflichen Gegenstück *solutique* bezeichnet der Club of Rome integrale Probleme und integrale Lösungen.

erst einmal zu einer weltweiten Diskussion über das Thema auf. Es ist notwendig, das öffentliche Bewußtsein für solche Fragen zu stärken und unsere gemeinsame Phantasie anzuregen, denn sie ist heute mindestens ebenso wichtig wie die vorhandenen Kenntnisse.

Ricardo Diez Hochleitner (Präsident), 8. Juli 1998

Für das Exekutivkomitee des Club of Rome:
Belisario Betancur (Vizepräsident); *Bertrand Schneider* (Generalsekretär); *Ruth Barnela Engo-Tjega; Umberto Colombo; Orhan Güvenen; Yotaro Kobayashi; Eberhard von Koerber; Ruud Lubbers; Manfred Max-Neef; Samuel Nana-Sinkam, Felix Unger*

Vorwort

Im vorliegenden Buch vereinigen sich zwei Wege. Vor dreißig Jahren hielt Arvid Pardo, der Botschafter Maltas bei den Vereinten Nationen, eine historische Rede. Darin definierte er die Ozeane als »gemeinsames Erbe der Menschheit«. Nur wenige Jahre später wurde das *International Ocean Institute* gegründet, und die erste Konferenz unter der Überschrift »Pacem in Maribus« fand statt. Beide Institutionen entwickelten sich eindrucksvoll (und wirkten als eine Art Geburtshelfer für das Gesetz der Meere); und in beiden spielte Elisabeth Mann Borgese, die Autorin dieses Buches, die entscheidende Rolle. Sie hat ihr Leben den Ozeanen gewidmet. Das ist der erste Weg.

Vor dreißig Jahren kamen einige angesehene Personen in Rom zusammen und berieten über ihre Sorgen wegen der »Grenzen des Wachstums«. Daraus wurde der Club of Rome. Er befaßte sich in erster Linie mit der Umwelt, aber eigentlich hatte er einen viel weiter gefaßten Auftrag. Welche Ordnungspolitik ist notwendig, damit die Entwicklung von Wirtschaft und Technologie auf der Welt so gewährleistet wird, daß gleichzeitig die Lebensqualität erhalten bleibt und sich verbessert: Wie verwirklicht man das Prinzip vom »Menschen im Mittelpunkt«? Elisabeth Mann Borgese wurde zu einem der aktivsten Mitglieder des Club of Rome; sie teilte dort ihre Erkenntnisse mit und trug zum Konzept der Ordnungspolitik bei. Ihre ethischen Überlegungen darüber, wie man einer sich immer stärker verflechtenden Welt Form und Substanz gibt und wie man von verschiedenen Kulturen und Zivilisationen profitiert, reiften mehr und mehr heran. Das ist der zweite Weg.

Diese beiden Wege (welche Beziehung wir zu den Ozeanen haben und wie sich ein globales System für eine gute Ordnungspolitik entwickeln läßt) fließen in dem Buch *Mit den Meeren leben* zusammen.

Früher galten die Ozeane – abgesehen von ihrer begrenzten Funktion als Ressourcen für die Fischerei (die so nahe wie möglich an der Küste stattfand) – vor allem als große, düstere, gefährliche Gewässer, die man überwinden mußte, um andere Länder oder Erdgebiete zu erreichen. Heute haben wir gelernt, den Reichtum der Ozeane zu erkennen – nicht nur im Hinblick auf die Fische, sondern auch auf die biologische Vielfalt, und als Puffer, der unser Klima im Gleichgewicht hält. Heute geht es darum, die Ozeane mit ihrem gesamten Reichtum zu bewerten.

Gleichzeitig erkennen wir, wie bedroht die Ozeane sind. Durch Technik, Wirtschaft und die derzeitige Vorherrschaft des marktwirtschaftlichen Systems beschleunigen sich Produktion und Konsum. Darüber hinaus beobachtet man eine wachsende Zuwanderung in Küstengebieten und Riesenstädten in Meeresnähe sowie die Ausbeutung der Ozeane durch küstennahe Wirtschaftstätigkeit und Tourismus. Die Berührungsflächen zwischen Mensch und Meer wachsen.

Mit den Fischen fing alles an. Aber die Zeit des Überflusses ist längst und für Jahrzehnte vorüber. Deshalb war man gezwungen, eine nachhaltige Nutzung der Ozeane zu erwägen, aber dabei stellte sich heraus, daß die Probleme der nachhaltigen Nutzung viel allgemeiner sind und globale Dimensionen haben. Die wachsenden Berührungsflächen zwischen Mensch und Meer verstärken die Notwendigkeit einer neuen Denkweise und einer neuen Ordnungspolitik. Vor einiger Zeit veröffentlichte die *World Commission on the Oceans* ihren Bericht *The Oceans, Our Future*. Bei der Bildung der Kommission und ihrer Arbeit spielte Elisabeth Mann Borgese eine entscheidende Rolle.

Mit den Meeren leben ist eine viel umfassendere Untersuchung, die auf *The Oceans, Our Future* aufbaut. Daß Elisabeth Mann Borgese der Originalausgabe ihres Buches den Titel *The Oceanic Circle* gegeben hat und damit Mahatma Gandhi zitiert, der die Weisheit höher schätzte als die abendländische Aufklärung, hat Symbolcharakter. »Life (…) will be an oceanic circle whose center will be the individual.«

Mittlerweile liegt der Umweltgipfel von Rio de Janeiro einige Jahre zurück. Die Konferenz war ein Ergebnis von *Our Common Future* und des Begriffs der nachhaltigen Entwicklung, der in den achtziger Jahren formuliert wurde. Auf dem Gipfel wurde ein Abkommen über die biologische Vielfalt und eine Konvention zur Klimaveränderung beschlossen. Auch die Agenda für das 21. Jahrhundert wurde auf den Weg gebracht, allerdings noch in sehr einfacher Form. Den Ozeanen ist besonders das Kapitel 17 gewidmet. Darüber hinaus war Rio ein weiterer Schritt zur Formulierung neuer Prinzipien, nach denen sich nachhaltige Entwicklung realisieren läßt. Ebenso ging es darum, in einer sich immer stärker verflechtenden Welt Harmonie herzustellen, die Solidarität zu bewahren und die Zukunft für kommende Generationen zu sichern.

Eines dieser neuen Prinzipien ist die Vorsorge: Neue Technologien sind vorsichtig einzusetzen, und solange Unsicherheiten bestehen, ist von ihrer Verwendung abzusehen. Diese neue goldene Regel ergänzt die positive Haltung gegenüber der Technologie, wie sie in *Our Common Future* formuliert wurde. Tatsächlich ist Technologie einerseits eine Lösung für viele ökologische Probleme und Gefahren, aber andererseits kann sie auch selbst eine Bedrohung darstellen.

Die Wörter »Ökonomie« und »Ökologie« kommen beide vom griechischen *oikos*, das »unser gemeinsames Haus« bedeutet.

In der Ökonomie wendet man einen Zinssatz an, oder man gibt Rabatt. Es handelt sich dabei um ein System, angesichts knapper Ressourcen vernünftige Entscheidungen zu treffen. Dieses Auswahlkriterium ist ebenfalls rational, weil es sich auf die Erfahrung stützt, daß man eine Produktivitätssteigerung erzielen kann, wenn man in Technik, Wirtschaft und Verwaltung effiziente Systeme anwendet. Die zunehmende Produktivität ist das »Spiegelbild« des Zinssatzes. Diese Vorstellung stützt sich auf die Erfahrung steten Fortschritts in Technik und Management. In völliger Übereinstimmung mit alledem geben die Wirtschaftsfachleute einen »Rabatt« auf die Zukunft. »Werte«, die in der Zukunft liegen, sind damit für sie weniger wichtig als die Werte von heute.

Ökologen gehen von einer anderen Sichtweise aus. Für sie ist die Zukunft ebenso wichtig wie die Gegenwart. Technischen Verbesserungen stehen sie skeptisch gegenüber, solange sie ihren Wert nicht erwiesen haben. In diesem Sinn haben Ökologen eine völlig andere Einstellung als Ökonomen. Sie befolgen das Vorsorgeprinzip und vermeiden Entscheidungen, welche die Gesellschaft möglicherweise später bereut. Vor Rio lautete die herkömmliche Weisheit: Äußere Effekte in die Preise einfließen zu lassen löst die Spannungen zwischen Ökonomie und Ökologie. Heute wissen wir, daß die »Internalisierung externer Kosten« zwar nötig ist, aber allein nicht reicht. Eine gute Symbiose zwischen Ökonomie (Forderung der Kreativität) und Ökologie (auf der Grundlage der Ehrfurcht vor der Natur und der Sorge um die Zukunft) erfordert weitere Entwicklungen. Auch in *Mit den Meeren leben* geht es um diese Symbiose.

Ein weiteres neues Prinzip von Rio ist der Wert der kulturellen Vielfalt. Kreativität, die Verwurzelung von Menschen in ihrer Kultur und der Austausch zwischen den Kulturen sind wertvoll. Damit die nachhaltige Entwicklung gelingt, muß die Armut ausgerottet werden; und um den Menschen aus seiner Ohnmacht zu befreien, brauchen wir die Nachhaltigkeit der Gemeinschaften und den Respekt vor der Kultur.

Elisabeth Mann Borgese beweist in diesem Buch, daß sie einen Schritt weiter gehen kann. Sie läßt es nicht beim Respekt für indigene Kulturen bewenden, sondern versucht auch, Werte und Visionen aus unterschiedlichen Kulturen aufzunehmen. Damit praktiziert sie genau das Gegenteil von Huntingtons *Kampf der Kulturen. Mit den Meeren leben* ist ein faszinierendes Buch, denn es zeigt deutlich, daß die Sorge um die Ozeane immer mehr zur Sorge um die Menschheit geworden ist, zur Sorge um die weltweite Solidarität und um die Solidarität mit zukünftigen Generationen. Es handelt davon, wie man das Prinzip vom »Menschen im Mittelpunkt« verwirklicht.

Der Club of Rome lenkt die Aufmerksamkeit immer und immer wieder auf die Notwendigkeit, ganzheitlich zu denken. Das folgt aus der Erkenntnis, daß Brücken zwischen den wissenschaftlichen Disziplinen geschlagen werden müssen und daß die Spezialisierung, die aus der Aufklärung erwachsen ist, überwunden werden muß.

Eng verwandt damit ist die Notwendigkeit des einschließenden Denkens; das heißt, man muß in das Denken die Aufgaben verschiedener gesellschaftlicher Institutionen einfließen lassen. Ganzheitlich heißt: Spezialisierung überwinden. Einschließend heißt: spezifische Interessen überwinden.

Elisabeth Mann Borgese nutzt die Gelegenheit, eine Verbindung zu Orio Giarinis Buch herzustellen, das sich mit der Bedeutung nichtmonetärer Werte befaßt, um zu erklären, daß es eine neue »allgemeine Theorie der Arbeit« geben muß; allgemein in dem Sinn, daß »Geldwert« nicht der einzige Aspekt der Arbeit und der Tätigkeit von Menschen ist. Die allgemeine Theorie der Arbeit muß auch unbezahlte Tätigkeiten als wertvoll einstufen. Unbezahlte Arbeit ist höher zu bewerten, wenn man erkennt, daß es nach den Stadien der Unterentwicklung, der beginnenden Industrialisierung und der entwickelten Volkswirtschaften ein neues Stadium geben muß, in dem nicht ein möglichst großes Bruttosozialprodukt (BSP) pro Kopf, sondern ein optimales Gleichgewicht zwischen bezahlter und unbezahlter Arbeit angestrebt wird. Nur so ist ein menschenwürdiges Leben möglich. Diese Erkenntnis ist wichtig, damit eine extrem ökonomische Ausrichtung des Lebens vermieden wird.

Die politische Geschichte und die Wirtschaft der Ozeane sind wichtige Untersuchungsgegenstände, von Hugo Grotius mit seiner erfolgreichen Forderung, die Ozeane sollten frei sein und nicht unter Kontrolle irgendeiner politischen Macht stehen, über Arvid Pardo, der die Ozeane als unser gemeinsames Erbe bezeichnet, bis hin zum Seerecht mit seinen ausschließlichen Wirtschaftszonen (Exclusive Economic Zone, EEZ), die den territorialen Verantwortungsbereich der Nationalstaaten stark erweitern – es ist ein weiter Weg zu der Erkenntnis, daß die Nationalstaaten einander unterstützen müssen, um die

Probleme der Küstenbewirtschaftung zu bewältigen und die Ozeane friedlich und nachhaltig zu nutzen. Wieder einmal zeigt sich, daß die Agenda für den Frieden und die Agenda für Entwicklung eng miteinander verflochten sind.

Aber auch über die Notwendigkeit internationaler Solidarität und zwischenstaatlicher Anstrengungen im Umgang mit den Ozeanen hinaus wird immer deutlicher, daß Nationalstaaten allein nicht zu nachhaltiger Entwicklung und Lebensqualität gelangen können. Wir brauchen eine neue Ordnungspolitik. Das erfordert nicht nur neue Formen der Zusammenarbeit von Regierungen und Institutionen, sondern auch eine verstärkte Mitwirkung der Bürgergesellschaft. Die Bürgergesellschaft und besonders die Nichtregierungsorganisationen haben sich auf einen langen Marsch in Richtung größerer Lebensqualität begeben, indem sie Aktionen durchführen und nicht nur auf Regierungen, sondern auch auf multinationale Konzerne Druck ausüben.

Es entwickelt sich eine neue politische Kultur, in der es nicht allein um die Durchsetzung eigener Interessen geht, sondern auch um soziale, politische und ökologische Verantwortung. So nehmen Firmen gesellschaftliche Werte in die Aussagen über ihre Aufgaben und in ihren Verhaltenskodex auf. Der Wunsch nach Nachhaltigkeit motiviert uns, eine globale Ethik anzuwenden. Eine neue Symbiose zwischen Regierungen, Privatwirtschaft und Bürgergesellschaft entsteht. Aber noch haben wir einen langen Weg vor uns, bis ein Gegengewicht zur einseitigen Ökonomisierung des Lebens geschaffen ist.

Besonders fesselnd schreibt Elisabeth Mann Borgese über die Souveränität. Sie hat recht. Souveränität verleitete viele Länder zur Selbstüberschätzung, und deshalb ist es heute notwendig, daß die Nationalstaaten zusammenarbeiten, besonders auf regionaler Ebene. Die nachhaltige Entwicklung der Ozeane ist nur ein Beispiel für diese neue globale Notwendigkeit. Neben der Zusammenarbeit zwischen Nationalstaaten und in internationalen Institutionen entwickelt sich aber auch überall auf der Welt eine Bürgergesellschaft: Bürger, Nichtregierungsorganisationen, Kulturen und Religionen wirken zusammen und realisieren damit sowohl einen globalen Meinungsaustausch als auch die globale Souveränität der Völker. Die neue Informations- und Kommunikationstechnik schafft gewaltige Möglichkeiten, Menschen miteinander in Verbindung zu bringen und ihnen Einfluß zu verschaffen. Deshalb ist die Welt nicht mehr nur die Summe der Nationalstaaten, sondern es gibt auch eine weltweite, auf Mitwirkung gegründete Demokratie und die weltweite Souveränität der Völker.

Die Menschheitsgeschichte als Geschichte der weltweit in Wechselbeziehung stehenden Menschheit hat gerade erst begonnen. *Mit den Meeren leben* wird das Bewußtsein für die Ozeane und damit auch für unsere Zukunft schärfen. Gleichzeitig wird das Buch deutlich machen, wie sich im Zeitalter der Globalisierung ein Konzept der Ordnungspolitik entwickelt, bei der der Mensch im Mittelpunkt steht.

Ruud Lubbers

Vorwort zur deutschen Ausgabe

Ich werde oft gefragt, warum gerade die Beschäftigung mit dem Meer zum Hauptthema meiner Lebensarbeit geworden ist. Ehrlich gesagt, habe ich lange Zeit gar nicht darüber nachgedacht – man tut halt, was man tut. Doch allmählich fühle ich auch selbst den Drang, mir darüber klarzuwerden, warum gerade das Meer …

Und jetzt ist es mir klar.

Zwei Strömungen fließen in mir zusammen.

Eine davon hat ihren Ursprung in meiner frühesten Kindheit. Ich sehe mich noch: Gegen Abend, es war kühl, und ich zitterte ein wenig; teils weil es kühl war, teils aus Erregung. Wir standen am Strand. Ich, etwa fünf Jahre, an der Hand meines Vaters, und mein kleiner Bruder Michael, vierjährig. Wir schauten aufs Meer hinaus – das erste Mal in unserem Leben.

Mein Vater war sehr stolz, uns das Meer zu zeigen. Er war immer sehr stolz auf sein Meer: die Ostsee bei Travemünde. Kurz ehe wir die lange Reise von München ans Meer antraten, erzählte er uns, wie er als kleiner Junge dem neuen Kindermädchen, das aus Sachsen kam, mit Stolz sein Meer gezeigt hatte. Und sie stand da, auf breiten Beinen, schaute hinaus und sagte: »'s is hibsch, aber ich hätt mers hibscher gedacht.« Das muß eine furchtbare Enttäuschung oder sogar Beleidigung für meinen Vater gewesen sein, die er der Sächsin nie verziehen hat.

Unter keinen Umständen wollte ich ihm eine ähnliche Enttäuschung bereiten! Doch dazu bedurfte es keinerlei Anstrengung, denn ich war einfach benommen vom Anblick des Meeres: seine Farbe, das Plätschern der Wellen, der Salzgeruch – alles war ganz anders als am Starnberger See!

Meine erste Reise ans Meer: Ich taumelte zwischen Erregung und Benommenheit. Zunächst fuhren wir im Schlafwagen nach Berlin. Schon das war ein traumhaftes Erlebnis. Michael und ich lagen uns gegenüber an den beiden Enden des Bettes. Die Mutter über uns, der Vater allein im Coupé nebenan. Ich lag am Fußende, direkt unter dem Fenster, und konnte die Jalousie ein wenig hinaufschieben und den Sternenhimmel sehen, der sich zu bewegen schien. In Berlin durften wir Onkel Peter Pringsheims Laboratorium besuchen, wo er uns »flüssige Luft« zauberte: Luft, die so kalt war, daß sie zu blauer Flüssigkeit wurde. Wie das Meer, dachte ich. Und als er einen geschmeidigen Gummischlauch hineintauchte, verwandelte sich dieser im Handumdrehen in einen harten Stock; so kalt war das Wasser.

Und dann standen wir auf einmal am Meer und schauten ganz benommen in die Ferne. Was mich am tiefsten beeindruckte, war der Horizont, der sich fest und ungebrochen, wie von einem überdimensionalen Zirkel gezeichnet, von einem Ende des Blickfeldes zum anderen hinzog. »Das ist der Horizont«, erklärte mein Vater.
»Und was ist hinter dem Horizont?« fragte ich.
»Der Horizont und dahinter wieder der Horizont. Je weiter du hinausruderst, um so weiter zieht sich der Horizont zurück, so daß du immer nur einen Horizont siehst; bis ganz, ganz zuletzt Land in Sicht kommt, und dann ist der Horizont verschwunden. Du kannst ihn dann aber wieder sehen, wenn du dich herumdrehst.«
Ich mußte oft über den Horizont nachdenken, und er hatte die unterschiedlichsten Bedeutungen für mich. Als ich etwa zwölf Jahre alt war, schien er mir die Einheit von Zeit und Raum im sich ausdehnenden Universum verständlich und anschaulich zu machen: So, wie man sich in den Raum hinausbewegt, was ja Zeit dauert, so erweitert sich der Horizont des Universums, dachte ich mir, und die Endlichkeit wird zur Unendlichkeit.

Wir fuhren jeden Sommer ans Meer: ans Mittelmeer, nach Ischia, und an die ligurische Küste. An die Ostsee und an die Nordsee, auf Sylt. Lauter unterschiedliche Meere, jedes mit eigenen Farben, eigenen Wellen und eigenem Geruch. Aber alle diese Meere hatten einen Horizont! Und an jedem Strand gab es Sand und Muscheln, mit denen man Burgen bauen und verzieren konnte, in deren Schutz man Ruhe fand. Währenddessen saß mein Vater, seemännisch gekleidet – weiße Hose, blaue Jacke und Kapitänsmütze –, im Strandkorb und schrieb ... Wir Kinder genossen das Leben am Meer. Wir bauten Sandschlösser, Doppeltunnel und Murmelbahnen; tauchten unter den Wellen, gingen in der Dämmerung spazieren, und später, als wir älter waren, galoppierten wir auf ungesattelten Pferden den Strand entlang.
Am Strand sind alle Kinder brav; man kann gar nicht anders. Vielleicht ein früher Hinweis auf den Gedanken, den ich später in diesem Buch entwickeln

werde: Das Leben mit dem Meer zwingt uns, anders zu denken; neu zu denken und anders zu handeln.

Es war eine Zauberwelt. Noch heute, wenn ich frühmorgens den Espressosatz aus seinem kleinen wohlgeformten Behälter in das Spülbecken leere, muß ich an die feuchten Sandkuchen denken, die wir damals aus unseren buntlackierten Eimerchen stürzten und am Strand aneinanderreihten.
Bald wurde mir bewußt, daß mein Vater das Meer zum Leben brauchte. Es war ein Teil seines Lebens und seiner Arbeit, und ganz sicher hat mich das beeinflußt. Heute lebe und arbeite ich am Meer. Die Aussicht von meinem Schreibtisch aus ist wie die von einem Schiff, und bei Flut umspült das Meer meinen Gartenzaun. In Nova Scotia kann man stundenlang spazierengehen, und man begegnet keiner Menschenseele, keinem Auto, nicht einmal ein Telefonmast ist zu sehen. Nur Strand, Felsen, Wälder und natürlich das Meer.
Meine tiefe Liebe zum Meer spielte also sicherlich eine Rolle bei der Wahl meiner Lebensaufgabe. Sie bildet ihre emotionale und ästhetische Grundlage.

Die zweite Strömung wirkte erst viel später auf mich ein und war nicht emotionaler, sondern intellektueller Art.
Der Zweite Weltkrieg war vorbei, und die pilzförmigen Giftwolken von Hiroschima und Nagasaki hatten sich im Raum verteilt. 1948 kam ich zum erstenmal wieder nach Deutschland und sah die zerstörten Städte. Ein Anblick, der mich mit Entsetzen erfüllte über die Perversität der Menschen, die so etwas fertiggebracht hatten.
1946 waren die Vereinten Nationen gegründet worden. Gewiß ein großer Schritt in die richtige Richtung; aber von Anfang an war klar, daß es nur der erste Schritt von vielen sein konnte. So, wie sie sich damals darstellten, würden die Vereinten Nationen nicht in der Lage sein, weitere Weltkatastrophen zu verhindern. Der Weltfrieden konnte nicht auf dem Status quo begründet werden. Die erste Bedingung für den Weltfrieden war schon damals internationale soziale Gerechtigkeit: *pax justitiae*. Diese zu fördern, waren die Vereinten Nationen ihrer Struktur nach ursprünglich nicht in der Lage. Zunächst waren sie ja eigentlich nichts anderes als die Sieger des Zweiten Weltkriegs, die es sich zur Aufgabe gemacht hatten, einen erneuten Krieg zwischen den verfeindeten Staaten zu verhindern. Umdenken war vonnöten.
An der Universität von Chicago empfand man eine besondere Verantwortung, denn es war dort, am *Stag Field*, gewesen, wo die bedeutendsten Physiker der Welt – Enrico Fermi, Edward Teller, Leo Szilard, James Franck – Entscheiden-

des zur Entwicklung der Atombombe beigetragen hatten. Es entstand das *Committee to Frame a World Constitution*, eine Vereinigung, die es sich zur Aufgabe gemacht hatte, eine Weltverfassung zu etablieren. Mein Mann, der Exilitaliener und Antifaschist Giuseppe Antonio Borgese, dessen Studentin und Mitarbeiterin ich war, war die Seele dieses Komitees.

»Internationale soziale Gerechtigkeit«, dessen waren wir uns sicher, verlangt grundlegende Änderungen in der Weltwirtschaft. Gedanken des damaligen Dekans von Canterbury, Hewlett Johnston, aufgreifend, schrieb unsere Weltverfassung vor, daß alle vier Elemente des Lebens – Wasser (die Meere, Flüsse, Seen und Grundwasser), Erde (Land und Bodenschätze), Luft (Atmosphäre) und Feuer (Energie in all ihren Formen) – als Gemeinschaftsgüter der gesamten Menschheit betrachtet werden müssen. Im Jahr 1948, als unsere Verfassung, in fünfzig Sprachen übersetzt, in Millionen von Exemplaren auf der ganzen Welt verteilt wurde, eine absolut utopische Vorstellung. (Eine deutsche Ausgabe mit einem Vorwort meines Vaters erschien übrigens 1949 bei S. Fischer.)

1967, als Arvid Pardo, der große Botschafter der kleinen Insel Malta, seine berühmte Rede über die Meere vor der UNO hielt, da berührte unsere Utopie die Wirklichkeit: Die Weltmeere und ihre Bodenschätze sollen das gemeinschaftliche Erbe der Menschheit werden und im Interesse lebender und künftiger Generationen ausschließlich zu friedlichen Zwecken gefördert und verwaltet werden.

In diesem Jahr entschied ich mich, mein geliebtes Meer, seinen Schutz und damit auch das Seerecht zu meiner Lebensaufgabe zu machen! Für mich sind die Meere ein »großes Laboratorium«, in dem wir eine neue Weltordnung schaffen können. Denn das Meer zwingt uns, anders zu denken und zu handeln.

Diese beiden beschriebenen Strömungen, die emotionale und die intellektuelle, sind es, die mein leidenschaftliches Engagement für das Meer in den vergangenen dreißig Jahren wachgehalten haben – und die es gewiß bis zu meinem Lebensende wachhalten werden.

Elisabeth Mann Borgese

Dank

Dieses Buch stützt sich im wesentlichen auf die Arbeiten des *International Ocean Institute* und des Club of Rome. Es ist in vielerlei Hinsicht eine Fortsetzung der Arbeiten der *Independent World Commission on the Ocean*, und es spricht einige Empfehlungen aus, die im Bericht der Kommission nur angedeutet werden konnten. Es versucht, die Bedürfnisse und Bestrebungen armer Menschen und Länder wiederzugeben.
Besonderen Dank schulde ich Ian McAllister für seine wertvolle Hilfe, besonders in den Abschnitten, die sich mit wirtschaftlichen Fragen befassen; weiterhin Max Börlin und Scott Coffen-Smout, die mich bei den Recherchen über Indikatoren und den wirtschaftlichen Wert der Ozeane unterstützten, sowie Orio Giarini und Ruud Lubbers, die das Manuskript durchsahen und deren wertvolle Vorschläge in den Text eingeflossen sind.

In dieser Struktur, welche aus unzähligen Dörfern besteht,
wird es immer weitere, niemals aufsteigende Kreise geben.
Das Leben wird keine Pyramide sein,
deren Spitze vom unteren Teil getragen wird.
Es wird ein Kreis der Meere sein;
sein Mittelpunkt ist der einzelne,
der immer bereit ist, für sein Dorf zu sterben,
und letzteres ist bereit, für den Kreis der Dörfer zu sterben,
bis das Ganze zuletzt ein Leben wird,
welches aus einzelnen besteht,
die niemals aggressiv und arrogant werden,
sondern immer demütig,
weil sie den majestätischen Kreis der Meere teilen,
dessen untrennbarer Teil sie sind.
Deshalb verleiht der äußere Umfang keine Macht,
den inneren Kreis zu zermalmen,
sondern er gibt Kraft allen in seinem Inneren
und bezieht daraus seine eigene Stärke.

Mahatma Gandhi

Prolog

Der eine oder andere von Ihnen, verehrte Leserinnen und Leser, erinnert sich wahrscheinlich an die neuartigen Bilderbücher, die vor ein paar Jahren in den Kunst- und Kinderbuchhandlungen auftauchten und uns dreidimensionale Illusionen vermittelten. Die Seite, die man flach und glänzend vor sich hat, zeigt ein vom Computer erzeugtes abstraktes Muster. Man muß das Buch dicht vor die Augen halten und mit entspanntem Geist anstarren, bis die Konturen verschwimmen. Wenn man dann das Bild langsam und gleichmäßig vom Gesicht entfernt, stellen sich die Augen wieder scharf, aber irgendwie anders. Die flache Oberfläche löst sich auf; hinter ihr öffnet sich räumliche Tiefe; Bäume, Tiere, Berge, Wellen heben sich vom Hintergrund ab, dreidimensional-plastisch wie ein Hologramm. Zur eigenen Sichtweise ist eine neue Dimension hinzugekommen.

In den Einleitungen solcher Bücher wird geraten, man solle »aufgeschlossen« sein, um diese erfreuliche Erfahrung machen zu können. Menschen – oftmals ältere – mit festgefahrenen Ideen können ihre Sichtweise aber nicht derart verändern.

Mir selbst fiel es schwer, das zu lernen, aber heute macht es mir wirklich Spaß: das Unscharfwerden, der Verlust der alten Perspektive, das plötzliche Auftauchen einer neuen, tieferen Einsicht, die Entstehung eines neuen Universums auf der Buchseite.

Auf vergleichbare Weise möchte ich Sie in diesem Buch führen. Wir wollen Ihre vertraute Perspektive verschwimmen lassen und eine neue, tiefere öffnen. Die Figuren sind da und heben sich wie Hologramme von dem vielschichtigen Hintergrund ab – vorausgesetzt, man kann sie sehen; eine neue Welt öffnet sich: die majestätische Welt der Meere, mit denen wir leben.

In der alten Sichtweise waren unsere Augen auf das *Land* scharf gestellt, auf die Kontinente; sie waren das Eigentliche, wo das Dasein der Menschen wurzelte, wo sich Geschichte und Evolution abspielten; wo die Natur von der »Zivilisation« »erobert« wurde, wo Natur und Kultur zueinander in Beziehung traten. Die Kontinente waren »getrennt« oder »isoliert« – ihre »Sicherheit« wurde durch die Ozeane geschützt, von denen man nur die oberste Schicht erlebte und für das *Leben an Land* ausbeutete. Fischerei und Seefahrt reichen bis in prähistorische Zeiten zurück; aber was unter der Oberfläche der Ozeane lag, war Mythos und Mysterium.

Versuchen Sie jetzt, Raum und Zeit unscharf werden zu lassen. Spüren Sie den Puls des Lebendigen: Ausdehnung und Verkleinerung. Ausdehnung und Verkleinerung. Vom Land unabhängige Lebensformen, am Leben erhalten durch Chemosynthese, wandern aus der dunklen Tiefe des Meeresbodens zur Oberfläche, wo das Sonnenlicht immer stärker wird. Die Photosynthese übernimmt von der Chemosynthese die Rolle als Motor des Lebens. Eines Lebens, das nach oben, nach außen wandert, *aus dem Ozean heraus.* Die Pflanzenwelt des Ozeans schuf die Atmosphäre, die wir atmen, seit Tiere aus den Meeren von der Kiemen- zur Lungenatmung übergingen und aus dem Meer an Land krochen, wo die grünen Pflanzen ihnen bereits vorausgegangen waren und die Arbeit der Meerespflanzen fortsetzten: atembare Luft zu erzeugen. Sie nahmen an Zahl und Vielfalt zu. Ihnen wuchsen Flügel, mit denen sie in der Luft schwammen; sie richteten sich auf den unteren Gliedmaßen auf und streckten die Arme nach oben, um zu beten und zu bauen.

Und sie kehrten in den Ozean zurück: Säugetiere und Vögel, Wale, Delphine und Robben, Pinguine und Tauchenten. Es ist verblüffend, Vögel im tiefen Wasser fliegen zu sehen, mit schlagenden Flügeln, Hals und Füße ausgestreckt, um ihre Fische zu fangen; zu sehen, wie Delphine und Robben zur Form der Ozeane zurückgekehrt sind.

Und wir Menschen folgten ihnen auf dem Fuße. Wie Lemminge hasteten wir vom Landesinneren und aus dem Gebirge an die Küsten, fielen übereinander her, drängten uns aneinander, verwüsteten wie eine Heuschreckenplage die Gestalt der Küste und wagten uns hinaus auf den Ozean, weiter und immer weiter hinaus, tiefer und immer tiefer hinab.

Jetzt stellen Sie wieder scharf. Sehen Sie, wie die Oberfläche sich auflöst und die neue Form hervortritt?

Wenn Sie in Meer und Meeresboden bisher eine Fortsetzung des trockenen Landes gesehen haben, so sehen Sie jetzt das trockene Land als eine Fortsetzung des Meeres. Manche Menschen, beispielsweise die Bewohner des Pazifikraumes, deuten es tatsächlich so. Der Ozean ist das Eigentliche, das die Oberfläche unseres blauen Planeten fast zu drei Vierteln bedeckt; die Kontinente sind Inseln, die auf dem Weltmeer treiben; der Ozean trennt und isoliert sie nicht, sondern er verbindet und vereinigt sie. Das Weltmeer ist unser gemeinsames Erbe.

Die Bedeutung des Weltmeers als potentielle Quelle für Waren (Nahrung, Fasern, genetische Ressourcen, Metalle, Mineralien) kann man gar nicht hoch genug einschätzen. Vor allem aber ist der Ozean ein unentbehrlicher Teil der Biosphäre, ein entscheidender Faktor für den Kreislauf des Kohlenstoffs und ein bestimmendes Element des Weltklimas.

Unter den »Dienstleistungen der Ökosysteme« leistet der Ozean einen viel größeren Beitrag als das feste Land.

Korallenriffe und Mangrovensümpfe zum Beispiel dienen als »Störungsregulatoren«. Wo es sie gibt, brechen sie die Kraft der großen Flutwellen, und hinter ihrem Schutzschild sind Küstenbevölkerung und Eigentum in Sicherheit. Außerdem fungieren sie als Lebensräume, Rückzugsgebiete, Paarungsplatz und Wiederverwerter der Nahrung. Selbst wenn man die Riesenzahl von Unbekannten beiseite läßt, trägt das »Wassersystem« den bei weitem größten Teil zu den Materieströmen auf der Erde bei, und dieses System besteht zu über 90 Prozent aus dem Ozean.

Der Ozean bedeckt über 70 Prozent der Erdoberfläche[1], macht aber 99 Prozent des Raumes aus, der bekanntermaßen Leben ermöglicht; das meiste davon kennt man noch nicht, und »je mehr wir wissen, desto mehr wissen wir, wie wenig wir wissen«. Während wir uns einerseits zu Recht Sorgen um den von Menschen verursachten Rückgang der biologischen Vielfalt machen, entdecken die Wissenschaftler andererseits ständig neue Anhäufungen von Vielfalt. In den letzten Jahren, als man die mittleren Tiefen der Ozeane erforschte, in die das Sonnenlicht nicht mehr vordringt, entdeckte man eine Fülle neuer biologischer Arten; sie bilden produktive Ökosysteme, die wir bis dahin nicht kannten, die aber jetzt schon die Begehrlichkeit der industriellen High-Tech-Fischereiunternehmen wecken. Der Boden der Tiefsee, von dem bisher kaum mehr als 1,5 Prozent erforscht sind, beherbergt neben den nichtirdischen Geschöpfen – Krebstieren, Weichtieren und riesigen Würmern –, die um die vulkanischen Ausbreitungszentren herum leben, auch Tausende oder vielleicht Millionen von verschiedenen Arten kleiner wirbelloser Tiere. Auf etwa 21 Quadratmetern Meeresboden vor der Atlantikküste der Vereinigten Staaten, in einer Tiefe von 1500 bis 2500 Metern, fanden und sammelten Wissenschaftler 90 672 einzelne Lebewesen, die zu 798 Arten gehören – und von diesen Arten waren 460 bis dahin unbekannt.[2]

Eines aber wissen wir: Der Ozean ist ein ganz anderes Medium als das feste Land – der Unterschied ist sogar so groß, daß er uns zwingt, anders zu denken. Das Medium selbst, in dem alles fließt und alles verknüpft ist, zwingt uns, »unscharf zu stellen«, unsere alten Begriffe und Lehrmeinungen über Bord zu werfen und auf ein neues Grundprinzip »scharf zu stellen«. Grundlegende Begriffe, die sich im Lauf der Jahrtausende an Land entwickelt haben, wie Souveränität, geographische Grenzen oder Eigentum, funktionieren im Medium des Ozeans einfach nicht; deshalb entstehen dort neue politische, juristische und wirtschaftliche Vorstellungen, die sich letztlich auf die gesellschaftliche, wirtschaftliche und politische Ordnung des nächsten Jahrhunderts auswirken werden.

Problématique – solutique

Der Club of Rome ist darauf eingestellt, entscheidend mitzuwirken an der Formulierung und Verbreitung besserer Kenntnisse über die Meere, mit denen wir leben. Der Club wurde Ende der sechziger Jahre gegründet; seine Grundlage war die Vorstellung, daß alle großen Fragen unserer Zeit voneinander abhängig sind und untereinander in eine Wechselbeziehung treten, die sein Gründer Aurelio Peccei als *problématique* bezeichnete. Wir erleben diese *problématique par excellence* in den Ozeanen. Fische, Strömungen, Wellen und Wind richten sich nicht nach den »Grenzen«, die der menschliche Geist sich ausgedacht hat. Das Gesetz des Landes kann nicht schwimmen. Jede umfangreichere Tätigkeit auf dem Meer wirkt auf jede andere. Fischerei und Aquakultur; Erkundung und Ausbeutung der Öl-, Gas-, Erz- und Metallvorkommen vor den Küsten; Tourismus und Wassersport; Schiffahrt und Navigation; Technik und Entwicklung an den Küsten; militärische und friedliche Nutzung der Meere und Ozeane – sie alle haben gegenseitige Wirkungen. Manchmal sind ihre Effekte positiv, ein anderes Mal negativ. Sich auf sinnvolle Weise getrennt mit einzelnen Tätigkeiten zu befassen ist schlicht und einfach nicht möglich. Sie bilden die *problématique* der Ozeane. Arvid Pardo, der Botschafter Maltas und Vater des neuen Seerechts, erkannte das in seiner historischen Ansprache an das Erste Komitee der Vollversammlung der Vereinten Nationen am 1. November 1967 sehr deutlich, und es wurde 1982 in der Präambel des UN-Seerechtsübereinkommens festgeschrieben:

»(...) in dem Bewußtsein, daß die Probleme des Meeresraums eng miteinander verbunden sind und als Ganzes betrachtet werden müssen (...)«

Wenn man angesichts dieser gegenseitigen Abhängigkeit der Themen und Probleme zu Lösungen gelangen will, sind *interdisziplinäre Ansätze* notwendig. Jedes der untereinander verknüpften Themen und Probleme erfordert andere Einsichten, Fachkenntnisse und Erfahrungen. Nicht nach getrennten, sondern nach integrierten Lösungen muß man suchen – Lösungen, die in der Sprache des Club of Rome *solutique* heißen. Hinsichtlich der Ozeane begannen wir in den sechziger Jahren Modelle zu entwickeln, und dann verhandelten, übernahmen, ratifizierten und implementierten wir das, was Botschafter Tommy Koh aus Singapur, Präsident der dritten UN-Seerechtskonferenz (UNCLOS), als »Verfassung für den Ozean« bezeichnete; sie umfaßt in einer einzigen *solutique* sämtliche wichtigen Nutzungen der Meere und Ozeane. Wir alle wußten, daß sie Teil einer Verfassung für die Welt des nächsten Jahrhunderts oder ein Vorbild dafür sein würde.

Die wesentliche Erkenntnis, die sich aus der *problématique* gewinnen läßt, lautet: Frieden und Sicherheit sind untrennbar mit wirtschaftlicher Gerechtigkeit und einer gesicherten Umwelt verbunden. Daraus folgt, daß eine Neugestaltung der Nord-Süd-Beziehungen auf der Grundlage einer internationalen sozialen Gerechtigkeit ebenso notwendig ist wie tiefgreifende Veränderungen in den Systemen, nach denen die Industrieproduktion im Norden besteuert und verteilt wird.

Der erste maritime Baustein in der Arbeit des Club of Rome war ein Kapitel in dem Buch *Reshaping the International Order (RIO): A Report to the Club of Rome*, das unter Leitung des Nobelpreisträgers Jan Tinbergen zusammengestellt wurde (deutsche Ausgabe: *Wir haben nur eine Zukunft: der RIO-Bericht an den Club of Rome*). Das von Arvid Pardo und mir verfaßte Kapitel über die neue internationale Wirtschaftsordnung und das Seerecht versuchte deutlich zu machen, wie die gerade entstehende Seerechtskonvention in einer neuen Weltwirtschaftsordnung (*New International Economic Order*, NIEO) den Zielen der Entwicklungsländer dienen könnte. Seltsamerweise waren das 1974 noch völlig neue Gedanken.[3]

Wir nannten acht wichtige Bereiche, in denen UNCLOS und NIEO sich gegenseitig fördern können:

- Erstens sollte sich die entstehende Konvention auf die Idee der gleichberechtigten Souveränität aller Staaten stützen, ob es sich nun um Industrie- oder Entwicklungsländer handelte (Präambel des Seerechtsübereinkommens).
- Zweitens – und das ist vermutlich der wichtigste Punkt – gab es den Begriff vom »gemeinsamen Erbe der Menschheit«, das die Beziehung zwischen reichen und armen Ländern verändern konnte: An die Stelle der erniedrigenden Beziehung zwischen »Geber« und »Empfänger« soll-

te die zwischen gleichberechtigten Partnern treten, das heißt, alle sollten sich gleichberechtigt die Ressourcen teilen, die zum gemeinsamen Erbe der Menschheit erklärt wurden. Der Begriff des gemeinsamen Erbes umfaßt die Dimensionen von *wirtschaftlicher Entwicklung, Umweltschutz, Stärkung des Friedens* und *Ethik*.

- Drittens wurden *ausschließliche Wirtschaftszonen* eingerichtet, also den Küstenstaaten in einer 200-Meilen-Zone die Hoheitsrechte über alle Ressourcen und wirtschaftlichen Nutzungsmöglichkeiten eingeräumt. Dies bestärkte das Prinzip der neuen Weltwirtschaftsordnung, wonach es Souveränitätsrechte über natürliche Ressourcen gibt, wie es auch mehrere UN-Resolutionen erklärt haben. Was der Begriff »Souveränität« in einer zunehmend verflochtenen Welt bedeutet, ist eine andere Frage, auf die ich später zurückkommen werde.
- Viertens stärkte die Konvention die Prinzipien von regionaler Zusammenarbeit, Süd-Süd-Kooperation und Selbsthilfe. Die Artikel 122 und 123 sind von grundlegender Bedeutung für das vom Umweltprogramm der Vereinten Nationen (*United Nations Environment Programme*, UNEP) initiierte Randmeerprogramm; Artikel 276 und 277 verlangen die Einrichtung regionaler Zentren für technische Zusammenarbeit sowie für Technologieentwicklung und -transfer; der Aufbau solcher Kapazitäten auf nationaler, regionaler und globaler Ebene ist ein besonderes Anliegen der Konvention.
- Fünftens stärkt die Konvention den Grundsatz, wonach Entwicklungsländer gleichberechtigt an finanziellen Entscheidungen beteiligt sind, besonders durch die Einrichtung der Internationalen Meeresbodenbehörde und ihrer beschlußfassenden Organe. Allerdings wurde dieses Prinzip später durch das sogenannte Implementierungsabkommen außer Kraft gesetzt.
- Sechstens fördert die Konvention die Zusammenarbeit und Weitergabe von Technologien, besonders für die Rohstoffgewinnung am Meeresboden (Teil XI der Konvention), aber auch aller anderen Meerestechnologien (Teil XIV der Konvention). Dazu sollen vor allem regionale Zentren für Meeresforschung und -technologie eingerichtet werden.
- Siebtens schützt die Konvention die Interessen der Entwicklungsländer im Seehandel, weil es eine »echte Verbindung« zwischen dem Schiffseigner und dem Registrierungsland des Schiffes verlangt; damit bringt es die Interessen der UNCLOS mit denen der Weltwirtschaftskonferenz (*United Nations Conference on Trade and Development*, UNCTAD) in

Übereinstimmung, und die Interessen der Entwicklungsländer im Schiffsverkehr und im Seehandel werden gegenüber den »Billigflaggen« gewahrt.

Dank finanzieller Unterstützung durch die Regierung der Niederlande wurde Arvid Pardos und mein Kapitel im RIO-Bericht später zu einem Buch erweitert.[4] Im Jahr 1976 hielten der Club of Rome und das *International Ocean Institute* in Algier eine gemeinsame Jahrestagung ab, um über die Folgerungen aus dem Tinbergen-Bericht und das Seerecht zu beraten. Von nun an wurde die Unterstützung und Förderung der Seerechtskonvention etwa zehn Jahre lang bei jedem Auftritt der Entwicklungsländer auf die Tagesordnung gesetzt, ob es nun die G77, die Konferenz der blockfreien Staaten, die UNCTAD oder regionale Gruppen waren. Ende der achtziger und Anfang der neunziger Jahre, als der Ratifizierungsprozeß der Seerechtskonvention sich in die Länge zog, rückten andere brennende Themen ins Rampenlicht: Schuldenkrise, Hunger, Unruhen und regionale Kriege. Allmählich schwand das Interesse an der Konvention. Den Rest besorgten der Druck der Vereinigten Staaten und einiger ihrer Verbündeten sowie der Lauf der Zeit. An die Stelle der Entscheidungsträger und Beamten, die an der Konvention mitgearbeitet hatten und sich ihrer Signalfunktion bewußt waren, trat eine andere Generation, die nichts davon wußte, und man verlor die Konvention aus dem Blick. Tatenlos und gleichgültig sahen die Entwicklungsländer zu, wie die Industriestaaten den Teil XI der Konvention zerpflückten, der, bei allen Fehlern und Schwächen, als einzige Institution die Idee vom gemeinsamen Erbe der Menschheit verkörperte.
Die Geschichte ging weiter. Mittlerweile muß man die Entwicklung der Meeresangelegenheiten und des Club of Rome in einem größeren Zusammenhang betrachten. Der Bericht der *World Commission on Environment and Development*[5] rückte 1987 den Begriff der *nachhaltigen Entwicklung* in den Mittelpunkt der Aufmerksamkeit. Er wurde 1992 auf dem großen Umweltgipfel, der UN-Konferenz für Umwelt und Entwicklung (*United Nations Conference on Environment and Development*, UNCED) in Rio de Janeiro, weiterentwickelt und in Konventionen und Aktionsprogrammen formuliert.[6] Wie mit dem Begriff »gemeinsames Erbe der Menschheit«, so war auch mit »nachhaltiger Entwicklung« wirtschaftliche Entwicklung gemeint, einschließlich der Beseitigung von Armut und des Schutzes von Umwelt, biologischer Vielfalt und Weltklima. Daß wirtschaftliche Entwicklung und Umweltschutz nicht ohne Frieden zu erreichen sind, verstand sich von selbst. Aber daß es als selbst-

verständlich vorausgesetzt wurde, war eine der großen grundsätzlichen Schwächen der Veranstaltung von Rio. Mit Institutionen zur Verbesserung der Sicherheit – sei es auf nationaler, sei es auf regionaler, sei es auf globaler Ebene – befaßte man sich einfach nicht. Das überließ man einem anderen Forum, nämlich dem Generalsekretär der Vereinten Nationen, der es in seiner *Agenda für den Frieden* weiterentwickelte.[7]

In der *Agenda für den Frieden* werden die Begriffe »Sicherheit« und »Bedrohung der Sicherheit« neu untersucht; beide haben ihren Ursprung heute weniger in zwischenstaatlicher militärischer Aggression als vielmehr in Streitigkeiten zwischen den Bürgern innerhalb eines Staates, in der Verletzung grundlegender Menschenrechte und Freiheiten durch Diktatoren, in Umweltbelastungen und in kulturellen Faktoren wie religiösem, sprachlichem und ethnischem Separatismus. »Umfassende Sicherheit« beinhaltet deshalb die Dimensionen von Wirtschaft, Umwelt und Ethik, wie dies auch der Begriff des gemeinsamen Erbes der Menschheit tut. Daß diese Themen nach wie vor in getrennten Foren diskutiert werden, die einander weitgehend nicht zur Kenntnis nehmen, verhöhnt geradezu die allgemein eingestandene Erkenntnis, daß umfassende, interdisziplinäre, fachübergreifende Ansätze und Institutionen notwendig sind.

Das *International Ocean Institute* untersuchte 1995 die Wechselbeziehungen zwischen der *Agenda für den Frieden* und der UNCLOS/UNCED auf der einen Seite und den möglichen Beiträgen des Seerechts zur Umsetzung der *Agenda für den Frieden* auf der anderen.[8] Die Untersuchung betont, wie wichtig regionale Kooperation und Organisation für eine nachhaltige Bewirtschaftung der Ozeane sowie für die Verbesserung der regionalen Sicherheit sind. Wie sie nachweisen konnte, dienen sowohl der Trend zur Ausweisung befriedeter und atomwaffenfreier Zonen als auch die Einrichtung regionaler Programme für die friedliche Bewirtschaftung der Meere und Ozeane *gemeinsam* dem allgemeinen Ziel einer umfassenden Sicherheit für die Menschen. Die Untersuchung schlug regionale Mechanismen für die Umsetzung von Handlungsanweisungen vor, in denen Entwicklung, Umweltschutz und Sicherheitsüberlegungen zusammenfließen.

Zur selben Zeit leistete der Club of Rome wichtige Beiträge zu dem Ziel, die »nachhaltige Entwicklung« in den postindustriellen Gesellschaften voranzutreiben und ihre Wirkungen weiter zu analysieren.

Im Zusammenhang mit dem vorliegenden Buch erscheinen zwei Beiträge besonders bedeutsam. Der erste sind die Arbeiten von Orio Giarini[9]: Nach seiner Ansicht haben sowohl die unzureichende Fähigkeit der »wirtschaftswissenschaftlichen Hauptrichtung«, mit den von »nachhaltiger Entwicklung« in einer postindustriellen Wirtschaft aufgeworfenen Fragen umzugehen, als auch die Notwendigkeit, mit neuen Ansätzen die zeitlichen und kulturellen Denkgewohnheiten von »Sozialismus« und »Kapitalismus« zu überwinden, ihre Wurzeln in der ersten Welle der industriellen Revolution im Europa des 18. und 19. Jahrhunderts.

Der zweite wichtige Beitrag war der Nachdruck, mit dem der Club of Rome eine Ordnungspolitik forderte und sich dabei auf die institutionellen Erfordernisse einer »nachhaltigen Entwicklung« im 21. Jahrhundert konzentrierte. Giarinis Arbeiten zielten ursprünglich nicht auf die Ozeane, aber mir schien, daß sie die Idee einer »Wirtschaft des gemeinsamen Erbes« enthielten, einen Begriff, den ich in meinem ersten Bericht an den Club of Rome weiterentwickelt habe.[10]

Giarinis Begriff von »Mitgift und Erbe«[11] umfaßt sowohl das gesamte Spektrum der von Menschen erzeugten Waren und Dienstleistungen – ganz gleich, ob sie sich quantitativ als Geldbeträge erfassen lassen und ob sie sich im Geltungsbereich des »Marktes« oder außerhalb davon befinden – als auch alle natürlichen Güter, einschließlich der Umweltressourcen. Dieser dynamische Vorrat ist die wirkliche »Kornkammer« oder der »Speicher« des heutigen und künftigen Wohlstands und Wohlergehens. Der bloße jährliche Fluß der Bruttosozialprodukte läßt große Bestandteile der Wirtschaft (nämlich alles, was *außerhalb* des Marktes abläuft) ebenso außer acht wie – noch schlimmer – die Erschöpfung der Ressourcen, die Zerstörung der Kulturen und den Geist der Menschen. Das Bruttosozialprodukt ist ein derart unzureichendes Maß für den »Fortschritt«, daß die Produktion von Schädlichem (zum Beispiel Umweltverschmutzung) als Erzeugung von Gütern gewertet wird: Es ist wirklich ein irreführender Maßstab, und doch sind die Regierungen es gewohnt, daran ihre Leistungen zu messen.

Die »Dienstleistungswirtschaft«, wie sie sich in den Industrieländern entwickelt hat, bietet nach Giarinis Ansicht neue Ansätze zur Erhaltung und Vermehrung des echten Wohlstands und Wohlergehens der Nationen sowie des globalen Vorrats an Mitgift und Erbe. Die Hochtechnologie verringert durch Miniaturisierung, Entstofflichung, Automatisierung, »Just-in-time-Produktion« und ähnliches den Bedarf an Rohstoffen, so daß zumindest eine Art der Umweltbelastung sich vermindert. Außerdem hat sich das Verhältnis zwischen Produktion und Dienstleistung in der postindustriellen Welt dramatisch gewandelt. Dienstleistungen wie Forschung und Entwicklung, Verwaltung, Werbung, Verkauf, Schulung und Umschulung, Wartung, Reparatur und Recycling oder Endlagerung machen heute in den Industrieländern sechzig Prozent aller Wirtschaftsabläufe aus.

Angesichts solcher Zahlen sollte man aber nicht die Verzerrungen und Ungleichgewichte aus dem Auge verlieren, die auf das marktwirtschaftliche System der Preisbildung wirken. So hat beispielsweise die mangelnde Marktmacht der meisten Entwicklungsländer zur Folge, daß die industrialisierte Welt sich Rohstoffe und zunehmend auch Fertigprodukte zu Preisen beschaffen kann, die von den marktbeherrschenden multinationalen Konzernen diktiert werden – und ein Ende ist nicht abzusehen. Kurz gesagt, fließen in die Bewertung des Bruttosozialprodukts der Industrieländer Preisstrukturen ein, die man der Dritten Welt aufzwingt (und die häufig von deren eigener Oberschicht mit ihren Schweizer Bankkonten und ihrem protzigen Lebensstil gefördert werden).

Der »wahre Wert« eines Produkts geht in einem gewissen Sinn über seinen reinen Tauschwert hinaus. »Tauschwert« setzt »Eigentum« voraus. Ich tausche etwas, das mir gehört, gegen etwas aus deinem Besitz. »Kaufkraft« gründet sich auf den Besitz von marktfähigen Rechten irgendeiner Art – ob sie nun mit Land, Arbeitskraft oder Kapital (einschließlich Wissen) verbunden sind. Der »Nutzungswert« dagegen legt weniger Wert auf das Eigentum. Seine Grundlage ist kein Tauschvorgang zwischen Produzent und Konsument, sondern eine kooperative Beziehung zwischen »Prosumenten«: Beide Seiten sind sowohl an der Produktion als auch an der Nutzung beteiligt, ganz gleich, ob das Produkt gekauft und besessen oder aber gemietet und nicht besessen wird.

Giarini – und das ist die große Bedeutung seiner Arbeiten – leugnet das »Eigentum« nicht, sondern er erweitert seine enggefaßte, aus dem römischen Recht stammende Deutung (*ius utendi et abutendi*) so, daß der Begriff auch *Nutzungsrechte* im Rahmen eines *Treuhänderkonzepts* mit größeren ethischen Folgerungen einschließt. Die Vorstellung vom Eigentum als Treuhänderschaft mit Verantwortung gegenüber der Menschheit und der Natur ist sowohl dem frühen Juden- und Christentum als auch vielen außereuropäischen Religionen und Kulturen geläufig. Giarini lehnt die abendländischen Werte nicht ab, sondern er bettet sie in ein größeres System ein, das nicht mehr von der abendländischen Denkweise der letzten Jahrhunderte beherrscht wird. Und genau darum müssen wir uns natürlich bemühen, wenn wir uns mit den Ozeanen befassen, die unser gemeinsames Erbe sind und uns alle verbinden.

Die Meereswirtschaft kann sich nur in begrenztem Umfang auf den Markt verlassen. Zum größeren Teil gründet sie sich auf Nichteigentum und

Nichtsouveränität. Die Meereswirtschaft muß die Wirtschaft der Ressourcen einschließen, die das gemeinsame Erbe der Menschheit sind und verwaltet werden müssen, aber nicht vereinnahmt werden dürfen. Welche Folgerungen daraus für Kultur, Ethik und auch Institutionen erwachsen, bedarf weiterer Untersuchungen. Die Ozeane haben nicht nur einen Wert als Ressourcen, der sich in Geldbegriffen quantitativ erfassen läßt, sondern auch eine viel wichtigere, andersartige Bedeutung, die man nur sehr schwer oder gar nicht quantitativ bestimmen kann. Sie sind Teil unseres Lebenserhaltungssystems, und die Meereswirtschaft wird das gewaltige Übergewicht der nichtquantifizierbaren Bestandteile des Systems anerkennen müssen.

Unsicherheit und Verletzlichkeit sind wichtige Faktoren in der gesamten heutigen Wirtschaft. In der Meereswirtschaft sind sie von überragender Bedeutung. Unsere mangelnden Kenntnisse über die Vorgänge in den Ozeanen in Verbindung mit menschlicher Nachlässigkeit (zum Beispiel menschliches Versagen bei Tankerunfällen) und Niedertracht (zum Beispiel Betrügereien auf den Meeren) sind ein Aspekt. Ein anderer ist die »Gigantomanie« des größten Teils der Meeresindustrie (Ölplattformen und Tanker im Wert von vielen hundert Millionen oder sogar Milliarden Dollar) mit den gewaltigen quantifizierbaren und nichtquantifizierbaren Schäden, die sie anrichten kann. Beide Aspekte belasten die Versicherungswirtschaft mit untragbaren Risiken und zwingen sie, neu nachzudenken. Oder, wie Giarini es formuliert: Die Versicherungswirtschaft könnte in der heutigen Phase der industriellen Revolution jene Pionierrolle spielen, die in der ersten Phase dieser Revolution die Textilindustrie wahrgenommen hat.[12]

Giarinis Arbeiten haben das Zeug, einen bedeutenden Beitrag zur Entwicklung einer »Meeresökonomie« zu leisten, die Teil und Vorbild einer Wirtschaftstheorie für die postindustrielle und posteuropäische Kultur werden kann. Gleichzeitig haben er und seine Kollegen viel zu gewinnen, wenn sie die Ozeane – wie wir es im Recht getan haben – als großes Labor für die Entwicklung ihrer Theorie nutzen, denn man muß bedenken, daß die Probleme, die sie »an Land« erkannt haben, sich »auf See« vergrößern, so daß man sie wie unter einem riesigen Mikroskop betrachten kann.

In seiner neuesten Untersuchung[13] unterstreicht Giarini die Würde der Arbeit und das Recht auf Arbeit als unverzichtbare Bestandteile einer neuen Wirtschaftsordnung. Er zerlegt dieses Recht in verschiedene Phasen: eine grundlegende Phase der Teilzeitbeschäftigung im arbeitsfähigen Alter, in der die Staaten jedem Menschen einen anständigen Mindestlebensstandard (Wohnung, Nahrung, Schulbildung und medizinische Versorgung) garantieren müssen. Darüber hinaus sollte jeder die Möglichkeit haben, selbst Initiative und Unternehmergeist zu entfalten, um seinen Lebensstandard zu verbessern. Vervollständigt wird der Arbeitskreislauf durch ehrenamtliche gemeinnützige Tätigkeiten (zum Beispiel Alten-, Kranken- und Kinderpflege, Katastrophenhilfe usw.). Ein unverzichtbarer Bestandteil lebenslanger Arbeit ist lebenslange Weiterbildung.

Diese Vorstellung von der Arbeit der Menschen kommt Gandhis Modell sehr nahe, das ebenfalls eine Arbeitsplatzgarantie für alle und einen garantierten Mindestlebensstandard forderte. Auf dieser Grundlage sollen die Menschen dann ihre Fähigkeiten entwickeln und mehr verdienen, aber nicht um persönlichen Reichtum anzuhäufen, sondern um das Wohlergehen der Allgemeinheit zu fördern. Unbezahlte Tätigkeiten stellen dabei einen großen Teil des Arbeitskreislaufs dar.

Giarinis Modell geht sowohl über das System der Märkte als auch über die Planwirtschaft hinaus. Eigentlich überschreitet es sogar die Grenzen der »Wirtschaft« als Gegenstand einer spezialisierten Wissenschaft und bettet sie wieder in ihren ursprünglichen Zusammenhang ein, zu dem auch Sozialwissenschaften, Philosophie und Ethik gehören. Angesichts der Umweltaspekte jeder Wirtschaft muß das Modell auch die Naturwissenschaften einschließen.

Diese neue Wirtschaftsordnung erfordert mehr staatliche Eingriffe oder Leitlinien und nicht weniger, wie es im Westen derzeit modern ist. Gleichzeitig verlangt sie aber auch mehr Freiheit zur Eigeninitiative und stärkere Dezentralisierung, als man sie in einer Planwirtschaft antrifft.

Die Untersuchungen des Club of Rome[14] über die Ordnungspolitik sind äußerst wichtig für die Weiterentwicklung von Gesetzen und Institutionen im Dienst einer nachhaltigen Entwicklung und Bewirtschaftung der Ozeane.

Dror weist auf die ethischen Aspekte der Ordnungspolitik hin, die in der Ausbildung nachdrücklich vermittelt werden sollten, besonders bei der Schulung von Führungspersönlichkeiten. Lebenslanges Lernen als unverzichtbarer Bestandteil des Arbeitskreislaufes, Ausbildung durch »Universitäten ohne Mauern«, Bildung mit Hilfe der fortgeschrittensten Ausbildungstechnik sollten sich natürlich sowohl auf potentielle Führungspersönlichkeiten als auch auf die heutigen Verantwortlichen erstrecken. Es muß ein Verständnis für das »neue Denken« vermittelt werden: für die Verantwortung des Bürgers gegenüber der Gemeinschaft und der Natur, für die Wahrnehmung von Unsicherheit und Nichtlinearität und für die Notwendigkeit einer Anpassung an den Wandel. King, Diez Hochleitner, Federico Mayor, Giarini, Dror, Schneider und andere sind übereinstimmend der Ansicht, daß die »Entwicklung der mensch-

lichen Ressourcen« als Grundlage der Ordnungspolitik für eine nachhaltige Entwicklung von entscheidender Bedeutung ist.
Drors Bemerkungen über die »überholte Doktrin von der Vorherrschaft des Staates«, seine Ansichten über die wachsende Bedeutung der Aktivität auf der Ebene unterhalb der Staaten (Gemeinden, Städte, Regionen, Nichtregierungsorganisationen) und über die »politische Kultur« in der kontinentalen Ordnungspolitik, seine Überlegungen über »globale und kontinentale Regierungspolitik am einen Ende des Spektrums und die Macht der Graswurzelbewegung am anderen«, spiegeln die majestätischen Kreise der Meere wider, mit denen wir leben. Die Gestaltung der Ordnungspolitik, die im vorliegenden Buch versucht wird, kann man als praktische Anwendung des von ihm vorgeschlagenen Prinzips auffassen. Für den Aufbau von Institutionen für eine integrierte Bewirtschaftung der Küsten ist die Frage, wie man die Regierbarkeit der Riesengroßstädte und ihr Verhältnis zu anderen Ebenen und Formen der Politik neu gestalten soll, von entscheidender Bedeutung, denn die meisten Riesenstädte liegen an Küsten. Der Frage, wie man sie in die Bewirtschaftung der Küsten integriert, wurde in der einschlägigen Literatur bisher kaum Aufmerksamkeit gewidmet.
Das waren nur einige Beispiele dafür, wie Besorgnisse und Begriffe, *problématique* und *solutique* aus den allgemeinen Untersuchungen des Club of Rome über die Ordnungspolitik mit der konkreteren Frage nach einer wirksamen Ordnungspolitik für die Ozeane zusammenfließen.

Ebenso deutlich ist die Konvergenz zwischen der »ersten globalen Revolution« und der sogenannten blauen Revolution.
King und Schneider messen dem Technologietransfer, besonders der technischen Zusammenarbeit und der gemeinsamen Entwicklung, große Bedeutung bei; sie schlagen vor, auf diesem Gebiet ein Netz von Institutionen mit hervorragenden Leistungen einzurichten, und begründen ihre Vorstellungen von den Grenzen der Marktwirtschaft und ihre Wertschätzung für die Nichtregierungsorganisationen und deren Bemühungen, vor allem auf der Ebene der Dörfer. Das alles ergänzt die Arbeiten des *International Ocean Institute*, die in diesem Buch wiedergegeben werden, und steht mit ihnen im Einklang.
Schneider legt in *Die Revolution der Barfüßigen* dar, welche Leistungen die Nichtregierungsorganisationen auf der Ebene der Dörfer vollbringen – ein äußerst aufschlußreicher, anregender Bericht. Die Liste der Tätigkeiten, die man nach seiner Auffassung in Angriff nehmen muß, um Dorfbewohnern

mehr Beteiligung und Einfluß bei der Verwaltung und Verbesserung ihres Lebensstandards zu verschaffen, ist äußerst nützlich und läßt sich allgemein anwenden.

Erstaunlich ist allerdings, daß Schneider sich wie viele andere vor und nach ihm ausschließlich auf ländliche, landwirtschaftlich geprägte Dörfer konzentriert. Küsten- und Fischerdörfer werden nicht einmal erwähnt, aber es ist dringend notwendig, ihren Verfall aufzuhalten und ihre Lebensfähigkeit zu verbessern. Das ist unentbehrlich, wenn man die Ausbreitung der küstennahen Riesenstädte, in denen sich über sechzig Prozent der Weltbevölkerung zusammendrängen, sowie die weitere Zerstörung von Küstengebieten und Randmeeren verhindern will.[15]

Ländliche Dörfer und solche an den Küsten sind zwar nach ähnlichen Prinzipien organisiert, aber in den Küstengemeinden müssen andere ökologisch, kulturell und auch wirtschaftlich nachhaltige Techniken entwickelt werden. Trink- und Abwasserbehandlung; Technik der Mari- und Aquakultur; Stromproduktion im kleinen Maßstab mit Wellenenergie (zum Beispiel zum Kühlen der Fische); Anbau von Pflanzen zur Entsalzung stark salzhaltiger Böden oder von eßbaren halophilen Arten; Ansiedlung neuer arbeitsplatzschaffender Branchen wie der Herstellung von Medikamenten und Kosmetika aus Meerespflanzen und -tieren; Einrichtung geschützter Meeresgebiete, in denen sich dezimierte Bestände von Fischen, Seevögeln und Meeressäugern erholen können, einschließlich der Verwaltung des Ökotourismus in den Schutzgebieten; Beteiligung an der Überwachung der Wasserqualität sowie an der Auswertung der Daten mit Mikroelektronik, Informationstechnologie, Biotechnologie[16] und alternativen Technologien zur Stromerzeugung: das alles sowie die Organisation, Verwaltung und Entwicklung menschlicher Ressourcen ist entscheidend für die Stärkung der Küsten- und Fischerdörfer sowie für ihre aktive Beteiligung an einer integrierten Verwaltung von Küsten und Ozeanen.

Das *International Ocean Institute* hat kürzlich in Zusammenarbeit mit zahlreichen lokalen Nichtregierungsorganisationen ein Projekt ins Leben gerufen, in dem die »Revolution der Barfüßigen« und die »blaue Revolution« verschmelzen: Es bezieht die Küsten- und Fischerdörfer ein und ist deshalb ein Schritt zur Umsetzung der Prinzipien, die wir bei der Bewirtschaftung von Ozeanen und Küsten für richtig halten.

Mittlerweile sind der Brundtland-Bericht und der Gipfel von Rio noch einen Schritt weiter gegangen: Sie empfehlen recht genaue Richtlinien für einen institutionellen Rahmen, in dem sich die Lenkung einer nachhaltigen Entwicklung abspielen soll. Diese Richtlinien sind im vollen Umfang mit jenen

vereinbar, die der Club of Rome entwickelt hat. Sie spiegeln die majestätischen Kreise der Meere wider, mit denen wir leben.
Man kann die Richtlinien unter vier Überschriften zusammenfassen: Der institutionelle Rahmen in einer grenzenlosen Welt muß

- umfassend,
- einheitlich,
- fachübergreifend oder multidisziplinär und
- bürgernah, das heißt nicht von oben nach unten, sondern von unten nach oben, organisiert sein.

Umfassend bedeutet, daß der institutionelle Rahmen von der lokalen Ebene der Gemeinde über die Ebenen von Provinzen und Staaten bis hin zu regionalen und globalen Ebenen der internationalen Organisation reichen muß. Das ergibt sich aus der Tatsache, daß die »Grenzen« zwischen den Ebenen der Regierungsgewalt – der lokalen, der nationalen, der regionalen, der globalen – durchlässig geworden sind, wie der Brundtland-Bericht es formuliert; und das gilt bei den Ozeanen natürlich noch mehr als an Land.
Einheitlich heißt, daß die Prozesse und Mechanismen für Vorschriften und Entscheidungsfindung auf allen Ebenen der Politik vereinbar sein müssen. Wie wichtig dieses Prinzip ist, zeigte sich eindringlich in der Diskussion um grenzüberschreitende Fischarten und um Fische, die zwischen nationalen Hoheitsgewässern und der Hochsee hin- und herwandern; ebenso groß ist seine Bedeutung aber auch für alle anderen Aspekte der nachhaltigen Bewirtschaftung.
Mit *fachübergreifend* oder *multidisziplinär* ist gemeint, daß man die Tätigkeiten im Hinblick auf die Umwelt nicht nach Fachgebieten getrennt betrachten kann; man muß vielmehr ihre gesamten Wechselbeziehungen sehen, die positiv oder negativ sein können. Die Erkenntnis, daß »die Probleme des Meeresraumes eng miteinander verbunden sind und als Ganzes betrachtet werden müssen«, die in der Präambel des UN-Seerechtsübereinkommens festgehalten ist, hat für die Institutionen erhebliche Auswirkungen. Wenn man nämlich die Probleme auf diese Weise betrachten muß, sind auch Foren, Institutionen und Mechanismen beziehungsweise Prozesse der Entscheidungsfindung notwendig, die dazu tatsächlich in der Lage sind, auf lokaler, nationaler, regionaler oder globaler Ebene.
Bürgernah schließlich bedeutet, daß Vorschriften nicht von Zentral- oder Bundesregierungen aufgezwungen werden dürfen, denn dann werden sie von

lokalen Gemeinden, deren Lebensfähigkeit unter Umständen unter den Vorschriften leidet, mißachtet; statt dessen müssen die Gemeinden bei der Formulierung und Anwendung der Vorschriften einbezogen werden. Deshalb gewinnt der Begriff der »gemeinsamen Verwaltung« selbst in kulturell so weit voneinander entfernten Ländern wie Kanada und Indien gleichermaßen an Bedeutung.

»Nachhaltige Entwicklung« ist natürlich ein weit gefaßter und häufig mehrdeutig gebrauchter Begriff. Die vielleicht beste Definition gab Brundtland, und zwar nicht in *Unsere gemeinsame Zukunft*, sondern in einem Vortrag (der *Sir Peter Scott lecture*), den sie am 8. Oktober 1986 in Bristol hielt:

> »Nachhaltigkeit hat viele Dimensionen. Erstens erfordert sie, daß Armut und Mangel beseitigt werden. Zweitens erfordert sie die Erhaltung und Verbesserung der Ressourcengrundlage, die allein gewährleisten kann, daß die Beseitigung der Armut von Dauer ist. Drittens erfordert sie einen weiter gefaßten Begriff der Entwicklung, der nicht nur wirtschaftliches Wachstum, sondern auch die soziale und kulturelle Weiterentwicklung umfaßt. Viertens – und das ist am wichtigsten – erfordert sie auf allen Ebenen die Vereinigung von Ökonomie und Ökologie bei der Entscheidungsfindung.«

Diese vierte Dimension bestimmt natürlich darüber, welche neuen Formen der Regierungsgewalt notwendig sind.

In jüngerer Zeit unterschied Ignacy Sachs zwischen fünf Dimensionen der ökologischen Entwicklung:

- soziale Nachhaltigkeit, das heißt stärkere Gleichberechtigung bei der Verteilung von Besitz und Einkommen;
- wirtschaftliche Nachhaltigkeit, das heißt, die wirtschaftliche Effizienz muß unter gesamtgesellschaftlichen Gesichtspunkten beurteilt werden;
- ökologische Nachhaltigkeit, das heißt eine Verstärkung der Belastungsfähigkeit von Ökosystemen, Verringerung des Verbrauchs an fossilen Brennstoffen, Abfallvermeidung, verstärkte Selbstbeschränkung und die Entwicklung von Technologien, die wenig Abfall produzieren und Ressourcen sparen;
- räumliche Nachhaltigkeit, das heißt die Aufrechterhaltung des Gleichgewichts zwischen ländlichen und städtischen Gebieten, Verminderung von Verkehrsstaus und dichter Bebauung in Ballungsgebieten, Beendi-

gung der Zerstörung von Ökosystemen sowie die Förderung einer modernen, regenerativen Landwirtschaft und einer dezentralisierten Industrialisierung;
- kulturelle Nachhaltigkeit, das heißt ökologische Entwicklung in kultureller Kontinuität.

Eine solche Einteilung ist in der Tat nützlich. Praktisch betrachtet, hat man aber auf der Ebene der Institutionen bisher kaum Fortschritte erzielt – vielleicht weil das Spektrum einfach zu breit ist.
Im konkreteren Zusammenhang der *Bewirtschaftung von Ozeanen und Küsten* kam man in vielen Industrie- und Entwicklungsländern erheblich weiter voran. An Gremien, Kommissionen oder Runden Tischen auf der Ebene der Gemeinden sind all jene beteiligt, die heute allgemein als »Betroffene« bezeichnet werden, daß heißt diejenigen, die mit ihrem Lebensunterhalt auf die Bewirtschaftung der Ozeane, der Küstengebiete und Ressourcen angewiesen sind: Gemeindeverwaltungen, aber auch die Bürgergesellschaft, die wissenschaftliche Welt, die Verbände der Fischer, die Reedereien, Ölfirmen, die vor der Küste bohren, Küstenentwickler, Tourismusverbände, Wasserbauingenieure, Hafenmeister, Nichtregierungsorganisationen und so weiter.
Ähnlich verhält es sich auf der Ebene der Staaten: In einem Land nach dem anderen werden interministerielle Gremien ins Leben gerufen; an ihnen sind alle Ministerien beteiligt, die für irgendwelche Tätigkeiten im Zusammenhang mit den Meeren verantwortlich sind, wobei ein Ministerium (zum Beispiel das für Marine, Fischerei oder Umwelt) oder der Regierungschef die Federführung übernimmt.
Die Koordination zwischen den Maßnahmen auf lokaler Ebene (d. h. in den Gemeinden) und auf der Ebene der Staaten muß, wie erwähnt, durch »gemeinsame Bewirtschaftung« gewährleistet werden. Über die Grenzen der nationalen Rechtsprechung hinaus wird eine umfassende Ordnungspolitik auf regionaler Ebene gebraucht, und zumindest ein Anfang wurde in dieser Richtung auch bereits gemacht. Die jüngste Überarbeitung des Abkommens von Barcelona, die den Geltungsbereich von der »Umwelt« auf »Umwelt und Entwicklung« erweiterte und zur Einrichtung der ersten regionalen Kommission für nachhaltige Entwicklung führte[17], sind wichtige Meilensteine auf diesem langen, schwierigen Weg.
Auf globaler Ebene steht zur Diskussion, welche Rolle die Generalversammlung für die Schaffung einer weltweiten Meerespolitik spielen soll, in der regionale, nationale und lokale Bestandteile in Einklang gebracht werden. Die

Zusammenführung der Tätigkeiten der verschiedenen UN-Sonderorganisationen und -Programme (FAO* für Fischerei, IMO** für Schiffahrt, UNEP*** für Umwelt, IOC**** und UNESCO***** für Meeresforschung, UNIDO****** für Meerestechnik, UNDP******* für Küstenentwicklung, ISBA******** für Rohstoffförderung am Meeresboden) muß durch ein Unterkomitee des *Administrative Committee for Coordination* (ACC) mit seinem Sekretariat bei der IOC/UNESCO weiterverfolgt werden. Beide Entwicklungen stecken noch ein wenig in den Anfängen, aber sie müssen zu einem Teil der derzeitigen Bemühungen werden, das System der Vereinten Nationen neu zu organisieren.
In meinem letzten Buch[18] habe ich versucht, diese Trends zu analysieren und darauf ein dynamisches, umfassendes, interaktives Modell für die Regierungsgewalt der Ozeane aufzubauen. Mit dem vorliegenden Werk verfolge ich das Ziel, die derzeitigen Arbeiten des Club of Rome und des *International Ocean Institute* in das Modell einzubeziehen und es dadurch zu verfeinern und zu erweitern. Da das Leben in den Ozeanen begonnen hat und da der Ozean, in den wir zurückkehren, uns auch an Land dazu zwingt, Begriffe neu zu überdenken und die Perspektive zu wechseln, sollte der Beitrag einer Verwaltung der Ozeane zur Schaffung einer Weltordnung für das nächste Jahrhundert von dem Gedanken getragen sein, mit den Meeren zu leben.

Überblick

Dieses Buch gliedert sich in sechs Kapitel. Das erste Kapitel macht deutlich, wie wichtig die Ozeane für die Lebenserhaltungssysteme der Erde sind. Diese Bedeutung, die häufig übersehen wird, kann man gar nicht hoch genug einschätzen. Ohne daß es vorgibt, es sei eine Lektion in Ozeanographie, zeichnet das Kapitel die Entwicklung der Meeresforschung und -technologie vom Tierreich über das »primitive Zeitalter« bis hin zu einigen Beispielen aus unserer Zeit nach. Damit legt es die physischen Parameter des Buches fest. Es befaßt sich in einem etwas größeren Zusammenhang, als es im allgemeinen geschieht, mit der Biosphäre und den Gefahren für die Gesundheit der Ozeane.

* FAO: Food and Agriculture Organization of the United Nations
** IMO: International Maritime Organization
*** UNEP: United Nations Environment Programme
**** IOC: Intergovernmental Oceanographic Commission
***** UNESCO: United Nations Educational, Scientific and Cultural Organization
****** UNIDO: United Nations Industrial Development Organization
******* UNDP: United Nations Development Programme
******** ISBA: International Seabed Authority

»Je mehr wir wissen, desto mehr wissen wir, wie wenig wir wissen.« Wissenschaft und Technik sind zwar von grundlegender Bedeutung, aber sie reichen nicht aus, um der Entwicklung in Richtung einer ökologischen Katastrophe Einhalt zu gebieten. In diesem Zusammenhang wird das Ausmaß des Unwissens deutlich werden. Die Kreisläufe von Kohlenstoff, Wasser und Mineralstoffen stehen als Symbole für die majestätischen Kreise der Meere, mit denen wir leben.

Kapitel 2 unternimmt den Versuch, die kulturelle Dimension des Meeresraumes zu ermessen, denn wie wir mit den Ozeanen und mit der Natur im allgemeinen umgehen, hängt im wesentlichen von unserem kulturellen Hintergrund ab. Betrachten wir die Menschheit als Teil der Natur, gelangen wir zu einem bestimmten Ergebnis; sehen wir dagegen in den Tätigkeiten von Menschen und in der Natur zwei getrennte Systeme, ergibt sich ein ganz anderes Bild. Das Kapitel gibt einen knappen Überblick über die Rolle der Ozeane in der historischen und kulturellen Entwicklung der Menschheit, wie sie sich unter anderem in Literatur, Kunst und Musik ausdrückt. Außerdem befaßt es sich mit der Kriegführung auf den Meeren. Dabei wird auf die Verbindungen zwischen der Entwicklung von Kultur, Wirtschaft und Schiffahrt hingewiesen.

Kapitel 3 ist in vier Abschnitte gegliedert. Der erste beschreibt die drei Quellen des Reichtums der Ozeane: zunächst den derzeitigen »Marktwert« der mit den Meeren zusammenhängenden Güter und Dienstleistungen, der sich in Mark und Pfennig ausdrücken läßt. Dieser Wert ist weit größer, als man früher geschätzt hat. Die bei weitem wichtigsten Faktoren sind der Seehandel, der über neunzig Prozent des gesamten internationalen Handels ausmacht, und das sprunghafte Wachstum des Meerestourismus einschließlich des Kreuzfahrtverkehrs. Ein weiterer, erstaunlich großer Faktor kam durch die neuesten Entwicklungen der Unterwasserglasfaserkabel hinzu. Der zweite Teil enthält einige Hinweise auf den Marktwert mehrerer neuer Industriezweige, die mit den Meeren zu tun haben und voraussichtlich im kommenden Jahrhundert aufblühen werden; und drittens werden wir den Wert der Ozeane als Teil unseres Lebenserhaltungssystems betrachten.

Die nichtquantifizierbaren, nicht in Geld auszudrückenden Teile des Reichtums der Ozeane sind von überragender Bedeutung, und gleichzeitig herrscht eine verbreitete Unzufriedenheit mit den Begriffen von Bruttosozialprodukt (BSP) und Bruttoinlandsprodukt (BIP) als Maß für Wohlstand und Wohlergehen. Angesichts dieser Tatsache befaßt sich der zweite Abschnitt des dritten Kapitels mit der Frage, was man als geeigneten Maßstab wählen könnte, um den wahren Reichtum der Ozeane zu beurteilen. Über soziale und ökologische Indikatoren gibt es heute eine umfangreiche Literatur, aber diese konzentriert sich auf die Wirtschaft an Land. Die Meere wurden – was traurig und gleichzeitig unerklärlich ist – völlig vernachlässigt. Der dritte Abschnitt beschäftigt sich mit der ethischen oder spirituellen Dimension der gerade entstehenden Wirtschaft der nachhaltigen Entwicklung; die Ozeane dienen dabei als Fallstudie, die Erkenntnisse lassen sich aber auch allgemeiner anwenden. Im vierten Abschnitt schließlich wird der Versuch unternommen, aus den vorangegangenen Abschnitten einige grundlegende Prinzipien und praktische Richtlinien abzuleiten.

In Kapitel 4 möchte ich die »Landsichtweise« der »Ozeansichtweise« gegenüberstellen. Das Meer ist ein ganz anderes Medium als das trockene Land, und deshalb zwingt es uns, ganz anders zu denken. Genau wie man die Gesetze der Schwerkraft nicht im Weltraum anwenden kann, so funktionieren auch viele »landgestützte« Begriffe im Umfeld der Ozeane schlicht und einfach nicht. Zu diesen Begriffen gehören das *Eigentum* im Sinn des römischen Rechts, die *staatliche Souveränität* im Sinn des Westfälischen Friedens (1648) und die *Landesgrenzen*, an die sich weder Fische noch Umweltverschmutzung halten. Das Kapitel konzentriert sich auf den Begriff vom gemeinsamen Erbe der Menschheit mit seinen Dimensionen von Wirtschaft, Ökologie und Abrüstung sowie auf seinen Zusammenhang mit »nachhaltiger Entwicklung« und »umfassender Sicherheit«. Es beginnt mit einer Analyse der UN-Seerechtskonvention, wobei die juristischen und möglicherweise kurzlebigen Einzelheiten nur gestreift werden; das Schwergewicht liegt auf den wirklichen neuen Begriffen und Prinzipien dieser »Verfassung für die Ozeane«, die »systemverändernd« wirken und die Grundlage für den ganzen vom UN-Umweltgipfel (Rio de Janeiro, 1992) ausgehenden Prozeß bilden. Das alles wird aus dem breiteren Blickwinkel einer Umstrukturierung des UN-Systems betrachtet.

In Kapitel 5 versuche ich die Form einer Ordnungspolitik für die Ozeane nachzuzeichnen, wie sie sich allmählich herausschält. Ausgehend von dem zuvor Gesagten, wird in diesem Kapitel eine »normative Vision« für die Verwaltung und Bewirtschaftung der Ozeane entwickelt; dies geschieht im Bewußtsein für die »Durchlässigkeit« der »Grenzen« – der horizontalen (zwischen Fachgebieten, Abteilungen, Ministerien, Sonderbehörden und -programmen) ebenso wie der vertikalen (zwischen den lokalen, nationalen, regionalen und globalen Ebenen der Regierungsgewalt) – und in der Verpflichtung auf die Prinzipien von nachhaltiger Entwicklung, gemeinsamer, umfassender Sicherheit, Gleichberechtigung, gemeinsamem Erbe und Bürgernähe. In diesem Kapitel wird untersucht, welche Systeme durch die verschiedenen Übereinkommen im Gefolge des Weltwirtschaftsgipfels ins Leben gerufen wurden, welche Übereinkünfte und Aktionsprogramme (Klima, Biodiversität, Hochseefischerei, Küstenbewirtschaftung, Quellen der Umweltverschmutzung an Land) in Beziehung zu den Ozeanen stehen und welche Wege man einschlagen kann, um sie so zu nutzen, daß sie sich nicht nur wiederholen, sondern auch einander verstärken.

Kapitel 6 schließlich befaßt sich mit dem Blick auf den »blauen Planeten« als Ganzem. Der von UNCLOS/UNCED eingeleitete Prozeß, der durch die tiefgreifenden Wandlungen in den ersten drei Vierteln unseres Jahrhunderts in Gang gesetzt wurde, ist selbst ein kraftvoller Motor der Veränderung. Dieses letzte Kapitel möchte den Horizont erweitern. Der Ozean wird darin als großes Labor betrachtet, das dem Aufbau einer wirklich neuen politischen, rechtlichen und gesellschaftlichen Ordnung auf nationaler und internationaler Ebene dient. Es wird die Frage beleuchtet, was man aus der dreißigjährigen Erforschung der Ozeane lernen kann und wie diese Erkenntnisse zur *solutique* der grundlegenden Probleme beitragen können, mit denen wir uns an der Schwelle zum neuen Jahrtausend auseinandersetzen müssen (Unsicherheit, Armut, Ungleichheit, Zerstörung von Menschen und Umwelt). Vielleicht werden wir nie wirklich lernen, mit den Meeren zu leben, aber der Weg ist das Ziel.

1. Ozeanische Perspektiven: Physis

Unser Unwissen über die Ozeane ist gewaltig, und obwohl wir in den letzten hundert Jahren viel dazugelernt haben, werden die Kenntnisse über Vorgänge und Leben in den Meeren immer unvollständig bleiben.

Tierwissenschaft und Technologie

Die Lebewesen, die Ozeane und Küsten bewohnen, sind uns in vielerlei Hinsicht um Jahrmillionen voraus. Sie kennen Strömungen, Passatwinde und Temperaturen und nutzen sie weltweit zur Orientierung. Seeschildkröten, Aale, Thunfische oder Wale – sie alle wissen über Routen und Zeitpläne genauer Bescheid als unsere modernen Ozeanriesen. Glattwale können sogar segeln, wie man vor kurzem entdeckt hat. Dabei stehen sie auf dem Kopf und strecken ihren langen Schwanz wie ein Segel aus dem Wasser. Mit der Rückenflosse als Kiel und den seitlichen Flossen als Steuerruder können sie halsen – eine Technik, für deren Entwicklung die Menschen viele tausend Jahre brauchten! Im Gehirn der Zugvögel sind neueren Entdeckungen zufolge winzige Magnete eingebaut, die wie ein Kompaß die Orientierung erleichtern. Und alle raffinierten Hilfsmittel, die wir erfunden haben, um die lebenden Ressourcen der Meere auszubeuten, kannten die Tiere schon lange vor uns.
Fische angeln: mit Netzen, mit Rute und Schnur, mit Speer und Harpune, mit komplizierten Chemikalien und mit Sonar zum Orten der Beute. Das erste Fischernetz erfanden die *Larvacaea*, kleine, pflanzenfressende Planktontiere, die in der Nahrungskette wie auch in der Evolution weit unten stehen und sehr alt sind. Sie bauen sich ein geräumiges, geleeartiges Gehäuse und bringen darin ein System großer Netze aus kräftigen, dünnen Fäden unter. Das Gehäuse hat drei Eingänge. Zwei davon dienen als Ein- und Auslaßöffnung für das Wasser, so daß ständig eine sanfte Wasserströmung durch die Netze fließt. Die dritte ist der Notausgang. Wenn die Netze verstopft sind oder aus anderen Gründen nicht mehr funktionieren, schlüpft Larvacaea durch die

dritte Öffnung hinaus und baut sich ein neues Gehäuse, wiederum mit einem System aus Netzen.
Der älteste Angler ist der Anglerfisch. Rute und Leine, auch *Illicium* genannt, ragen knapp oberhalb des Mundes aus seinem Kopf. Das Illicium kann viermal so lang werden wie das Tier selbst, und am Ende ist es mit einer Lampe ausgestattet, die als Köder dient. Manche Fischer fanden viel später ebenfalls heraus, daß Licht oder ein leuchtend gefärbter Gegenstand einen guten Köder abgibt.
Schrecklich sind die Stoffe, welche die Seeanemone mit tausend Kanülen einem achtlos vorbeischwimmenden Fisch einspritzt. Ihr Gift wirkt lähmend: Ohne weiteren Kampf wird der Fisch in den Mund der Anemone gezogen und im ganzen verschluckt. Auch Korallen und viele Quallen sind mit solchen Nesselzellen ausgerüstet, die man auch *Nematocysten* nennt. Sie enthalten ein langes Haar, das normalerweise in ihrem Inneren aufgerollt ist. Wird die Zelle aber berührt, springt das Stechhaar heraus.
Schwertfisch und Narwal sind ausgezeichnet für die Speerfischerei ausgerüstet. Sie bewegen sich gewandt durch einen Schwarm großer oder kleiner Fische und stechen dabei energisch nach rechts und links. Dann drehen sie sich um und verspeisen gemächlich die Opfer, die sie verletzt haben.
Der Hai verfügt nicht nur über ein ausgezeichnetes Sehvermögen und einen äußerst feinen Geruchssinn, mit dem er eine Substanz noch in einer Verdünnung von eins zu mehreren Millionen wahrnehmen kann, sondern er hat auch einen »sechsten Sinn« zum Aufspüren seiner Beute. Dieses sogenannte Seitenlinienorgan ist in mehr oder weniger hoch entwickelter Form bei allen Fischen verbreitet; es spricht auf Vibrationen an, und der Hai kann mit seiner Hilfe Bewegungen ausmachen, beispielsweise ein Schiff, das kilometerweit entfernt untergeht. Außerdem ist er in der Lage, Gegenstände durch Echolotung zu orten, indem er die zeitliche Verzögerung der von ihm selbst ausgesandten und reflektierten Schwingungen wahrnimmt.
Der Pottwal besitzt zum Jagen ein hochentwickeltes, weitreichendes Echolot, mit dem er Tintenfische oder Fische in den Tiefen der Ozeane über mehrere Kilometer hinweg genau anpeilen kann.
Zwei weitere Beispiele für »Tierwissenschaft« (oder angesammelte Weisheit) und »Tiertechnik«, die den Errungenschaften der Menschen weit voraus waren, sind die Lumineszenz – das heißt die Erzeugung von Licht ohne Vergeudung von Wärme – und die Verminderung des Widerstandes, durch die mit relativ geringer Energie eine hohe Geschwindigkeit zu erreichen ist. Die Londoner Zeitung *Daily Telegraph* brachte am 14. Januar 1989 einen Artikel mit

der Überschrift »Technik der Haie vermindert Luftwiderstand bei Flugzeugen«. Wie sich nämlich herausgestellt hat, besitzen Haie auf ihrer Haut mikroskopisch kleine parallele Furchen oder »Rippchen«, die in Schwimmrichtung angeordnet sind und sowohl den Wasserwiderstand als auch das Schwimmgeräusch vermindern. Das britische Institut für Meerestechnik möchte nun die »Rippchentechnik« auf Flugzeuge, U-Boote, Turbinenschaufeln und Propeller anwenden. Mittlerweile befaßt sich ein ganz neuer Wissenschaftszweig, die *Biotik*, mit den Errungenschaften der »Tiertechnik« und ihrer Anwendung auf die menschliche Technologie – gewissermaßen also mit dem »Technologietransfer« vom Tierreich auf die Domäne der Menschen.

»Primitive« Wissenschaft und Technik

Was die Menschen angeht, muß man den »primitiven« Seefahrern der vorchristlichen Zeit und des 1. Jahrhunderts nach Christus, das heißt den Chinesen und Indern, Ägyptern und Griechen, ein ziemlich umfangreiches Wissen bescheinigen. Ein Text aus dem 4. Jahrhundert beschreibt die Fähigkeiten des berühmten indischen Lotsen Suparaga:

> »Er kannte den Lauf der Sterne und konnte sich immer leicht orientieren. Außerdem verfügte er über großes Wissen über die regelmäßigen, zufälligen und anormalen Zeichen für gutes und schlechtes Wetter. Er unterschied die Gegenden des Ozeans an den Fischen, an der Farbe des Wassers, an der Art des Meeresbodens, an den Vögeln, den Bergen und anderen Hinweisen.«[1]

Die primitiven Seefahrer konnten Stürme und Gewitter vorhersehen. Sie hörten auf Geräusche, sammelten Proben vom Meeresboden, merkten sich die vorherrschenden Winde und Strömungen und zeichneten Tiefen, Ankerplätze, Orientierungspunkte und Gezeiten auf.

Die Phönizier segelten wahrscheinlich schon vor über 2500 Jahren um den gesamten afrikanischen Kontinent. Sie fuhren nach Malta, Sizilien, Sardinien und Spanien. Sie durchquerten die Straße von Gibraltar und erreichten möglicherweise sogar Großbritannien; unterwegs richteten sie überall Handelsstützpunkte ein.

Die römischen Kaufleute beherrschten fünf Jahrhunderte lang den Mittelmeerraum von Britannien bis zum Schwarzen Meer. Die Römer segelten rund um Indien, trieben Handel mit Malaysia, Sumatra und Java und gelangten bis

zu den Grenzen Chinas. Römische Getreidefrachter waren riesengroß, »Tanker« der Antike mit einer Länge von fast 55 Metern und einer Nutzlast von 1300 Tonnen. »Welch gewaltiges Fahrzeug war es doch«, schrieb Lukian über eines der Segelschiffe, die Getreide aus dem Niltal und Gold aus dem Gebirge Nubiens nach Rom brachten, »und mit einer Mannschaft wie eine Armee!«
Die Wikinger, die aus den Fjorden kamen, besiedelten Island und die Normandie. Sie fuhren nach London, Hamburg, Paris, Lissabon und Pisa, umschifften das Nordkap und entdeckten Spitzbergen. Sie befuhren das Schwarze und das Kaspische Meer. Sie durchquerten die Dardanellen und kamen nach Byzanz. Um das Jahr 1000 entdeckten sie Amerika, nachdem sie von Island nach Grönland gesegelt waren, und dann fuhren sie die amerikanische Ostküste entlang bis nach Cape Cod oder noch weiter.
Der magnetische Kompaß war auf chinesischen Schiffen um 1000 n. Chr. bereits allgemein in Gebrauch, wahrscheinlich sogar schon 850, und seine Anfänge reichen bis ins 1. Jahrhundert vor Christus zurück. Die älteste Beschreibung eines schwimmenden Kompasses stammt aus der Mitte des 11. Jahrhunderts. Es handelte sich um eine dicke Platte aus magnetisiertem Eisen mit nach oben gebogenen Kanten, die wie ein Fisch geformt war. Von China aus verbreitete sich der Kompaß rund um den Indischen Ozean; schließlich übernahmen ihn die Araber und brachten ihn in den Mittelmeerraum, wo er seit dem 12. Jahrhundert verwendet wurde. Das »gegißte Besteck« zur Richtungsbestimmung, Landkarten, Stundengläser zur Messung von Zeit und Geschwindigkeit, der Sextant zur Bestimmung der Höhe von Sternen und die Trigonometrie zum Berechnen wind- oder strömungsbedingter Abweichungen vom vorgesehenen Kurs kamen ungefähr zur selben Zeit in Gebrauch.
Die Chinesen zeichneten um 800 bereits Landkarten. Die erste europäische Seekarte ist die Carta Pisana, die ungefähr von 1257 stammt. Das Prinzip des rechtwinkligen Gitternetzes, in das man die Karte einträgt, geht bis auf das 3. Jahrhundert zurück.
Archäologische Funde aus dem Mittelmeerraum weisen darauf hin, daß es in der Antike wahrscheinlich bereits astronomische Rechenmaschinen gab. Aristoteles war einer der ersten Fachleute für Meeresbiologie und die Chemie des Meerwassers, aber er wußte noch nichts von den Becken, in denen diese Dinge enthalten sind. Man glaubte, der Ozean umgebe die Erde und die Erde sei flach.
In den folgenden zwei Jahrtausenden kam im Abendland nicht viel Neues hinzu. Erst im Zeitalter der Entdeckungen, im 15. und 16. Jahrhundert, nahmen die Ozeane – oder zumindest ihre Oberfläche – realistischere Konturen

an. Heinrich der Seefahrer, der Infant von Portugal (1394–1460), begründete in der Nähe von Sagres die erste interdisziplinäre, internationale Einrichtung für Meeresforschung und versammelte dort Mathematiker, Astronomen, Kartographen, Kapitäne und Geschichtsschreiber aus Portugal und Spanien, Venedig, Genua und den arabischen Ländern. Sie befaßten sich mit der Gestaltung von Seekarten, verbesserten Kompasse, Astrolabien und Quadranten und erstellten astronomische Tabellen. Damit schufen sie die Voraussetzungen für die großen Entdeckungsreisen. Christoph Columbus war ein Schüler von Sagres. Die Stadt schenkte der Welt ganze Generationen großer Seefahrer, von Gil Eanes, der 1433 das Kap Bojador umrundete, bis zu Vasco da Gama, der 1498 in Calicut an der Westküste Indiens landete.

Die Geburt der modernen Meeresforschung

Die moderne Meeresforschung ist aber noch sehr jungen Datums – ihr Beginn liegt erst wenig mehr als ein Jahrhundert zurück. Als Väter der biologischen und physikalischen Ozeanographie gelten vielfach der britische Biologe Edward Forbes, der Meerestiere untersuchte und 1854 starb, und Fontaine Maury, ein Offizier der US-Marine, der sich mit Strömungen, Gezeiten und Windsystemen befaßte und bis 1873 lebte. Ihren wichtigsten Impuls erhielt die moderne Meeresforschung jedoch durch die berühmte Weltreise der HMS *Challenger* in den Jahren 1872 bis 1876. Nach dem Ende der Reise brauchten die Wissenschaftler der *Challenger* – die »Philosophen«, wie sie von den Seeleuten genannt wurden – volle zehn Jahre, um die fünfzig dicken Bände zu vollenden, in denen sie die Ergebnisse dieser ersten wichtigen ozeanographischen Forschungsreise darstellten. Der Bericht erörtert mit Text und Abbildungen in allen Einzelheiten die Strömungen, Temperaturen, Tiefen und Bestandteile der Ozeane, die Topographie ihres Bodens, die geologischen und biologischen Eigenschaften ihrer obersten Schicht und das Tierleben im Wasser der Tiefe. Daß sie dazu mit den einfachen technischen Möglichkeiten jener Zeit in der Lage waren, erscheint fast wie ein Wunder. Was heute mit Motorwinden, Probenentnahmegeräten und ferngesteuerten »Bumerangs« zuwege gebracht wird, schaffte man damals mit handbetriebenen Winden, Bleischnüren und Körben. Mitten im Pazifik hoben sie Manganknollen aus einer Tiefe von 5000 Metern, analysierten ihre Zusammensetzung, ermittelten ihre Dichte und Verteilung und stellten kühne, phantasievolle Vermutungen über ihre Entstehung an. Den Computer hatten sie im Kopf. Als Navigationshilfsmittel standen ihnen ein Kompaß, ein Chronometer (das heißt eine Uhr) und ein Quadrant zur Verfügung; die Bilder von der Pflanzen- und Tierwelt der Ozeane, die heute von an Seilen hinabgelassenen Fernseh- und Fotokameras aufgenommen werden, zeichneten sie mit Bleistift und Wasserfarben. Man fragt sich, ob der Erfindungsreichtum der Menschen seine besten Leistungen bei der Produktion von Hochtechnologie erbringt oder aber wenn es darum geht, höchst komplizierte, beeindruckende Ergebnisse mit den einfachsten Mitteln zu erzielen.

Seit jener Zeit hat sich die Meeresforschung mit erstaunlicher Geschwindigkeit erweitert und in verschiedene Richtungen spezialisiert. Die Entwicklung akustischer, seismischer und optischer Sensoren, Magnetforschung, Fossiliendatierung mit Radioaktivität, ferngesteuerte Messungen, die Technik des Tiefseebohrens, die Konstruktion von Tiefseetauchbooten, aber auch Satellitentechnik, Mikroelektronik und elektronische Datenverarbeitung schufen die Möglichkeit, große Bereiche der Ozeane in Echtzeit zu überwachen und in die Tiefen der Meere vorzudringen – bis zu ihrem Boden und in den Untergrund, durch Schichten und immer neue Schichten aus Segmenten und Basaltgestein, bis zum geschmolzenen Kern des Planeten Erde.

Die weitere Entwicklung der Ozeanographie wird durch die kreative Verbindung von Vor-Ort-Messungen, Computermodellen und Fernerkundung bestimmt werden.[2]

Einem Wissenschaftlerteam des Massachusetts Institute of Technology gelang es kürzlich, die Kreisläufe im westlichen Mittelmeer zu beschreiben. Dies dürfte unsere Kenntnisse über die Wirkungen des Meeres auf das Klima erweitern.[3] Grundlage waren Computermodelle, die am Institut entwickelt wurden, sowie Satellitenmessungen der Wellenbewegungen an der Meeresoberfläche und Messungen der Schallweiterleitung im Wasser, die unter der Meeresoberfläche vorgenommen wurden. Die gleiche Methode möchte die Arbeitsgruppe in Zusammenarbeit mit Wissenschaftlern aus Deutschland und Australien jetzt auch in größerem Umfang im Pazifik anwenden, denn dort laufen Vorgänge ab, die den Trend zur globalen Erwärmung anscheinend verlangsamen oder sogar steuern. Nach Angaben von Wissenschaftlern aus dem Lamont-Doherty Observatory der *Columbia University* sorgt ein natürliches Kreislaufsystem zwischen Luft und Ozean, das im tropischen Pazifik wirksam ist, für eine schnellere Verteilung der Wärme auf Gebiete, wo sie sich leichter verflüchtigen kann.[4] Die Kühlwirkung des Pazifiks ist vielleicht der Grund, warum die globalen Temperaturen in diesem Jahrhundert nur um die Hälfte des Betrags gestiegen sind, den die Modelle vorhergesagt hatten.

Mit den neuen technischen Methoden konnten wir die Evolution und Umwandlung der Ozeanbecken verstehen und die Theorie der tektonischen Platten und der Kontinentalverschiebung mit empirischen Daten belegen; das war buchstäblich eine Revolution unserer Kenntnisse über die Erdgeschichte, einschließlich der Wege, auf denen die Pflanzen und Tiere sich entwickelt und über Ozeane und Kontinente verbreitet haben. Die Plattentektonik zeigt uns auf ihre Weise, daß die Schöpfung kein ein für allemal vergangenes Ereignis ist, sondern ein fortlaufender Prozeß, in dem die Erde und ihre Ressourcen über die Zeitalter hinweg regeneriert und wiederverwertet werden. Es ist ein ehrfurchtgebietendes Schauspiel, im Raum ebenso wie in der Zeit.

Der Kreislauf der Ozeane

Durch die Ozeane zieht sich ein System von Strömungen. Ihre Triebkräfte sind die Temperaturunterschiede zwischen Äquator und Polen, die Winde und die Drehung der Erde, welche die Strömungsrichtung verändert (Corioliskraft). Im Vergleich zu den Flüssen der Erde sind die Wassermengen, die von diesen Strömungen durch den Raum der Ozeane bewegt werden, gewaltig: Mißt man sie in »Sverdrup«, das heißt in Millionen Tonnen Wasser pro Sekunde, transportieren alle Flüsse der Erde gemeinsam etwa ein Sverdrup, der Golfstrom im westlichen Atlantik und der Kurisho vor Japan dagegen enthalten jeweils mehr als siebzig Sverdrup. Im Golfstrom fließt ein etwa hundertmal größeres Wasservolumen zusammen als in allen Flüssen der Erde.

> »Alle Wasser laufen ins Meer, doch wird das Meer nicht voller; an den Ort, dahin sie fließen, fließen sie immer wieder.«[5]

Die Wolken entlassen jedes Jahr etwa 450 000 Kubikkilometer Süßwasser ins Meer; weitere 50 000 bringen die Flüsse mit. Durch Verdunstung kehrt das Süßwasser in die Atmosphäre zurück – ungefähr 510 000 Kubikkilometer im Jahr, das entspricht einer Wassersäule von etwa 1,41 Metern.

Das von der Sonne erwärmte Oberflächenwasser fließt langsam, aber stetig in Richtung der kalten Polargebiete, und eine Gegenströmung aus kaltem Tiefenwasser bewegt sich zum Äquator; dort, in den Tropen, steigt es wieder auf und tritt an die Stelle des polwärts fließenden Oberflächenwassers. In der Mitte von Nordatlantik und Nordpazifik schiebt der Wind das Wasser zu riesigen Hügeln zusammen, und um diese Hügel herum fließt es in großen Wirbeln, von der Corioliskraft getrieben.

Ozeane und Kontinente

Die Ozeane beherbergen Gebirge, die alles, was wir an Land kennen, in den Schatten stellen. Die Alpen sind 1100 Kilometer lang und 130 bis 230 Kilometer breit. Ihr höchster Gipfel, der Montblanc, erreicht aus einer Höhe von 1040 Metern zu seinen Füßen eine Gesamthöhe von 4810 Metern. Aber der mittelozeanische Rücken, die Gebirgskette, die sich durch die Weltmeere zieht, ist 64 000 Kilometer lang und hat eine durchschnittliche Breite von 2000 Kilometern. Ihre Gipfel ragen vom Meeresboden 4600 Meter hoch auf. Die Tiefseegräben, von denen die meisten im Pazifik liegen, sind die tiefstgelegenen Gebiete der Erde. Der Marianengraben biegt sich 2000 Kilometer die Marianen entlang und reicht 11 022 Meter tief hinab. Das Meeresgebirge scheint zu einem anderen Planeten zu gehören, der doppelt so groß ist wie die Erde, mit einer anderen Beschaffenheit und Form. Dies Gebirge besteht aus reinem vulkanischem Basalt, und solche Berge gibt es auf der Erde nicht.

Der zerklüftete Kamm des Rückens ist etwa 200 Kilometer breit und liegt an manchen Stellen nur ungefähr 3000 Meter unter der Meeresoberfläche. Genau durch die Mitte des ganzen Gebirgsmassivs zieht sich ein Tal, das an der engsten Stelle 13, an der breitesten 210 Kilometer breit ist. Im Vergleich dazu ist der Grand Canyon mit 1,6 Kilometern Tiefe und 7 bis 29 Kilometern Breite winzig.

Das Tal ist ein riesiger Krater, der die aus dem Erdmantel hervorquellende Lava ausspuckt. Vom Wasser gekühlt, bildet die Lava seltsam geformte Pfeiler, die zusammen mit Seefedern, Federwürmern, Schwämmen und Rindenkorallen den Kamm des Gebirgsrückens zieren. Wenn die Lava an den Abhängen hinunterfließt, schafft sie einen neuen Meeresboden, der die Kontinente auseinanderdrückt – im Lauf eines Menschenlebens ungefähr um die Körperlänge eines Menschen. Etwa zweieinhalb Quadratkilometer Meeresboden entstehen jedes Jahr neu, Jahrhundert für Jahrhundert, Jahrtausend für Jahrtausend, Jahrmilliarde für Jahrmilliarde.

Der Meeresboden wird von den Tiefseegräben verschlungen. Geht dabei mehr Fläche verloren, als durch das System des Gebirgsrückens neu entsteht, schrumpfen die Ozeane. Der Atlantik wächst, der Pazifik dagegen wird kleiner. Das Mittelmeer wird sich schließen, Europa und Afrika werden zusammenwachsen – irgendwann in der Zukunft.

Ozeane werden also geboren, und Ozeane sterben. Ihre Lebensdauer beträgt ungefähr 300 bis 400 Millionen Jahre, und unser Planet wird ständig umgebaut – von innen nach außen und von außen nach innen. Nur die Kontinente sind so leicht, daß sie nicht in die Gräben hineingezogen werden; sie treiben mit ihren tektonischen Platten auf der Oberfläche wie Schaumfetzen, die verschmelzen, sich trennen, sich wandeln, sich drehen und Klima, Flora und Fauna verändern.

Die Kryosphäre

Im Lauf der Erdzeitalter haben sich die Gletscher ausgeweitet und wieder zurückgezogen. Der Meeresspiegel ist gestiegen und gefallen, der Salzgehalt nahm zu und wieder ab. Im Pleistozän, als das Gletschereis fast völlig verschwunden war, lag der Meeresspiegel dreißig Meter höher als heute. Eine erneute derartige Steigerung würde nicht nur die Malediven verschwinden lassen und die Küstenniederungen von Bangladesch überfluten; auch große Teile Nordeuropas lägen unter Wasser, die Täler von Mississippi, Amazonas, Nil, Euphrat, Indus und Ganges würden geflutet, und die fruchtbaren Ebenen Chinas würden untergehen.
Wasser war offenbar eine der ersten chemischen Verbindungen auf der jungen Erde. Manchen Theorien zufolge steigt es auch heute noch auf, so daß es in ein paar Milliarden Jahren die ganze Erde bedecken könnte.[6] Man könnte sich aber auch vorstellen, daß es wieder einfriert – dann sähe die Erde aus wie der Jupitermond Europa.
Unter dem Polareis der Erde hat man die sogenannten epontischen Gemeinschaften entdeckt, höchst vielgestaltige Lebensgemeinschaften aus Algen, Einzellern und verschiedenen kleinen Krebstieren. Wie Unterwasservideoaufnahmen gezeigt haben, wimmelt es an der Unterseite des Eises von Krillkrebsen, die sich von Algen ernähren, und die Algen wiederum wachsen auch im tiefsten dunklen Winter in und unter dem Eis. Könnte es epontische Lebensgemeinschaften auch unter dem Eis auf dem Ozean des Mondes Europa geben?
In den Polargebieten stehen Luft, Wasser und Eis in enger Wechselbeziehung. Die Eismassen an den Polen haben wiederum beeindruckende Ausmaße. Das Süßwasser auf der Erde ist zu achtzig Prozent gefroren und bildet die Kryosphäre unseres Planeten. Allein an der Westküste Grönlands entstehen jedes Jahr etwa 5000 Eisberge. Der Labradorstrom trägt jährlich 7500 solche Kolosse nach Süden. Ebenso viele Eisberge bilden sich auch im Südpolargebiet und treiben nach Norden. Der größte, den man bisher beobachtet hat, war 350 Kilometer lang und 90 Kilometer breit – er reichte 250 Meter unter die Wasseroberfläche und hatte ein Gesamtvolumen von 8000 Kubikkilometern.

Wenn das Eis bricht, fließen große Wärme- und Feuchtigkeitsmengen aus dem Wasser, das –1 Grad Celsius kalt ist, in die Luft mit –20 Grad Celsius. Pro Quadratmeter können bis zu 1000 Watt aus dem abkühlenden Wasser in die Atmosphäre übergehen. Wenn Meerwasser gefriert, steigen Salzgehalt und Dichte des umgebenden Wassers, ein Vorgang, der erheblich zur senkrechten Bewegung in den Kreisläufen beiträgt. Deshalb sind das Weddellmeer und die Grönlandsee die Blaslöcher der Weltmeere. Hier sinkt das Oberflächenwasser in die tieferen Schichten hinab, wobei es Sauerstoff und Spurenelemente mitnimmt. Welche Bedeutung die Polarmeere als Senke für Kohlendioxid und andere Treibhausgase haben, beginnen wir gerade erst zu verstehen.[7]

Wir stehen noch ganz am Anfang mit unseren Kenntnissen darüber, wie wichtig diese gewaltigen Bewegungen – von Nord nach Süd, von Ost nach West und in senkrechter Richtung – für die Ausbreitung von Schadstoffen sowie für die Wechselbeziehungen zwischen Meeresboden, Wassersäule und Atmosphäre sind.

Der Kreislauf des Kohlenstoffs

Durch die Photosynthesetätigkeit der mikroskopisch kleinen Pflanzen in den obersten Schichten der Ozeane wird der Atmosphäre Kohlendioxid entzogen, und Sauerstoff wird freigesetzt. Meerespflanzen produzieren im Jahr 36 Milliarden Tonnen Sauerstoff, das entspricht siebzig Prozent der Sauerstoffmenge in der Atmosphäre. Die Ozeane nehmen Kohlendioxid aus der Atmosphäre auf. Die Menge kennen wir zwar nicht, aber wir wissen, daß die Meere über sechzigmal soviel Kohlendioxid enthalten wie die Luft. Dieser Austausch von Sauerstoff, Kohlendioxid und anderen Gasen hat tiefgreifende Wirkungen auf das Weltklima.

Welcher Anteil des Kohlendioxids in den Meeren vom Meeresboden stammt und wieviel aus der Atmosphäre absorbiert wird, ist bisher nicht genau geklärt. Aufgrund ständiger Messungen während der letzten zehn Jahre weiß man aber, daß es zwischen Sommer und Winter große Schwankungen gibt. Am größten sind die Unterschiede im hohen Norden, in den Meeresgebieten der Südhalbkugel dagegen sind sie sehr gering. Im Sommer hat die Photosynthese der Pflanzen einen größeren Umfang als die biologische Atmung aller Pflanzen, Tiere und Bakterien zusammen, so daß der Luft Kohlendioxid entzogen wird. Im Winter sind die Verhältnisse genau umgekehrt, und der Kohlendioxidgehalt der Atmosphäre steigt. Das Ausmaß dieser jahreszeitlichen Schwankungen nimmt zu, vermutlich ein Hinweis darauf, daß Wälder und andere Lebensgemeinschaften durch die Düngewirkung der zunehmenden Kohlendioxidmenge in der Atmosphäre wachsen![8] Das wiederum würde dazu führen, daß mehr Kohlendioxid absorbiert wird und der Treibhauseffekt sich vermindert.

Ein anderes Treibhausgas ist Methan. Es kommt zwar in der Atmosphäre in wesentlich geringerer Menge vor als Kohlendioxid, aber jedes seiner Moleküle hat eine viel größere Heizwirkung. Man schätzt, daß Methan schon in wenigen Jahrzehnten für bis zu 25 Prozent der gesamten Erwärmung durch den Treibhauseffekt verantwortlich sein wird. Um auf den Treibhauseffekt vernünftig reagieren zu können, müßte man wesentlich mehr über den Kreislauf des Methans wissen.

Das Wissenschaftsmagazin *Science*[9] berichtete über ein dramatisches Ereignis, das vor etwa 55 Millionen Jahren stattgefunden haben muß: Damals stieg plötzlich die Temperatur drastisch, und der Kreislauf des Kohlenstoffs verschob sich deutlich; beides ist noch heute an Isotopensignalen bei Foraminiferen und Säugetierzähnen zu erkennen. Die Foraminiferen am Meeresboden starben massenhaft, ganz im Gegensatz zu den Verhältnissen an Land, wo eine Fülle neuer Arten entstand, von den Nagetieren bis hin zu den Primaten.

Nach den Befunden von Wissenschaftlern der *University of Michigan*, die ein Modell für den globalen Kohlenstoffkreislauf entwickelten, hatte dieser umwälzende Vorgang seine Ursache offenbar in einer allmählichen Erwärmung der Ozeane, die bewirkte, daß 10 000 Jahre lang Methan aus dem Meeresboden freigesetzt wurde. Dieser Effekt, der von dem Modell im Rückblick errechnet und durch Gesteinsuntersuchungen bestätigt wurde, ebbte im Lauf der folgenden 200 000 Jahre allmählich ab. Die Wissenschaftler aus Michigan nehmen an, daß es in den Jahrmilliarden der Evolution von Erde und Ozeanen weitere derartige Ausbrüche gegeben hat.

Die Geschichte der Korallenriffe

Die biologische Vielfalt ist immer gewachsen und wieder geschrumpft. Heute machen wir uns große Sorgen über ihr Schrumpfen: über das Verschwinden der tropischen Regenwälder und über das Ausbleichen und Sterben der Korallenriffe, der beiden reichhaltigsten Reservoire der Artenvielfalt.

Die Geschichte der Korallenriffe, der ältesten ökologischen Lebensgemeinschaften der Erde, ist es wert, daß man sie noch einmal erzählt.[10] Am einfachsten waren die ältesten Riffe: Sie wurden ausschließlich von Bakterien aufgebaut. Man kann sie bis in die Zeit des Präkambriums zurückverfolgen und findet sie in Gesteinsformationen auf der ganzen Welt. Diese sogenannten Cyanobakterien, die man in ihrer versteinerten Form auch Stromatolithen nennt, waren eng mit einzelligen Lebewesen verwandt, die es noch heute gibt. Einzelne Kolonien von ihnen wuchsen im Lauf der Jahrmillionen Dutzende von Metern nach oben. Im frühen Kambrium, vor 600 Millionen Jahren, taten sich die ersten Tiere mit solchen Riffen zusammen. Archaeocyathiden, becherförmige, steinähnliche Geschöpfe, ragten wie niedrige Bäume aus den Bakterienwiesen heraus. Zwischen ihnen krochen die am Boden lebenden und fressenden Trilobiten umher.

Aber diese Lebensgemeinschaften blieben nicht lange erhalten. Gegen Ende des mittleren Kambriums, vor ungefähr 540 Millionen Jahren, wurden die Archaeocyathiden von einer ökologischen Katastrophe hinweggefegt. Danach gab es etwa 60 Millionen Jahre lang keine Riffe mehr. Aber was sind schon 60 Millionen Jahre? In der Mitte des Ordoviziums, vor rund 480 Millionen Jahren, tauchten größere und bessere Rifflebensgemeinschaften auf.

Ihre Grundlage waren noch immer die Stromatolithen, aber zu dieser Gemeinschaft gehörten auch korallenförmige rote Algen und die ersten Schwämme, die wie verkrustete Platten oder halbkugelförmige Sträucher geformt waren. Auch die ersten echten Korallen erschienen auf der Bildfläche. Gegen Ende des Devons, vor etwas mehr als 350 Millionen Jahren, wurde das Leben in den Ozeanen durch eine weltweite Klimaveränderung dezimiert. In den Korallenriffen überlebten während der nächsten 13 Millionen Jahre nur die Stromatolithen.

Das Karbon und das darauf folgende Perm brachten die Herrschaft der Bryozoen (Moostierchen) und Brachiopoden (Armfüßer) in den Rifflebensgemeinschaften. Auch Sphinctozoen (Schwämme mit mehreren Kammern) und Seelilien spielten eine immer wichtigere Rolle.

Das alles wurde gegen Ende des Paläozoikums, vor etwa 230 Millionen Jahren, von einer neuen und noch schlimmeren ökologischen Katastrophe ausgelöscht, und wieder gab es 10 Millionen Jahre lang keine Lebensgemeinschaften mehr, die Riffe hätten bauen können. Dann wuchs im milden Klima des heutigen Mittelmeerraums eine neue Rifflebensgemeinschaft heran. Im mittleren Trias tauchten im heutigen Deutschland, in den Südalpen sowie auf Korsika und Sizilien die ersten Skleraktinien auf, Vorfahren der mehr als zwanzig heute lebenden Korallenfamilien. Schwämme, Seeigel und Weichtiere kamen hinzu und gediehen. Aber vor ungefähr 100 Millionen Jahren gab es eine Revolution. Ihre Vorkämpfer waren die Rudisten, eine Gruppe von Muscheln mit zylinderförmigen oder konischen Schalen, die in die Höhe bauten, als wollten sie die Korallen nachahmen. Die Rudisten kamen aus dem Nichts und zementierten während der folgenden 60 Millionen Jahre ihre Macht. Sie überwucherten die Korallen und unterdrückten deren Bautätigkeit. Dann, vor ungefähr 65 bis 60 Millionen Jahren, verschwanden sie ebenso plötzlich, wie sie gekommen waren.

Das war erneut eine Phase des Massensterbens in den Ozeanen. Fast ein Drittel aller Tierfamilien, die in der späten Kreidezeit gelebt hatten, gab es zu Beginn des Känozoikums nicht mehr. Viele Korallen, Weichtiere, Muscheln und Schwämme gingen zu jener Zeit zusammen mit den Rudisten zugrunde. Als Ursachen kommen Temperaturveränderungen, die Austrocknung flacher Meere oder die Entwicklung eines rauhen Kontinentalklimas in Betracht, aber auch Faktoren, die man noch nicht kennt.

Im Vergleich zur kosmopolitischen Allgegenwart früherer Zeiten waren die riffbauenden Lebensgemeinschaften jetzt stärker eingeschränkt, nämlich im wesentlichen auf den Bereich zwischen 35 Grad nördlicher und 32 Grad südlicher Breite. Am üppigsten sind sie heute im westlichen Pazifik, im Indischen Ozean und in der Karibik. Ihre gewaltigste Schöpfung ist das große Barriereriff vor Australien.

Die Rifflebensgemeinschaft der heutigen Zeit besteht aus Algen, Korallen, Seefedern, Schwämmen, Seeanemonen, Manteltieren, Ruderfußkrebsen, Weichtieren und ähnlichem sowie einer vielfältigen Fischwelt. Schmetterlings- und Anglerfische, Riffbarsche, Eichhörnchenfische, Papageifische, Drückerfische, Lippfische, Zackenbarsche, Grunzer, Seenadeln, Seeschlangen und Drachenköpfe: sie alle finden Nahrung, Unterschlupf und Sauerstoff in den Hohlräumen und Verzweigungen der Riffe – ein Farben- und Formenreichtum, der in der Natur nicht seinesgleichen hat.

In den letzten Jahren wurde die explosionsartige Vermehrung der Seesterne zu einer Gefahr für das große Barriereriff in Australien und andere Riffgebiete im Pazifik. Die gewaltige Zunahme der Seesternpopulation wurde von manchen Fachleuten auf menschliche Einflüsse zurückgeführt. Andere schrieben sie natürlichen Ursachen zu.

Vor der Hawaii-Insel Oahu sterben die unzähligen Lebensformen der Riffe durch Eutrophierung; in der Karibik werden sie durch Öl und steigende Wassertemperaturen geschädigt. Die Korallen gehen zugrunde. Die winzigen Polypen, aus denen diese riesigen Kolonien bestehen, strecken nicht mehr ihre Fangarme aus, um mikroskopisch kleine Lebewesen als Nahrung aus dem Wasser zu filtern, und die Grünalgen, die auf ihrer Körperoberfläche leben, sterben ab. An ihre Stelle treten Pilze oder andere, widerstandsfähigere Algen, welche die Korallen bedecken und ersticken. Der Anblick wird düster und öde. Die Fische wandern ab und sterben, und die Erosion nimmt ihren Lauf. Untersuchungsergebnisse aus neuerer Zeit sind aber etwas weniger bedrückend.[11] Nach heutiger Kenntnis ist Ausbleichen die Folge, wenn bestimmte Algen, die Zooxanthellen, die in einer symbiotischen Beziehung auf den Korallen leben, absterben oder auf andere Weise verschwinden. Aber das ausgebleichte und scheinbar tote Korallenriff besitzt offenbar irgendwo tief in seinem Inneren noch eine Reserve von Zooxanthellen, die das Riff regenerieren und wiederbeleben können. Außerdem scheint es, als könnten sich die Riffe an verschiedene Algen anpassen; das ganze System ist weitaus komplexer und widerstandsfähiger, als man früher angenommen hat. Heute kann man Korallen wie Fische und Perlen in »Farmen« züchten, und die dort herangewachsenen Korallen sät man auf den Riffen aus.

Der Mensch, das Maß aller Dinge?

Aber das ist keine Entschuldigung dafür, daß wir Menschen die Natur schlecht behandeln. Was wir vom Land aus, über die Atmosphäre sowie von Schiffen und Plattformen aus den Ozeanen antun, ist entsetzlich. Aber wenn man die derzeitige Krise aus einem größeren räumlichen und zeitlichen Blickwinkel betrachtet, stellen sich viele Fragen. Sind wir so groß, wie wir glauben? Die Menschen sind vielleicht die rüdesten Rudisten, aber auch sie werden schon bald verschwinden. Ist der Beweggrund für unsere Besorgnis vielleicht ein anthropozentrischer Größenwahn in Verbindung mit einer Besessenheit von der Erbsünde, wie sie für den abendländischen Menschen so typisch ist?
In diesem größeren Zusammenhang erscheinen Aussagen wie die folgende ein wenig anmaßend:

> »Der zweite Punkt, den ich im Zusammenhang mit dem Übergang ins Informationszeitalter ansprechen und mit dem Problem des Naturschutzes verknüpfen will, hat mit der *Neueinteilung der Natur* [Hervorhebung von mir; E. M. B.] in einem Informationszeitalter zu tun: die Natur selbst, der Begriff der Natur, der wie der Artbegriff relativ stabil war, ist destabilisiert. Natur hat heute, im Zeitalter der Gentechnik, als stabiler Begriff keinerlei Bedeutung mehr. Auch der Artbegriff wird sehr unscharf. Als gesellschaftlichen Wert kann man daraus machen, was man will.«[12]

Auf dieser Tagung wurde die Natur betrachtet, als sei sie *von Menschen gemacht*. Wir sind es, die entscheiden, wieviel davon wir wollen, und das erhalten wir. Aber welches ist unsere wirkliche Stellung in der ehrfurchtgebietenden Größe der Weltmeere und ihrer Wandlungen während der Erdzeitalter?

Eine demütigere Einstellung gegenüber der Natur, eine Haltung, die unsere Macht und unsere Wirkungen ein wenig geringer einschätzt, sollte nicht als Freiheit zur Umweltverschmutzung mißverstanden werden. Wir erzeugen eine unzulässige Menge tödlicher und naturverändernder Stoffe. Ganz sicher müssen wir unsere Lebensweise ändern, aber ändern müssen sich auch unsere Einstellungen. Denn selbst wenn wir nicht so wichtig sind, wie wir glauben – selbst wenn unsere Wirkungen auf Klima und biologische Vielfalt in Zeit und Raum geringfügig sind –, erkennt doch heute jeder, der es sehen will, daß wir uns selbst durch die Mißhandlung unserer Umwelt umbringen; und der empfindlichste Teil dieser Umwelt sind die Ozeane.

Unsere Nahrung, unser Wasser, die Luft, die wir atmen – alles ist vergiftet. Krankheiten, die man für ausgestorben hielt, erwachen wieder zum Leben. Neue Krankheiten, Allergien, Immunstörungen, Krebs, Atemwegsbeschwerden überfallen unsere Kinder und ältere Menschen, unsere Nutztiere, sogar unsere Hunde und Katzen. Die Geburtenrate geht in vielen Teilen der Welt zurück, in anderen werden Dörfer und Regionen durch neue Seuchen wie AIDS entvölkert. Eine wachsende Masse von Umweltflüchtlingen, die durch falsche Bewirtschaftung von Land und Meeren entwurzelt wurden, gefährdet die gesellschaftliche Stabilität und die Sicherheit der Menschen.

Wie allgemein bekannt ist, lebt die Mehrzahl aller Menschen in der Nähe von Küsten, und wenn wir den Ozean vergiften, vergiften wir uns selbst. Wir müssen die Meere retten, um uns selbst zu retten. Der reine Selbsterhaltungstrieb, der allen Lebewesen eigen ist, sollte uns zwingen, unsere Lebensweise zu ändern. Aber die Selbsterhaltung erfordert die Erhaltung anderer.

> »Alle Lebewesen zittern vor der Gefahr, und alle fürchten den Tod. Wenn ein Mensch das bedenkt, wird er weder töten noch den Anlaß zum Töten geben.«[13]

Unsere Einstellung gegenüber der Natur muß sich ändern; unsere Ethik muß sich ändern. Ganz gleich, welche Wirkungen wir auf die biologische Vielfalt in der Zukunft haben werden: Irgendwo tief in unserem Inneren wissen wir, daß wir noch einen weiteren Instinkt haben, der vielleicht in anderen Kulturkreisen tiefer verwurzelt ist als in unserer abendländischen Kultur; er sagt uns: Es ist nicht gestattet, unsere Mitgeschöpfe zu verstümmeln und zu töten, sei es zum Zweck des Profits, sei es aus Achtlosigkeit. Beim Anblick jedes ölverschmierten Vogels und jedes von Krebsgeschwüren deformierten Fisches, die aus dem Ozean an unsere Strände gespült werden, sollten wir jenen kleinen Stich spüren, der uns mahnt: Was wir diesen Lebewesen antun, tun wir uns und unseren Kindern an. Wir hören die Stimme, die uns drängt,

> »unser Ich in allen Kreaturen und alle Kreaturen in unserem Ich zu sehen«.[14]

Wir erhalten die Botschaft:

> »Um den eigenen Eltern am besten zu dienen, muß man lernen, Freundlichkeit gegenüber allem beseelten Leben zu üben (...).«[15]

In Afrika gibt es ein Sprichwort, das der Generalsekretär der Vereinten Nationen kürzlich zitierte[16]; es lautet:

> »Die Welt gehört uns nicht – sie ist uns für zukünftige Generationen anvertraut.«

Genau das lehren im Prinzip alle Kulturen Asiens und der amerikanischen Ureinwohner. Während die Geschichte die letzten Reste von Kolonialismus und Postkolonialismus einschließlich des Eurozentrismus hinter sich läßt, rücken solche nichteuropäischen Weltanschauungen in den Blickpunkt und mischen sich mit der allmählich entstehenden »ökologischen Weltanschauung« des Westens.
Dieser Wandel mit allen seinen Folgerungen ist von grundlegender Bedeutung, wenn wir ernsthaft etwas anders machen wollen.

Die Verschmutzung der Ozeane

Noch vor wenigen Jahrzehnten waren die Wissenschaftler überzeugt, sie wüßten genau, wie viele von Menschen geschaffene Schadstoffe jedes Jahr in die Ozeane gelangten, und man könne ihre Wirkungen auf Wasserqualität, Flora und Fauna voraussagen. Heute sind die Fachleute wesentlich vorsichtiger.[17]

In jüngster Zeit hat sich gezeigt, daß viele chemische Messungen, die man vor etwa zehn Jahren in den Meeren anstellte, von zweifelhaftem Wert sind. Deshalb sind Entwicklungen nur schwer nachzuweisen, wenn die Konzentrationsveränderungen sich über längere Zeiträume hinweg vollziehen. Die Ungenauigkeit früherer Meßwerte wurde deutlich, nachdem man neue Analysetechniken und Verfahren zur Qualitätskontrolle entwickelt hatte, und Messungen der Umgebungskonzentration in jüngerer Zeit lieferten niedrigere Werte als frühere Berichte.

Die von Menschen verursachte Verschmutzung läßt sich vor einem nicht genau bekannten Hintergrund natürlicher Schadstoffe nur schwer beurteilen. Die Wechselwirkungen zwischen Meeresboden, Wassersäule, Atmosphäre, Festland und Flüssen sind von unvorstellbarer Komplexität.

Unter den Ozeanen der Erde liegen 40 000 Kilometer lange Grenzen zwischen tektonischen Platten, die aktiv auseinanderstreben. Diese aktiven Bereiche sind nicht nur eine ständige wichtige Wärmequelle, sondern da sie immer wieder geschmolzenes Magma und hydrothermale Flüssigkeiten ausstoßen, entstehen unter Wasser bei hoher Temperatur auch riesige Wolken aus Schwefel- und Metallverbindungen. Über diese natürlichen Substanzflüsse gibt es nur wenige quantitative Daten, aber wegen ihrer Größenordnung müssen sie auf globaler Ebene von erheblicher Bedeutung sein. Die Anteile der natürlichen und der von Menschen erzeugten Schadstoffe an der Gesamtmenge lassen sich nur schwer feststellen.

Die gleiche Unsicherheit besteht auch im Hinblick auf die Anteile der natürlichen und der von Menschen erzeugten Zuführungen aus Flüssen. Sie werden nur in begrenztem Umfang überwacht, nämlich nur für wenige Flußsysteme und eine geringe Zahl von Schadstoffen. So hat man beispielsweise die Nährstoffe in verschiedenen Flußsystemen untersucht, und durch Extrapolation der Ergebnisse gelangte man zu einer Schätzung für die Gesamtmenge der Substanzen, die weltweit aus den Flüssen in die Meere gelangen. Man erhielt Zahlen für den natürlichen Fluß des gelösten Stickstoffs, Phosphors und Siliziums sowie für suspendierten Stickstoff und Phosphor. Auch der Beitrag der Menschen wurde abgeschätzt. Die einzelnen Schätzungen klaffen zwar weit auseinander, aber allgemein kann man sagen, daß die Menge der von Menschen erzeugten gelösten Nährstoffe mit der natürlichen Substanzmenge mindestens vergleichbar ist und sie in manchen Bereichen deutlich übertrifft.

Der Zufluß aus der Atmosphäre läßt sich nur schwer abschätzen. Die Interpretation der Daten ist kompliziert, weil die chemische Zusammensetzung je nach vertikaler Verteilung, Dauer, Intensität und Tropfengröße des Niederschlags schwankt. Derzeit stehen keine Methoden zur Verfügung, mit denen man den Gasaustausch an der Grenzfläche zwischen Meer und Luft direkt messen könnte. Außerdem können manche Substanzen, die aus der Atmosphäre in den Ozean gelangen, durch Blasen oder Gasaustausch auch wieder zurück in die Luft wandern. Zieht man diese Stoffe, die den umgekehrten Weg antreten, nicht in die Berechnungen ein, erhält man möglicherweise ein falsches Ergebnis. Die vorhandenen Daten sind unzureichend.

Ein schwerwiegendes Problem werfen die synthetischen organischen Verbindungen auf. Jedes Jahr werden 500 bis 1000 neue Chemikalien auf den Markt gebracht, und bekannte Verbindungen werden für neue Zwecke verwendet. Nur in den seltensten Fällen weiß man, was in der Umwelt weiter mit ihnen geschieht und welche Folgen das hat. So liegt beispielsweise die Konzentration des gebundenen Chlors im Fett von Fischen in den meisten Proben zwischen 30 und 200 parts per million (ppm), und davon sind 5 bis 10 ppm auf bekannte Giftstoffe wie DDT, PCBs, Dioxine und Chlorphenole zurückzuführen. *Für den Rest (bis zu 95 Prozent) gibt es keine Erklärung.*

Was das radioaktive Material angeht, das durch Entsorgung und oberirdische Atomwaffentests in die Ozeane gelangt, so macht die von Menschen verursachte Verschmutzung nach einer Schätzung der Expertengruppe für wissenschaftliche Aspekte der Meeresverschmutzung (*Group of Experts on Scientific Aspects of Marine Pollution*, GESAMP) bemerkenswerterweise nicht mehr als ein Prozent der aus natürlichen Quellen (Vulkantätigkeit am Meeresboden) stammenden Gesamtmenge aus. (Nicht berücksichtigt sind dabei allerdings die Emissionen, die bei der Herstellung und dem Betrieb militärischer Atomanlagen sowie dem Betrieb atomgetriebener Schiffe anfallen, denn darüber gibt es keine Informationen.)

Angesichts dieser Unsicherheiten und Vorbehalte ist es nicht verwunderlich, daß die GESAMP kein Diagramm anbietet, das die von Menschen verursachte Verschmutzung der Ozeane vor dem Hintergrund der Verschmutzung aus natürlichen Quellen quantitativ darstellt. Hier soll dennoch der Versuch unternommen werden, die wichtigsten Daten der GESAMP zusammenzufassen (Tabelle 1.1); die Liste ist jedoch unvollständig und bruchstückhaft.

Tabelle 1.1 Schadstoffe in den Meeren

Schadstoff	Quelle natürlich	Quelle menschlich	Menge	Konzentration Wasser	Konzentration Sediment	Konzentration org.	Trend
ausgebaggertes Material			215 Millionen Tonnen/Jahr				
Industrieabfälle		x	17 Millionen Tonnen				abnehmend
			1984: 6 Millionen Tonnen				
Klärschlamm		x	1980–1985: 15 Mio. Tonnen				allmählich abnehmend
flüssige organische Halogenverbindungen		x	1980–1988: 100 000 Tonnen/Jahr				beendet
verlorengegangenes Fischereigerät		x	1975: 150 000, heute viel mehr				zunehmend
Kunststoffbehälter		x	1985: 450 000 Tonnen				
Sediment	x	x	135 000 mt/Jahr				
aus Schiffen abgelassenes Öl		x	1979: 3,1 Milliarden Tonnen 1985: 2,8 Milliarden Tonnen				abnehmend
Pestizide und PCBs		x	für die meisten Gebiete der Erde keine Daten				abnehmend
verklapptes radioaktives Material		x	60 pbq				
Waffentests		x	1954–1962: 200 000 pbq				
radioaktives Material	x		200 000 000 pbq				
Quecksilber	x	x		0,37–7,0 ng/l	0,01-06 ppm	0,1 ppb	
Selen				0,1–0,2 µg/l	0,15 ppm	unterschiedl.	
Blei	x	x		25–150 ng/l	10–100 ppm	1–16 ppm	
Arsen	x	x		1,4–42 µg/l	20–300 ppm	unterschiedl.	
Cadmium	x	x		0,2–200 ng/l	0,5 ppm	2 ppb	

Instrumente für die Umweltüberwachung auf dem Meer[18]:

Instrumentensysteme dienen zum

1. Sammeln
2. Messen
3. Auswerten der Daten
   a) an Ort und Stelle
   b) von Schiffen oder Plattformen aus
   c) in Labors an Land
   d) von Flugzeugen oder Satelliten aus (Fernerkundung)

Navigation und Positionsbestimmung

1. Peilempfänger
2. Loran-A- und Loran-C-Systeme
3. Global Positioning System

Instrumente für physikalische Ozeanographie

1. Echolot
2. Druckmeßgeräte
3. Umkippthermometer
4. Thermometer mit Probenflasche
5. Bathythermograph
6. Salinometer
7. Mark-III-Temperatur-Salzgehalts-Drucksonde
8. Neil-Brown-Sonde
9. Strömungsmesser
   Strömungsgeschwindigkeit: Rotor
   Strömungsrichtung: Kompaß
   Strömungstemperatur: Halbleiter
   Leitfähigkeit der Strömung: Elektroden
   Tiefe der Strömung: Druckmeßzelle
10. Acoustic Doppler Current Profiler (ADCP)
11. Wellenhöhenmesser
12. Gezeitenpegel mit und ohne Pegelrohr
13. Pegel mit akustischer Abfrage

Meteorologische Instrumente

1. Schiffsgebundene meteorologische Instrumente
2. Automatische Allwetterstation mit Windfahne
   und Anemometer (Fa. Aanderaa)
3. Druckzelle

4. Lufttemperaturmesser
5. Niederschlagsmesser
6. Infrarotradiometer
7. Pegel

Instrumente für Meereschemie

1. Meßgerät für gelösten Sauerstoff
2. Säuremesser (pH-Meter)
3. Meßsystem für gelösten Sauerstoff, pH und Temperatur

Meeresbiologische Instrumente

1. Fluorimeter
2. Probenentnahmegerät für Meerwasser
3. Planktonnetz und Schleppnetz

Meeresgeologische und geophysikalische Instrumente

1. Echolot
2. System zur Vermessung des Meeresbodens (side scan-Sonar)
3. Sedimentprobensammelgerät
4. Sedimentecholot
5. Tiefseeuntersuchungskameras (Foto und Video)
6. Digitales Seismographieaufzeichnungssystem
7. Seabeam-Fächerlot

Überwachung: Wer zahlt?

Wir müssen die Vorgänge in den Ozeanen besser kennenlernen, auch wenn wir uns bewußt sind, daß wir sie nie ganz und gar verstehen werden.
Die Befunde der Meeresforschung gaben bereits den Anstoß zu zahlreichen, sehr vielfältigen Überwachungsprogrammen und -projekten auf nationaler, regionaler und globaler Ebene; Beispiele sind die »Muschelbeobachtung« durch das UNEP, das IOC-Experiment der Ozeankreisläufe oder die EU-Untersuchung von Ozeanmodellen, in der die Schwankungsbreite und die Wirkungen des Sommermonsuns untersucht werden. Ein anderes Projekt, das von den Vereinigten Staaten, Frankreich, Japan und Australien finanziert wird, befaßt sich mit den Tiefenströmungen im Pazifik, die mit sechzig Unterwasserbojen gemessen werden.
Das umfangreichste derartige Programm ist das *Global Ocean Observation System* (GOOS), das im Gefolge des UN-Umweltgipfels (UNCED) ins Leben gerufen wurde. Es wird in Zusammenarbeit zwischen der IOC, der UNESCO, dem UNEP und der *World Meteorological Organization* (WMO) vorange-

trieben. Die Kosten, unter anderem für die Schaffung eines nationalen ozeanographischen Dienstes in allen Küstenstaaten, werden auf vier Milliarden US-Dollar im Jahr geschätzt. Das Projekt wird von der Versicherungsbranche großzügig unterstützt. Während der letzten zehn Jahre mußte dieser Wirtschaftszweig nach Naturkatastrophen gewaltige Kosten erstatten, und viele dieser Katastrophen hatten mit der globalen Erwärmung zu tun, die, so die Unternehmen, »die ganze Branche in den Bankrott zu treiben droht«.[19] Man rechnet damit, daß die Versicherungsunternehmen mit Hilfe von GOOS den Weg und die Stärke größerer Wirbelstürme in Zukunft mehrere Monate im voraus zuverlässig berechnen können, so daß sich die Planung durch Frühwarnsysteme verbessert.

Etwa achtzig bis neunzig Prozent aller Stoffe, die in die Meere geschüttet werden, stammen von Baggerarbeiten. Die Berichte an die Londoner *Dumping Convention* sprechen für die Zeit von 1980 bis 1985 von durchschnittlich 215 Millionen Tonnen, die jedes Jahr auf diese Weise entsorgt wurden. Das entspricht 20 bis 22 Prozent aller ausgebaggerten Stoffmengen; der Rest wurde anderswo deponiert.

Tabelle 1.2: Weltweite wirtschaftliche Verluste durch wetterbedingte Naturkatastrophen in den Jahren 1980 bis 1996 (Milliarden US-Dollar)

Jahr	Gesamtverlust	Versicherungsschäden
1980	1.5	0.1
1981	7.8	0.4
1982	2.1	1.0
1983	6.2	2.9
1984	2.3	1.0
1985	5.0	2.0
1986	6.7	0.2
1987	9.6	4.3
1988	3.2	0.8
1989	9.7	4.5
1990	15.0	10.0
1991	27.0	8.0
1992	36.0	22.5
1993	22.5	5.5
1994	22.5	1.8
1995	38.5	9.0
1996 (vorl.)	60.0	9.0

Quelle: Münchener Rückversicherungs-Gesellschaft und World Watch Institute

Etwa 46 Prozent des Öls, das in die Meere gelangt, stammt vom Wasserverkehr, besonders vom Betrieb von Tankern, von anderen Arten der Seefahrt und von Schiffen, die nach Unfällen auslaufen. Der Ölverbrauch der Welt sank von 1979 bis 1985 von 3,1 auf 2,8 Milliarden Tonnen, aber seit 1986 zeigt der Trend wieder nach oben. In den zehn Jahren von 1976 bis 1986 verringerte sich die auf den Meeren transportierte Ölmenge drastisch, nämlich um 25 Prozent: 1986 waren es 431 Millionen Tonnen weniger als 1977.
Eine weitere bemerkenswerte Entwicklung war der im Gegensatz zum Rohöl stetig zunehmende Transport von Fertigprodukten (die meisten davon nicht schwerflüchtig). Im Jahr 1977 machte der Transport von Fertigprodukten 15 Prozent der gesamten Exporte aus, aber diese Zahl stieg schon im folgenden Jahr auf 25 Prozent, während die Rohölexporte um 33 Prozent zurückgingen.
Die Zahl der Ölunfälle hat in den letzten zehn Jahren stetig abgenommen: Der jährliche Durchschnitt lag in den ersten fünf Jahren noch bei 670 Ereignissen, in den letzten fünf nur noch bei 173. Für größere Unfälle, bei denen mehr als 5000 Barrel (725 Tonnen) auslaufen, liegen die entsprechenden Durchschnittswerte bei 20 und 7. Wie das Versicherungsunternehmen Lloyd's sagt, gab es in der Zeit von 1977 bis 1988 bei Tankern über 6000 Bruttoregistertonnen durchschnittlich 2,5 schwere Störfälle je 100 Schiffe, von 1982 bis 1986 jedoch nur 1,8.
Wenn die Versicherungswirtschaft von einer verbesserten Überwachung und umfangreicheren Kenntnissen über die Vorgänge in den Ozeanen am meisten profitiert, dann steht die Reedereibranche an zweiter Stelle. Energiewirtschaft, Handel, Finanzwesen, Landwirtschaft, Bauwirtschaft und Tourismus sind ebenfalls betroffen. Sie alle sollten ihren gerechten Beitrag zur weltweiten Überwachung leisten. Ihre freiwillige Teilnahme sollte sich zu einem »Gewohnheitsrecht« entwickeln, das schließlich in Form einer Ozeanentwicklungssteuer in das herkömmliche Recht eingehen könnte. Wir werden in Kapitel 3 darauf zurückkommen.

Wissenschaft und politische Verwaltung der Ozeane

Man kann die Ozeanographie oder auch die Naturwissenschaft im allgemeinen nicht isoliert betrachten. Sie gehören zu einem größeren System.
Wenn die Wissenschaft gedeihen soll, brauchen wir neue juristische Rahmenbedingungen – und zwar nicht nur zum Nutzen der reichen Länder, sondern auch auf der Grundlage der Gleichberechtigung und gerechten Verteilung sowie der uneingeschränkten Beteiligung der Entwicklungsländer. Das Fun-

dament für eine solche Entwicklung wurde bereits im UN-Seerechtsübereinkommen von 1982 gelegt.
Wir brauchen ein Wirtschaftssystem, das weniger Wert auf kurzfristige Einzelinteressen und Konkurrenz legt und statt dessen langfristig soziale Werte und Kooperation begünstigt. Die Vorläufer dieser neuen Theorien wirken bereits.
Wir brauchen ein Entscheidungs- und Verwaltungssystem, das kurz- und langfristige, individuelle und gesellschaftliche Interessen und Bestrebungen zusammenführt, um dann die Pläne und Programme umzusetzen, für die man sich aufgrund der neuen ökonomisch-ökologischen und gesellschaftlich-politischen Denkweise entschieden hat. Solche Systeme sind im Entstehen begriffen.
Wir brauchen eine neue, andersartige Technologie, die mit menschlichen und natürlichen Ressourcen weniger verschwenderisch umgeht. Die Weitergabe einer solchen Technologie und ihre gemeinsame Entwicklung werden vom juristischen und institutionellen Rahmen abhängen, den wir aufbauen werden und den wir mit den Kulturen, in die er eingebettet werden soll, in Einklang bringen müssen.
Kultur, Gesetze, Institutionen, Technik: sie alle wirken aufeinander ein, und das eine ist ein Teil des anderen:

> »Ein Netz besteht aus einer Reihe von Knoten, und genauso ist alles in dieser Welt durch eine Reihe von Knoten verbunden. Wenn jemand glaubt, das Geflecht eines Netzes sei etwas Unabhängiges, Isoliertes, so irrt er.«[20]

Damit wären wir wieder bei *problématique, solutique* und den majestätischen Kreisen der Meere, mit denen wir leben.

2. Ozeanische Perspektiven: Kultur

Das Leben begann in den Ozeanen.[1] Das Weltmeer war, wie Marston Bates es formuliert, eine Art »dünne organische Suppe, in der fast alles geschehen konnte«.[2] In diesem Gemisch aus gelösten Mineralstoffen gingen hochmolekulare Kohlenstoffverbindungen über Jahrmillionen hinweg neue und immer neue Kombinationen ein, und schließlich entstanden Zellen. Viele weitere Jahrmillionen vergingen, bis diese Zellen auf ihrem Weg über die verschiedenen Phasen der Evolution schließlich die Photosynthese »gelernt« hatten, das heißt die direkte Nutzung des Sonnenlichts zur Herstellung energiereicher Phosphate. Als es soweit war, hatten die einzelligen Lebewesen das Chlorophyll entwickelt, den Farbstoff, mit dem sie das Licht einfangen konnten. Nun begannen die Zellen, mit Hilfe des Sonnenlichts Glucose zu synthetisieren, und dabei setzten sie als Nebenprodukt molekularen Sauerstoff in die Atmosphäre frei. Vor etwa drei Milliarden Jahren war auf diese Weise so viel Sauerstoff entstanden, daß die Zellatmung möglich wurde. Während die lebende Materie sich in den Ozeanen selbst aufbaute, baute sie auch ihre Umwelt auf. Das Plankton – besonders die Cyanobakterien, die uns noch heute begleiten – reicherte in der Zeit vor dem Paläozoikum die Atmosphäre so stark mit Sauerstoff an, daß vor etwa 600 Millionen Jahren die Evolution der Metazoen beginnen konnte.

Aus dem Ozean verbreitete sich das Leben in die Meeresarme, Flüsse und Seen, und dort entwickelten sich die Knochenfische, von denen viele später wieder ins Meer wanderten: Sie bildeten die erste Welle der Rückkehrer, auf die viele weitere folgten. Auch Reptilien kehrten zurück und später die Vögel: Ihre stolzen Schwingen schrumpften zu Schwimmflossen, und ihre (an Land schwerfälligen) Beine wurden zu beweglichen Rudern. Selbst die Säugetiere – Wale, Delphine, Robben und Otter – schlugen den Rückweg ein und paßten sich in Form und Lebensweise wieder den Fischen an. Die Menschen könnten die nächsten sein.

Nach Ansicht mancher Menschen ist das landgestützte Dasein des *Homo sapiens* möglicherweise nur eine Episode von kurzer Dauer. Mindestens ein angesehener Wissenschaftler, nämlich Sir Alister Hardy, hält den aufrechten Gang des Menschen, seinen haarlosen Körper und die häufig anzutreffende Fettschicht unter der Haut für Indizien, daß unsere Evolution uns möglicherweise nicht zu Baumbewohnern bestimmt hat, sondern zum Schwimmen im lauen Wasser tropischer Meere.[3]

Experimente aus neuerer Zeit, bei denen man Säuglinge in tiefes Wasser tauchte, wo sie dann von selbst und völlig ohne Angst schwammen, die Augen mühelos öffneten und wie Delphine oder Robben zum Atmen auftauchten, könnten eine Bestätigung für Sir Alisters These sein. Demnach wäre es durchaus möglich, daß die Menschen schwimmen konnten, bevor sie den aufrechten Gang beherrschten.

Das entzückte Gurgeln, Lächeln und Treten eines Neugeborenen, das in der Badewanne zum erstenmal von körperwarmem Wasser umspült wird, ist Ausdruck eines ursprünglichen Wohlbehagens, als kehrte es in den Mutterleib zurück, jenen Mikroozean, dessen Flüssigkeit in ihrem Salzgehalt dem Wasser der Urzeit ähnelt. Jeder Mikroozean bringt das Drama der Entstehung des Lebens durch die Entwicklung jedes Embryos neu auf die Bühne, vom einzelligen Urtierchen über alle Stadien der Kiemenatmer und Amphibien bis zur Evolution der Säugetiere und der Geburt des Menschen – der Vertreibung aus dem Mikroozean auf das trockene Land.

Und jeder Mensch ist seinerseits ein beträchtliches Stück blauer Planet: 71 Prozent seiner Masse sind Salzwasser, genau wie 71 Prozent der Erde von den Ozeanen bedeckt sind.

Wir wissen nicht, woher, aber die Menschen wissen schon seit Anbeginn der Geschichte, daß alles Leben von den Ozeanen ausging, und hielten dieses Wissen überall auf der Welt in unzähligen voneinander unabhängigen Mythen und Legenden fest. Damit stellten sie übrigens auch das erste geistige Band her, das die ganze Spezies vereinte.

Das Erste Buch Mose berichtet: »Am Anfang schwebte der Geist Gottes über der Fläche der Wasser.« *Fiat lux*, »Es werde Licht!«, war Sein erster Schöpfungsbefehl. Als nächstes trennte Er die Wasser, welche unter dem Firmament waren, von jenen, die über dem Firmament waren; und Gott sprach: »Es sammle sich das Wasser unter dem Himmel an besondere Orte, daß man das Trockene sehe. Und es geschah so. Und Gott nannte das Trockene Erde, und die Sammlung der Wasser nannte er Meer.« Weiter berichtet die Genesis, Gott habe die Fische im Meer, die Vögel in der Luft und die Tiere an Land geschaffen und als letztes von allem den Menschen. Woher *wußte* man das in alter Zeit?

Der Schweizer Wissenschaftler M. Morven hat Legenden über das Meer in einem wunderschönen Buch mit dem gleichen Titel gesammelt.[4] Er erinnert uns daran, daß das Wasser in praktisch allen Mythologien der Erde eine bevorzugte Stellung gegenüber den anderen Elementen genießt. Es war das erste, und alles andere kam später. Das *Manova Sastra* erzählt die Schöpfungsgeschichte in der gleichen Reihenfolge wie die Bibel: Die Welt war dunkel und verworren wie in tiefem Schlaf. Gott, der kraft Seiner eigenen Macht da war, manifestierte Sich in fünf Elementen und durchbrach die Dunkelheit. Durch Anwendung Seiner Macht brachte Er die ersten Wasser hervor, verlieh ihnen mittels des Feuers Bewegung und schuf ein Ei, so leuchtend wie die Sonne, aus dem Brahma, der Vater aller vernunftbegabten Wesen, hervorging.

Die Schriften aus dem antiken Indien bezeichnen das Meer als »Ratnakar«, in dem alle Edelsteine zu finden sind. Die alte Geschichte in den *Puranas* berichtet vom Vorgang des *Sagara Manthan*: Der Ozean wird aufgefüllt, bis er alle seine Juwelen und Reichtümer freigibt, darunter auch Lakshmi, die Göttin des Wohlstandes. Und nachdem der Reichtum erschöpft ist, kommt das Gift, das die Welt zu zerstören droht; niemand kann es verzehren außer Shiva, und auch er kann es nur im Hals festhalten.[5]

Die Purana-Geschichte weist wie alle antiken Parabeln darauf hin, daß geistige, seelische (*daiwische*) und materialistische (*asurische*) Kräfte zusammentreffen müssen, wenn man die Reichtümer aus den Ozeanen gewinnen will; wie in der Geschichte von Shiva kann man den Nektar nur schützen, indem man das Gift verzehrt (das heißt zerstört), und nur so ist die Welt vor der Zerstörung oder Vergiftung zu retten. Das alles muß durch Unvoreingenommenheit, Verminderung der Bedürfnisse und freiwilligen Konsumverzicht geschehen.[6]

In den Vorstellungen der Griechen und Azteken wurden sogar die Götter »aus dem Wasser geboren«. Morven gibt einen Überblick über eine Fülle von Schöpfungsmythen aus Peru, Mexiko, Nordamerika, Indien und dem Land der Kalmücken, aus der Überlieferung der Hindus und der Weisheit des Islam, aus skandinavischen Sagen und slawischer Tradition – und eine ist immer schöner als die andere, ein Bilderbogen poetischer, kreativer Träume.

Das Wasser, so faßt Morven zusammen, enthielt den Samen für alles. In den meisten Traditionen und Kosmogonien war die Erde von Wogen bedeckt. Sie warteten auf die schöpferische Kraft, welche die Erde über sie emporhob.

Aber die Ozeane spenden nicht nur Leben; sie nehmen es auch. Sie sind ebenso zerstörerisch wie schöpferisch, und daß Gott in Seinem Zorn über die

Sündhaftigkeit der Menschen sintflutartige Regenfälle und Überschwemmungen schickte, welche die ganze Erde erfaßten, wußten die Menschen in Israel ebenso wie in Peru, Babylon, Japan und Indien. Den Verfassern der Bibel war sogar bekannt, daß vor der Sintflut alle Kontinente zusammenhingen; sie waren keine Inseln, und erst die Flut trennte sie – die erste Version der Theorie von der Kontinentalverschiebung!
Seeungeheuer und Sirenen, Schlangen und böse Geister, so glaubte man, lauerten in den Ozeanen und am Meeresboden, um Seeleute ins Verderben zu locken. Die Mythologie der Hindus verwebt schöpferische und zerstörerische Aspekte des Ozeans zu einem Muster der unendlichen Wiederkehr.
»O König der Götter«, sagte Brahma zu Vishnu,

> »ich habe sie alle hinscheiden sehen, wieder und immer wieder, am Ende eines jedes Kreislaufs. Zu jener Zeit löste sich jedes einzelne Atom im ursprünglichen Wasser der Ewigkeit, aus dem alles Leben kommt. Dann wandert alles zurück in die formlose, wilde Unendlichkeit des Ozeans, der von völliger Dunkelheit verhüllt ist und leer von jedem Anzeichen eines beseelten Wesens.«[7]

Könnte es diese Doppeldeutigkeit von Gut und Böse sein, die den Ozean so »menschlich« und zu einem Spiegel unserer Seele macht?

La mer est ton miroir!
Tu contemples ton âme
dans le déroulement infini de sa lame
et ton esprit n'est pas un gouffre moins amer.

O freier Mann, du liebst für alle Zeit das Meer!
Es ist ein Spiegel dir, der Seele Urgewalten
Schaust du in seines Schwalls unendlichem Entfalten;
Dein Geist ist wie sein Schlund von bitteren Salzen schwer.*

Das sagt Baudelaire in einem der leidenschaftlichsten Gedichte seiner *Blumen des Bösen*.
Wie eine Mutter ernährte das Meer die junge Menschheit, die möglicherweise schon fischte, bevor sie jagen konnte. Schon so mancher Anthropologe war

* Baudelaire, *Die Blumen des Bösen*; Übertragung des Gedichts: Carlo Schmid

verblüfft darüber, wie erfindungsreich Naturvölker beim Fischfang sind. Die gleiche grundlegende Ausrüstung ist uns auch heute noch vertraut – darauf weist Robert C. Miller in seinem wunderschönen Buch *Das Meer* hin: »Leinen mit Haken und Ködern, Fischreusen verschiedener Art und Netze für verschiedene Arten der Fischerei, so für Schlagnetzfischerei von der Küste oder das Angeln vom Boot aus, sind offenbar mindestens ebenso alt wie die aufgezeichnete Geschichte.«[8]

Im Mittelmeerraum waren die ältesten Höhlenbewohner schon in der mittleren Steinzeit im 7. Jahrtausend v. Chr. Fischer geworden. In ihren Höhlen fand man zahlreiche Fischknochen. 3000 Jahre vor unserer Zeit, das habe ich in *Das Drama der Meere* beschrieben,

> »hatte sich die Fischerei zu einem hochorganisierten Handwerk entwickelt. Miniaturen in einem minoischen Haus, das 1500 v. Chr. durch ein Erdbeben zerstört wurde, zeigen Boote voller Gerätschaften, Leinen und Haken und Taucher, die mit ihren Beuteln im Meer verschwinden; einer von ihnen hält etwas, das wie ein großer Schwamm aussieht.«

Homo erectus, die einzige Menschenart, die vor 800 000 Jahren in Südostasien lebte, fuhr zur See: Er war in der Lage, ein Wasserfahrzeug mindestens 600 Kilometer weit durch schnelle Strömungen von Java zur indonesischen Insel Flores zu lenken. Das scheinen Steinwerkzeuge zu beweisen, die man kürzlich auf Flores zwischen vulkanischen Gesteinsschichten ausgegraben hat.[9]

Seit der Steinzeit bildete die Fischerei auch die wirtschaftliche Grundlage der Küstenansiedlungen. Sie war der Grund, Schiffe zu bauen, und inspirierte Wissenschaft und Entdeckungen, internationalen Handel und ließ Flotten entstehen. Macht und Einfluß der Hanse, jenes mittelalterlichen Zusammenschlusses nordeuropäischer Städte, dessen Wirkungen auf Hamburg, Lübeck, Bremen, Riga, Tallinn und Krakau noch heute zu spüren sind, hatten ihre Grundlage in der Heringsfischerei. Als diese im 15. Jahrhundert zusammenbrach, ging es mit der Hanse bergab; die Macht verlagerte sich in die Niederlande, wo Protestanten und sephardische Juden, die seit 1492 nach Antwerpen und Amsterdam gekommen waren, im 16. Jahrhundert zu neuer Stärke gelangten. Es war, als folgte die Macht zur See den Wanderungen der Fische. 300 Jahre lang, bis ins 18. Jahrhundert hinein, war Holland die führende Seemacht, und die wichtigste Grundlage seiner Wirtschaft war die Heringsfischerei. Später folgten England, Schottland und Norwegen.

»Wer das Meer beherrscht, beherrscht das Land« – diese Erkenntnis war allgemein geläufig. Die Venezianer sagten auf dem Höhepunkt ihrer Macht: »Chi xe paron del mar xe paron de la tera« (»Wer der Herr der Meere ist, ist der Herr des Landes«), und die gleiche Vorstellung war auch den dänischen Königen vertraut: »Herre over Vandet, er og Herre over Landet.«[10]

Das Schicksal so mancher stolzen Nation wurde durch den Ausgang von Seeschlachten besiegelt. Hier möge es ausreichen, die Schlacht von Salamis (480 v. Chr.) zu erwähnen, die von Themistokles höchst geschickt geplant wurde und die persische Ausbreitung in Europa eindämmte. Glänzend beschrieben wird diese Schlacht im Drama *Die Perser* von Aischylos, der in Salamis Matrose der Athener Flotte gewesen war. Zwei weitere vertraute Namen in der langen Reihe der Seekriege, die das Gleichgewicht der Macht einmal zugunsten Roms, das andere Mal zugunsten der Christenheit verschoben, sind Aktium und Lepanto. Königin Elisabeth I. von England und König Philip II. von Spanien kämpften zur See, und 1588 ging Spanien mit seiner Armada unter; Trafalgar (1805) kann wohl als der Anfang vom Ende Napoleons betrachtet werden, und das Zarenreich unterlag dem aufstrebenden Japan in der Seeschlacht von Tsushima (1905).

Eine vorübergehende Abweichung von der allgemein anerkannten Vorstellung, daß »Neptuns Dreizack das Zepter der Welt ist«, gab es zwischen den beiden Weltkriegen mit der Theorie der Geopolitik, die der Deutsche Karl Haushofer von dem Briten Halford Mackinder übernommen hatte. Sie besagte, wer Osteuropa beherrsche, beherrsche den Kern der Welt – das Kernland –, und wer das Kernland beherrsche, beherrsche die Erde. »Die Landmacht beherrscht die Meere und nicht umgekehrt.«[11]

Aber die Geopolitik lebte nur kurz. Sie ging mit dem Dritten Reich unter, und nach dem Zweiten Weltkrieg wurde die strategische Bedeutung der Ozeane und der Seestreitkräfte – jetzt in der Form raketentragender U-Boote – eindringlicher herausgestellt als je zuvor. Neue technische Entwicklungen (hoch fliegende Aufklärungsflugzeuge und Satelliten) machten das trockene Land zu einem unsicheren Standort für Streitkräfte, die einen zweiten oder – nebenbei bemerkt – auch einen ersten Militärschlag führen sollten. Die heutige Übermacht des Schreckens ruht verborgen im undurchsichtigen Wasser der Tiefsee. Mit der eskalierenden Kampfkraft der U-Boote, die Teil eines wahnsinnigen Wettlaufs um Überlegenheit ist, könnten manche Supermächte von heute oder morgen am Ende sich selbst, die übrige Menschheit und auch das Leben in den Ozeanen zerstören. Vielleicht wäre damit einer jener Kreisläufe abgeschlossen, an deren Ende jedes einzelne Atom sich in den ursprünglichen Wassern der Ewigkeit löst und alles in die unergründliche, wilde

Unendlichkeit der Ozeane zurückkehrt, in die völlige Dunkelheit, die des Lebens beraubt ist.

Das Ende des kalten Kriegs gab den Anlaß zu einer »neuen Geopolitik«, die von Wissenschaftlern und Admirälen in Kanada, Indien, Japan und anderen Ländern vertreten wurde[12]; in ihr bildet der Ozean zwar den Mittelpunkt, aber sie weist den Seestreitkräften neue Aufgaben zu: Sie sollen nicht Kriege ausfechten, sondern den Frieden aufbauen, nicht konkurrieren, sondern kooperieren, alles im Dienste der Überwachung, der Durchsetzung von Gesetzen, der Forschung und Rettung, der Katastrophenbekämpfung und der humanitären Hilfe.

Der Ozean, jene gewaltige Wassermasse, welche die Menschen trennte und zugleich vereinte, war ein »großer Erzieher«, der die Völker erwachsen werden ließ. Seefahrende Nationen brachten die bemerkenswertesten Kaufleute und Entdecker der Weltgeschichte hervor. Und seefahrende Völker wußten auch die Freiheit zu schätzen. Sie fühlten sich so frei wie die Ozeane. Republiken sind eine Schöpfung der Völker am Meer; die Tyrannei wurde im Binnenland geboren.

Hegel schreibt in seiner *Philosophie des Rechts* prophetisch über die Bedeutung der Meere in der Industriegesellschaft, die er mit der Rolle der Erde in der Agrargesellschaft vergleicht. Er war sich des kulturbildenden, erzieherischen Einflusses der Ozeane bewußt und forderte uns auf, die seefahrenden Nationen, ihren Fleiß und ihre Aufgeklärtheit, mit jenen zu vergleichen, denen das Schicksal die Seefahrt versagt hatte und die »wie die Ägypter, die Inder, in sich verdumpft und in den fürchterlichsten und schmählichsten Aberglauben versunken sind«.

Hegels Kenntnisse über Geographie und Kultur Ägyptens und Indiens waren offensichtlich nicht so gut, wie sie es hätten sein sollen, aber daß er so nachdrücklich auf die erzieherischen, kulturschaffenden Kräfte der Ozeane hinwies, war zweifellos richtig. »Das Meer hat die Seele des Menschen gemacht, und die Wellen geben ihm Intelligenz«, lautet ein finnisches Sprichwort. Während der gesamten belegten Menschheitsgeschichte haben die Meere und die Beziehung des Menschen zu ihnen Architekten, Maler, Musiker und Schriftsteller inspiriert. In den Bau eines Schiffes fließt das gesamte Arsenal eines Volkes ein – Handwerk und Wissenschaft, Kunst und Lebensweise, Weltanschauung und gemeinsame Ziele. Ein Schiff verkörpert die Einstellung des Menschen gegenüber anderen Menschen und gegenüber der Natur.

Schon fast seit es die Malerei überhaupt gibt, vom Ägypten der Pharaonen bis heute, waren Schiffe ein Lieblingsthema von Gemälden und Miniaturen.

Meerlandschaften – die allerdings in der klassischen Malerei nicht allzu häufig vorkommen – zeigen Wellenkämme, die fast zu einem Tapetenmuster stilisiert sind (Botticelli, *Geburt der Venus*), oder die Künstler schwelgen im Helldunkel aufgetürmter Wellenberge und -täler, die sich mit ebenso lichtdurchfluteten Wolkenformationen verwischen und sie widerspiegeln wie Tintoretto in seinem großartigen Werk *Christus am See Genezareth*.
Aber erst bei Romantikern und Postromantikern, bei Impressionisten, Fauvisten und Expressionisten mit ihrer neuen, engen Beziehung zur Natur – bei Monet, Cézanne, Gauguin, van Gogh, Turner, Watteau, den Deutschen, den Niederländern, um nur ein paar zu nennen, sowie bei Hokusai in Japan – wird der Ozean ein unerschöpfliches Vorbild für den Maler, ein Spiegel seiner Seele, der Firmament und Sterne reflektiert. Turner malte den *Schneesturm*, nachdem er auf dem Meer vor der englischen Küste ein Unwetter miterlebt hatte. »Ich sagte den Matrosen, sie sollten mich an den Mast binden, damit ich es beobachten konnte«, notierte Turner; damit erinnert er uns an Odysseus, der sich an den Mast fesseln ließ, um den Gesang der Sirenen zu hören. »Ich war stundenlang festgebunden«, fuhr Turner fort, »und ich rechnete nicht damit, daß ich davonkommen würde, aber ich fühlte mich gezwungen, es aufzuzeichnen, falls das doch gelingen sollte.« Das Ergebnis, schreibt Edward Lockspeiser, »war das großartigste seiner Meeresbilder (...), das, wie Turner sagte, ›eigentlich niemand mögen muß (...); ich habe es nicht gemalt, damit es verstanden wird. Ich wollte zeigen, wie eine solche Szene aussieht.‹«[13]
Hokusais berühmten Holzschnitt *Die Woge von Kanagawa* – den Debussy übrigens für den Umschlag der Partitur seiner Komposition *La Mer* wählte – hat Edmond de Goncourt in einer 1896 erschienenen Untersuchung sehr wortreich beschrieben:

> »Die Gestaltung der Welle ist eine Art vergöttlichte Form des Meeres, geschaffen von einem Maler, der in religiöser Furcht vor dem Ozean lebte, welcher sein Land auf allen Seiten umgab: Es ist eine Gestaltung, die durch die plötzliche Wut ihres Sprunges in den Himmel beeindruckt, durch das tiefe Blau und die durchscheinende innere Seite ihrer Biegungen, durch die Spaltung des Wellenkammes, der so in einen Schauer winziger, wie Tierklauen geformter Tropfen zerfällt.«[14]

Dennoch hat Hokusais *Woge* etwas Starres, Unbewegliches, und damit bestätigt sie wieder einmal die Behauptung von Lucien Favre: »Malerei ist, wenn man so will, eine Musik der Farben ohne Bewegung.«

In der Musik dagegen kann man die Kunst sehen, die der Natur am nächsten steht; Musik hat eine zeitliche Dimension, und deshalb kann sie nicht nur die Geräusche, die Farben und die Beschaffenheit des Meeres einfangen, sondern auch seine spielerischen Veränderungen und Abwandlungen, ihren Rhythmus im Lauf der Zeit. »Musik«, schreibt Debussy, »hat gegenüber der Malerei den Vorzug, daß sie alle möglichen Abwandlungen von Farbe und Licht zusammenführen kann – eine Tatsache, die man häufig nicht bemerkt, obwohl sie ganz offensichtlich ist.«[15] Und Vallas schreibt in seinen *Theories of Claude Debussy*:

> »Auch wenn Maler und Bildhauer behaupten, sie seien die eingeschworenen Interpreten der Natur, können sie uns doch nur eine lockere, bruchstückhafte Deutung der Schönheit des Universums geben. Nur ein Aspekt, ein Augenblick wird erfaßt und festgehalten. Allein den Musikern ist es gegeben, alle Poesie des Tages und der Nacht, der Erde und des Himmels einzufangen, ihre Atmosphäre neu aufzubauen und den Rhythmus ihres gewaltigen Pulses wiederzugeben.«[16]

Das Spiel der silbernen Wellen und das Brausen der Brandung sind ohne weiteres in der Instrumentierung anzusiedeln; das Anschwellen des Sturmes und sein Abflauen finden ihren Ausdruck in der unzweifelhaften Form des Crescendo und Decrescendo. Die rollenden Wogen, ihre ewigen Kadenzen, sind leicht in musikalisches Zeitmaß umzusetzen. Die Vielschichtigkeit im Raum der Ozeane, vom geheimnisvollen Meeresboden über die Wellen der Tiefe und unterseeischen Flüsse bis hin zur bebenden, quecksilbrigen Oberfläche lassen sich vertikal in Harmonie und Dissonanz einfangen; ihr zeitlicher Fluß spiegelt sich in der Länge der horizontalen musikalischen Entwicklung wider.
Das Meer ist in höchstem Grad lautmalerisch, und das wissen die Komponisten seit vielen Generationen. Gute Beispiele finden sich in der Art, wie Richard Wagner das Meer behandelt, so in seiner musikalischen Darstellung des *Fliegenden Holländers* – Ernst Newman sagt dazu: »Brüllend und pfeifend und wogend ist rund um sie das Meer, und das eigentlich nicht als Hintergrund des Dramas, sondern vielmehr als Element, das es hervorgebracht hat«[17] –, in den sehnsüchtigen Melodien von *Tristan und Isolde*, die von der bleiernen Irischen See sprechen, über die ein Schiff kommen muß – »*das Schiff, sahst du's noch nicht*« –, und in der Sinnlichkeit, wenn man im *Liebestod* in der Liebe wie in einem Ozean ertrinkt:

»Heller schallend,
mich umwallend,
sind es Wellen sanfter Lüfte?
(...)
Wie sie schwellen,
mich umrauschen,
soll ich atmen,
soll ich lauschen? Soll ich
schlürfend untertauchen?
(...)
In dem wogenden Schwall,
in dem tönenden Schall,
in des Welt Atmens
Wehen, dem All,
ertrinken,
versinken,
unbewußt
Höchste Lust!«

In der langgezogenen, einfachen Es-Dur-Eröffnung des *Rheingold* steht das Wasser als Symbol für den Anfang aller Dinge; Wasser, aus dem in Folgen leerer Quinten der Rhein seinen Lauf nimmt und das der Anfang sowohl der Götter als auch der Erschaffung der Menschen in ihrem komplizierten Wechselspiel mit der Ewigkeit ist.
Durch die neue Technik der Synthesizer und der konkreten Musik wurden unendliche Möglichkeiten zur Lautmalerei geschaffen. Ein gutes Beispiel ist die bekannte Komposition *And God Created the Great Whales* von Alan Hovhaness mit ihrem Kontrapunkt zwischen dem klagenden, einsamen, unirdischen Lied des Buckelwals, das vielfältig schattiert und abgewandelt wird, und rätselhaften pentatonischen Spannungen, die eindeutig japanisch inspiriert sind; es ist ein Anschwellen, ein Höhepunkt in der Konfrontation, und am Ende folgt die Tragödie. Überraschenderweise war dieser Effekt anscheinend nicht beabsichtigt. Hovhaness war in seinem Werk dem verführerischen japanischen Musikstil erlegen, und offensichtlich wurde ihm nicht bewußt, welches Drama zwischen den japanischen Walfängern und ihren Opfern er inszeniert hatte. Er schreibt:
»Die pentatonische Melodie klingt wie der offene, weite Himmel über dem Ozean. Die unterseeischen Gebirge heben und senken sich in Hörnern, Posau-

nen und Tuba. Auch die Musik der Wale fällt und steigt wie Bergketten. Den Menschen gibt es nicht; er wurde in der erhabenen Einheit der Natur noch nicht geboren.«[18]

Angesichts der Entwicklung in der Internationalen Walfangkommission höre ich in dem Stück etwas ganz anderes!

Der Komponist, der den Einfluß des Meeres auf die Musik im größeren Zusammenhang der anderen Künste (Literatur und Musik) am besten verkörpert, ist Claude Debussy. Ihn bezeichnete Robert Godet als »Insel, auf allen Seiten von Wasser umgeben«.[19] Debussy schreibt über sich selbst: »Sie wissen vielleicht nicht, daß ich für ein Seemannsleben bestimmt war; nur durch Zufall führte mich das Schicksal in eine andere Richtung. Aber ich habe immer eine leidenschaftliche Liebe für das Meer behalten.«[20] Viele seiner größeren und kleineren Werke sind vom Meer durchdrungen, ahmen das Meer nach und spiegeln es wider, aber sicher das wichtigste, der Höhepunkt und die Synthese ist *La Mer*. Diese symphonische Dichtung, die frühen Eindrücken am Nordatlantik und dem sanfteren Mittelmeer nachlauscht, gliedert sich in drei Sätze mit den Titeln *De l'aube à midi sur la mer*, *Jeux de vagues* und *Dialogue du vent et de la mer* (»Von der Morgendämmerung bis zum Mittag am Meer«, »Spiel der Wellen« und »Zwiegespräch des Windes mit dem Meer«). Der letzte Satz gibt, wie ein Kritiker es formuliert, »jene stets entzückenden Scherze wieder, in denen [das Meer] seine göttliche Energie erschöpft, und den Zauber von Schaum, Wogen und Gischt, von wirbelnden Nebeln und glitzerndem Sonnenlicht«.[21] Musik, so Baudelaires Wort, reißt uns hin wie das Meer: »La musique souvent me prend comme une mer.«

Eine innige Verbindung zwischen Musik und Meer finden wir in den Schriften meines Vaters Thomas Mann. In Erinnerung an die Sommer seiner Kindheit in der kleinen Ostseestadt Travemünde schrieb er in einem Gelegenheitsaufsatz:

> »An diesem Ort gingen das Meer und die Musik in meinem Herzen eine ideelle, eine Gefühlsverbindung für immer ein, und es ist etwas geworden aus dieser Gefühls- und Ideenverbindung – nämlich Erzählung, epische Prosa: – Epik, das war mir immer ein Begriff, der eng verbunden war mit dem des Meeres und der Musik, sich gewissermaßen aus ihnen zusammensetzte, und wie C. F. Meyer von seiner Dichtung sagen konnte, allüberall darin sei Firnelicht, das große, stille Leuchten, so möchte ich meinen, daß das Meer, sein Rhythmus, seine musikalische Transzendenz

> auf irgendeine Weise überall in meinen Büchern gegenwärtig ist, auch dann, wenn nicht, was oft genug der Fall, ausdrücklich davon die Rede ist. Ja, ich will hoffen, daß ich ihm einigen Dank abgestattet habe, dem Meer meiner Kindheit, der Lübecker Bucht. Seine Palette war es am Ende, deren ich mich bediente, und wenn man meine Farben matt fand, glutlos, enthaltsam, nun, so mögen gewisse Durchblicke zwischen silbrigen Buchenstämmen in eine Pastellblässe von Meer und Himmel daran schuld sein, auf denen mein Auge ruhte, als ich ein Kind und glücklich war.«[22]

Epische Erzählkunst, komponiert aus Meer und Musik! Es ist kein Wunder, daß die Annalen der Literatur von den Ozeanen ebenso voll sind wie die der Malerei und Musik – von Homer und den griechischen Tragödiendichtern bis hin zu Joseph Conrad, Baudelaire, Verlaine, Melville, Thomas Mann und späteren Autoren. Religionen waren die größte Inspiration für die Künste. Und der Ozean liefert religiöse Inspiration.
Es wurde mir zwar erst viel später bewußt, aber das Liebesverhältnis meines Vaters zum Ozean muß mich tiefgreifend beeinflußt haben. Wenn ich seine Werke heute noch einmal lese, im reifen Alter, da ich selbst so innig mit dem Ozean verbunden bin, halte ich seine Analyse des Verhältnisses der Menschen zur Natur, und besonders zum Meer, für die tiefgründigste, die mir jemals begegnet ist. Er erkannte die Ehrfurcht des Menschen vor der Unendlichkeit und Wildheit der Meere im Gegensatz zu den Einschränkungen der Zivilisation, wobei beide gleichermaßen notwendig sind und einander ergänzen; das Meer als alles und nichts, als Verdammnis und Erlösung, als Sehnsucht und Furcht; das Meer als das düstere, wilde Element im Künstler, in seinen Gestalten, in ihm selbst. »Das Meer«, so schreibt Mann in einem anderen kurzen Aufsatz, sei

> »Die Unendlichkeit! Meine Liebe zum Meer, dessen ungeheure Einfachheit ich der anspruchsvollen Vielgestalt des Gebirges immer vorgezogen habe, ist so alt wie meine Liebe zum Schlaf, und ich weiß wohl, worin diese beiden Sympathien ihre gemeinsame Wurzel haben. Ich habe in mir viel Indertum, viel schweres und träges Verlangen nach jener Form oder Unform des Vollkommenen, welche ›Nirwana‹ oder das Nichts benannt ist, und obwohl ich ein Künstler bin, hege ich eine sehr unkünstlerische Neigung zum Ewigen, sich äußernd in einer Abneigung gegen Gliederung und Maß. Was dagegen spricht, glaube mir, ist Korrek-

> tur und Zucht, ist, um das ernsteste Wort zu gebrauchen, Moral. (…) Was ist Moral? Was ist die Moral des Künstlers?«[23]

Und bei einer anderen Gelegenheit schreibt er:

> »Das Meer ist keine Landschaft, es ist das Erlebnis der Ewigkeit, des Nichts und des Todes, ein metaphysischer Traum; und mit den luftverdünnten Regionen des ewigen Schnees steht es sehr ähnlich. Meer und Hochgebirge sind nicht ländlich, sie sind elementar im Sinne letzter und wüster, außermenschlicher Großartigkeit, und es sieht fast aus, als ob der zivile, der städtische, der urbane, der bürgerliche Künstler, wenn es Natur gilt, geneigt wäre, das Ländlich-Landschaftliche zu überspringen und direkt das Elementare zu suchen, weil diesem gegenüber sein Verhältnis zur Natur sich mit vollem menschlichen Recht als das bekennen und offenbaren kann, was es ist: als Furcht, als Fremdheit, als unzukömmliches und wildes Abenteuer.«

Sein Gefühl der Ehrfurcht ist zwar vielfach, besonders in der *Meerfahrt mit Don Quijote*, durch Ironie und Selbstironie gedämpft, aber darin ist kein Platz für einen nur nützlichen Ozean, der gezähmt wurde, um die Bedürfnisse der Menschen zu befriedigen, und alles im Dienste des Fortschritts:

> »Es ist mir nicht neu, daß mir das Meer, vom Schiffe aus erlebt, in seiner Kreisvollendung, bei weitem nicht den Eindruck macht wie vom Strande. Die Begeisterung, die sein heiliger Anprall an die Feste mir erregt, auf der ich stehe, bleibt aus. Es ist eine Entzauberung, die offenbar auf der Ernüchterung des Elementes zur Fahrbahn und Reisestraße beruht, wobei es seinen Charakter als Schaubild, Traum, Idee, geistiger Ewigkeitsdurchblick verliert und zur Umgebung wird.«[24]

Was würde Mann zur Vergewaltigung des Meeres sagen, seiner Verschmutzung durch die industrielle Revolution, die bis in seine Tiefen vordringt? Wie würde er unsere Versuche beurteilen, mit dieser neuen Situation zurechtzukommen und dazu eine neue Ordnung für die Ozeane durchzusetzen? Sind »Ordnung« und »Ozeane« in dieser großartigen Perspektive nicht Widersprüche?[25]

Unser »vermenschlichter Ozean« würde Mann viel Raum für Ironie bieten, aber letztlich nicht für Mißbilligung, denn durch unsere Bemühungen zur

Vermenschlichung, unsere Nützlichkeitsorientierung geht von der Vorstellung eines gewaltigen, wilden Meeres kein Jota verloren. Nicht die Ozeane sind es, die wir beherrschen und lenken wollen, sondern die Tätigkeiten und Übergriffe der Menschen. Die neuen Meereswissenschaften entmystifizieren den Ozean nicht, genau wie die Tatsache, daß die Wissenschaft das Universum durchdringt, seine Rätsel und majestätische Größe nicht vermindert. Die größten Wissenschaftler sind oft auch die größten Mystiker.

»I had a dream ...«

Hat der Ozean schon bisher in der Entwicklung von Kultur und Leben der Menschen, aber auch in ihren Träumen eine wichtige Rolle gespielt, so wird dieser Einfluß in der bevorstehenden historischen Epoche noch wachsen. Die Menschheit kehrt zum Meer zurück. Unsere Abhängigkeit von den Ozeanen nimmt dramatisch zu, gleichgültig ob es um Nahrung, Metalle und Mineralien oder Energie geht.
Wahrscheinlich werden wir miterleben, wie sich die Meereswirtschaft wandelt: vom Jagen und Sammeln (traditionelle Fischerei) zur Zucht von Wasserpflanzen und Domestikation der Meerestiere. Die Entwicklung der Aquakultur, zu der auch die Marikultur gehört, dürfte unter anthropologischen und sogar entwicklungsgeschichtlichen Gesichtspunkten nicht weniger wichtig sein als die Entstehung der Landwirtschaft vor etwa 10 000 Jahren.
Wenn es stimmt, was viele Fachleute versichern, daß die Ausbeutung von Metall- und Mineralvorkommen in den Meeren weniger kostspielig ist als an Land, wobei sie gleichzeitig noch andere naheliegende Vorteile mit sich bringt (beispielsweise keine Konflikte wegen unterschiedlicher Nutzung des Landes, geringere Wirkungen auf die Umwelt, direkter Zugang zu billigeren Transportmitteln), werden wir wahrscheinlich einen allmählichen Übergang vom Bergbau an Land zum Bergbau in den Ozeanen beobachten. Das muß sowohl innerhalb einzelner Länder als auch zwischen den Staaten zu einem Verdrängungswettbewerb führen, aber es bietet auch neue Gelegenheiten und Herausforderungen.
Die Energieressourcen in den Ozeanen werden zur Befriedigung des Energiebedarfs auf der Welt einen wichtigen Beitrag leisten – nicht nur Rohöl und Erdgas, sondern auch die bisher ungenutzten, unendlichen, erneuerbaren und umweltfreundlichen Energieressourcen des Meeres selbst, die Energie der Gezeiten, Wellen und Strömungen, der Gradienten in Temperatur oder Salz-

gehalt oder der riesigen, unglaublich schnell wachsenden Biomasse (Tang) in den Meeren.
Ob nun solche wirtschaftlich-technischen Entwicklungen, die Träume aus uralter Zeit oder beide die Grundlage bilden: in jedem Fall hat sich die Menschheit an die Aufgabe gemacht, eine neue internationale Wirtschaftsordnung aufzubauen. Und die erwächst offenbar – nicht unähnlich der Urerde in den Träumen der Menschen – aus den Ozeanen. Die Verabschiedung der Seerechtskonvention der Vereinten Nationen durch die überwältigende Mehrheit der internationalen Gemeinschaft im Jahr 1982 war ein Durchbruch in dieser Richtung. Die Konvention mag unvollkommen sein – und was ist in dieser unserer Welt nicht unvollkommen? – und spiegelt vielleicht den Traum der Menschen nur unvollkommen wider, aber sie bietet einen neuen Ausgangspunkt für die ökologische Entwicklung, den Umweltschutz und neue Friedensbemühungen.
In einem letzten Blick auf das Meer, das Meer unserer Träume, bemerken wir, wie die altehrwürdigen Begriffe »Eigentum« und »Souveränität« (auf die sich die Geschichte der letzten Jahrhunderte im wesentlichen gründete) im Spiegel der spielenden Wellen verzerrt und verwandelt werden, aufgebrochen wie in den wechselnden Farben der Impressionisten oder den aufgelösten Harmonien Debussys. Jetzt nehmen diese Begriffe die neue Form des gemeinsamen Erbes der Menschheit an, eine Vorstellung, die über das Eigentum hinausgeht und der Souveränität eine neue Dimension hinzufügt: die Beteiligung an gemeinsamen Entscheidungen.
Auf der Grundlage des Traums vom gemeinsamen Erbe sehen wir, wie aus dem Meer ein neues »ökologisches Bewußtsein« aufsteigt, eine andere – für uns neue, in manchen Teilen der Welt aber uralte – Vision der Beziehung des Menschen zur Natur im allgemeinen und zum Meer im besonderen. Tatsächlich weisen alle östlichen Religionen und Mythologien nachdrücklich darauf hin, daß alles auf der Erde Gott gehört, daß der Mensch ein Treuhänder ist und nach Gottes Willen zu handeln hat, daß der Mensch seine individuellen Bedürfnisse mit denen der Gesellschaft in Einklang bringen muß und daß Gerechtigkeit durch freiwillige Konsumbeschränkungen hergestellt werden soll. Nach dem Koran ist alles in der Natur das gemeinsame Eigentum aller Geschöpfe. Das Recht der Menschen, natürliche Ressourcen zu nutzen, ist nur ein Recht im Sinn des Nießbrauchs, das heißt, wir dürfen uns des Eigentums anderer bedienen unter der Voraussetzung, daß wir das anvertraute Gut nicht beschädigen, zerstören oder vergeuden. Nach dem islamischen Recht galten die Grundelemente der Natur wie Land, Wasser, Luft, Feuer, Wälder, Sonnen-

licht und so weiter als gemeinsames Eigentum aller – und zwar nicht nur aller Menschen, sondern aller Geschöpfe.
In unserer Vision stehen Evolution und Geschichte der Menschen nicht in Konfrontation mit der Natur, sondern sie sind ein Teil der Natur; in unserer Vision sind die Menschen nicht befugt oder berufen, sich die Natur zu unterwerfen, sondern sie werden von der Natur selbst zur Kooperation gelenkt. Diese Kooperation verlangt nach Wechselbeziehungen zur Natur, nach Zusammenarbeit unter den Menschen. Denn nicht nur das Meer, sondern auch die natürliche und gesellschaftliche Umwelt im allgemeinen ist ein erweiterter Spiegel für die Seele des Menschen. Genau wie wir uns selbst wahrnehmen, im Guten wie im Schlechten, so sehen wir auch die Welt um uns, die Ozeane und alles andere.

3. Ozeanische Perspektiven: Wirtschaft

»Ozeanwirtschaft« ist natürlich ein Teil der Gesamtwirtschaft. Aber das ist nicht alles. Sie ist auch der Ausgangspunkt für Begriffe, mit denen man wirtschaftliche Rahmenbedingungen für das nächste Jahrhundert gestalten kann. Die Tätigkeiten, die Menschen auf oder mit dem Ozean ausführen, lassen sich in ihren Wirkungen nicht von den Tätigkeiten an Land, in der Luft oder im Weltraum trennen; aber der Ozean zwingt uns, anders zu denken, neu zu denken.

In den letzten Jahrzehnten unseres 20. Jahrhunderts haben wir miterlebt, wie zentral geplante Wirtschaftsordnungen immer schlechter funktionierten; das Wirtschaftssystem des 21. Jahrhunderts wird wahrscheinlich auch die Marktwirtschaft hinter sich lassen. Es wird sie zwar noch geben, aber man wird sie immer mehr nur noch für einen Teil des Systems halten. Solche Vorstellungen wurden in der »Ozeanwirtschaft« mit dem Prinzip des gemeinsamen Erbes der Menschheit vorweggenommen. Dieses Prinzip, das von den konservativen Regierungen der USA und mehrerer anderer Staaten mit freier Marktwirtschaft als »Sozialismus« oder sogar »Kommunismus« gebrandmarkt wurde, ist von Karl Marx in Wirklichkeit ebensoweit entfernt wie von Adam Smith. Es geht dabei weder um Privateigentum noch um das Eigentum einzelner Staaten oder eines Weltstaats. Es ist vielmehr ein Prinzip des Nichteigentums, in dem natürliche oder juristische Personen *Nutzungsrechte* oder einen Verwaltungsauftrag haben, aber keine Eigentumsrechte im Sinn des römischen Rechts. Das Prinzip des gemeinsamen Erbes hat eine grundlegende ethische Komponente: Sowohl Nutzungsrechte als auch Verwaltungsaufträge müssen unter pflichtgemäßer Berücksichtigung des Gemeinwohls ausgeübt werden, und dazu gehören die Rechte armer Länder und armer Menschen (Gerechtigkeit innerhalb der Generation) ebenso wie die Rechte zukünftiger Generationen, mit denen das Erbe geteilt und für die es erhalten werden muß (Gerechtigkeit zwischen den Generationen). Es hat eine Dimension der wirtschaftlichen Entwicklung, es hat eine ökologische Dimension, und es hat eine friedenschaffende Dimension: Nach der Definition im Seerechtsübereinkom-

men darf das gemeinsame Erbe der Menschheit ausschließlich zu friedlichen Zwecken verwendet werden.
Wenn Ressourcen, an denen kein Eigentum möglich ist, und ein System ethischer Werte in die Wirtschaftsordnung einfließen, geht das zwangsläufig über ein amoralisches System der Marktwirtschaft hinaus. Hinzu kommt, daß der Ozean – wie übrigens auch Erde und Himmel – weit mehr ist als eine wirtschaftliche Ressource. Er ist unter anderem auch ein unverzichtbarer Teil des Systems, das uns am Leben erhält, und ein Teil der menschlichen »Spiritualität« – Dimensionen, das möchte ich zu bedenken geben, die sich weder quantitativ noch unter monetären Gesichtspunkten erfassen lassen. Wenn man in das Wirtschaftssystem eine ethische Dimension aufnimmt, werden Marktpreise vom Diktator zum Diener der Politik. Ethik läßt sich nicht in Mark und Pfennig ausdrücken, auch wenn sie mit Sicherheit einen Einfluß darauf hat, in welcher Richtung Investitionen und die Ausgaben der Verbraucher gehen. Und Ethik beseitigt auch nicht die Notwendigkeit, Maßstäbe für Wohlergehen, Glück, Effizienz (in einem umfassenden Sinn) und die »gute« Nutzung der Ozeane festzulegen.

Dieses Kapitel befaßt sich mit vier wichtigen Themen:

1. Zunächst wird der Reichtum der Ozeane in drei Abschnitten beschrieben. Der erste Abschnitt (Tabelle 3. 1) enthält eine Aufstellung des Gesamtwerts aller Waren und Dienstleistungen, die mit dem Ozean zusammenhängen oder von ihm abhängig sind; dieses »Bruttoozeanprodukt« (BOP) läßt sich zumindest prinzipiell als Geldbetrag ausdrücken. Offensichtlich ist das BOP weitaus größer, als es in der Vergangenheit geschätzt wurde. Die bei weitem wichtigsten Faktoren sind der Seehandel, der über neunzig Prozent des gesamten internationalen Handels ausmacht, und das explosionsartige Wachstum des Seetourismus einschließlich des Kreuzfahrtwesens. Ein weiterer schnell wachsender und verblüffend großer Faktor ist die Branche der Unterwasserfaseroptik. Nicht unmittelbar in diese Kategorie gehören Kapitalinvestitionen in den Schiffbau (einschließlich des Tankerbaus)[1] sowie die gewaltigen Finanzmittel, die in die Versicherungs- und Rückversicherungswirtschaft fließen.[2] Sie sind zwar an Land angesiedelt (und greifen auf »landgebundene Ressourcen« zurück), aber sie sind eindeutig auf den Ozean konzentriert und von ihm abhängig. Zweitens wird auf den Marktwert einiger neuer Branchen im Zusammenhang mit den Meeren hingewiesen, die voraussichtlich im nächsten Jahrhundert aufblühen werden; und drittens wird untersucht, welchen Wert der Ozean als Teil unseres

Lebenserhaltungssystems hat. Allerdings, das gilt es zu beachten, lassen sich landgestützte Wirtschaftszweige nur schwer eindeutig von solchen abgrenzen, die mit dem Ozean zu tun haben oder von ihm abhängig sind.

2. Im zweiten Hauptabschnitt wird untersucht, welches die geeigneten Indikatoren sind, wenn man den wahren Reichtum der Ozeane beurteilen will. Über soziale und ökologische Indikatoren gibt es heute eine umfangreiche Literatur, die sich aber auf die Wirtschaft an Land konzentriert. Die Ozeane wurden leider mißachtet, zweifellos vor allem deshalb, weil sie kein »Eigentum der Staaten« sind.
3. Der dritte Hauptabschnitt des Kapitels beschäftigt sich mit der ethischen oder spirituellen Dimension der neu entstehenden Wirtschaftsordnung einer nachhaltigen Entwicklung; die Ozeane dienen dabei als Fallstudien, aber die Prinzipien lassen sich auch allgemein anwenden. Paul Wapner schreibt dazu:

> »Fachleute für internationale Beziehungen haben zwar über ein breites Themenspektrum geschrieben – von der Sicherheit für die Umwelt über internationale Kooperation im Umweltschutz bis hin zu der Frage, in welchem Umfang die globalen Umweltprobleme neue Herausforderungen für das Völkerrecht darstellen –, aber seltsamerweise ging es fast nie nachdrücklich um Themen wie moralische Verpflichtung, grundsätzliches Wissen um angemessene Verhaltensweisen, oder einfach um die Aufgabe, im Zusammenhang mit den Ursachen und Auswirkungen staatenübergreifender Umweltfragen moralisch behutsam zu sein.«[3]

Das Motto, das als Überschrift über diesem Abschnitt steht, stammt von Immanuel Kant: »Die wahre Politik kann also keinen Schritt tun, ohne vorher der Moral gehuldigt zu haben.«

4. Am Ende des Kapitels schließlich wird versucht, aus den vorangegangenen Abschnitten einige grundlegende Prinzipien und praktische Richtlinien abzuleiten.

Die wirtschaftlichen Wirkungen der globalen Meeresindustrie

In Tabelle 3.1 wird im einzelnen und mit einer umfassenden Liste erklärender Anmerkungen untersucht, was diese Industrie wirtschaftlich bewirkt.
Der Gesamtwert aller Branchen, die mit dem Meer im Zusammenhang stehen oder von ihm abhängig sind, beläuft sich nach Tabelle 3.1 auf über sieben Mil-

Tabelle 3.1: Wirtschaftliche Bedeutung der weltweiten marinen Industrie

Gruppe	Milliarden US-$	Branche	wirtschaftliches Volumen (Milliarden US-$)	Wertschöpfung (Milliarden US-$)	Wertschöpfungsfaktor[1]
Öl und Gas[2]	138 130	Erdgas	20 960	16 978	0,81
		Rohöl	117 170	94 908	0,81
		gesamt	138 130	111 886	
Meerestourismus[3]	423 000	jährliche Einnahmen weltweit	423 000	296 100	0,70
Seehandel[4]	5 196 000	gesamte verladene Gütermenge	5 196 000	247 000	ca. 0,05
Seeverteidigung[5]	167 287	Seestreitkräfte	167 287	83 644	0,50
Fischerei[6]	183 535	Fang und Züchtung	79 535	39 678	0,55
		Verarbeitung	100 000	21 000	0,21
		Tang	4 000	840	0,21
		gesamt	183 535	61 518	
Unterwasser-Telekommunikation[7] und Faseroptikkabel	1 000 000	Telefonie, Internet	1 000 000	500 000	0,50
Häfen[8]	?				
marine technische Ausrüstung[9]	?				
Küsten[10]	32 400	Bauwesen	25 920	5 443	0,21
		Kreuzungen	6 480	4 017	0,62
Umweltschutz[11]	16 416	Abfallentsorgung	14 976	5 391	0,36
		Überwachung	1 440	720	0,50
Sicherheits- und Rettungswesen[12]	9 984	Rettungswesen	1 440	720	0,50
		Leuchttürme	3 216	1 769	0,55
		Rettungsschiffe	2 736	684	0,25
		Küstenwache	2 592	648	0,25
Bildung und Ausbildung i. Z. m. den Meeren[13]	7 392		9 984	4 879	0,66
Meeresforschung[14]	2 400	Meeresforschung	2 400	1 584	0,66
Bodenschätze[15]	756 000	Mineralien (ohne Brennstoffe)	756 000	196 560	0,26
		unterseeische Quellen	365		
Süßwasser[16]	11 965	Entsalzung	11 600	5 983	0,50
Gezeitenenergie[17]		weltweites Jahrespotential (geschätzt)	10 100	5 000	0,50
Gesamt	7 198 609		7 198 609	1 706 230	

1. Die hier angewandte Methode, um den Beitrag des marinen Sektors zum BIP zu schätzen, gründet sich auf die Messung des Output-Werts für die verschiedenen Tätigkeiten im Bereich der Meere. Der Gesamtwert wird dann um einen Wertschöpfungsfaktor vermindert, der zwischen 0 und 1 schwankt. Die Wertschöpfungsfaktoren stammen aus: J. Westwood und H. Young, 1997, The Importance of Marine Industry Markets to National Economies. Proceedings of the MTS/IEEE Oceans 97 Conference, Halifax. Oktober 1997.
2. Daten auf der Grundlage der weltweiten Offshore-Erdgasproduktion (1995) von 1,016 Milliarden m^3/Tag und eines durchschnittlichen Weltmarktpreises (1995) von 0,056 US-$ je m^3; für die Offshore-Rohölproduktion wurde eine weltweite Förderung (1995) von 19,2 Milliarden Barrel/Tag und der Durchschnittspreis (Juni 1997) von 16,72 US-$ je Barrel zugrunde gelegt. Quellen: American Petroleum Institute und US-Energieministerium, Energy Information Division. Die Wertschöpfung beträgt 81%.
3. Quelle: World Tourism Organization. Die Wertschöpfung beträgt 70%, da es sich um eine arbeitsintensive Branche handelt.
4. Schätzung für 1996. Der Wert der Güter (Gesamt-Output) ist in der Zahl von 5,196 Milliarden enthalten; deshalb wird ein Wertschöpfungsfaktor von 5 % angesetzt, der nur die Frachtraten widerspiegelt. Quelle: Awni Bahnam, UNCTAD, persönliche Mitteilung.
5. Die Aufwendungen für Seestreitkräfte werden mit 30% der gesamten weltweiten Verteidigungsausgaben (1996) von 557 624 Millionen US-$ angenommen. (Die Aufwendungen der NATO betrugen allein 394 943 Millionen $. Quelle: Stockholm International Peace Research Institute, 1997, World Armaments and Disarmament: SIPRI Yearbook. Cambridge, Ma.: MIT Press. Der Wertschöpfungsfaktor beträgt 50%.)
6. Daten für Fang- und Kulturmengen sind Schätzungen für die 1995 angelandeten Mengen abzüglich der Süßwasserproduktion. Quelle: FAO Yearbook Fishery Statistics: Commodities, Vol. 81, 1995. Die Daten über Verarbeitung beziehen sich auf den geschätzten Weltmarkt für Meeresfischwaren. Daten für Tang stammen aus: Westwood und Young (siehe Anmerkung 1). Der Wertschöpfungsfaktor beträgt 55% für die Fangmengen und 21% für die Verarbeitung und Tang.
7. Daten entsprechen 65% der gesamten Einnahmen für internationale Telefonverbindungen von 69 Milliarden $, da 65% solcher Verbindungen über Unterseekabel laufen. Quellen: World Telecommunication Development Report 1996/97: Trade in Telecommunications, Executive Summary, International Telecommunication Union, Genf, Februar 1997. Website (http://www.itu.int) und Westwood und Young (siehe Anmerkung 1). Für Herstellung und Installation der Kabel wird ein Wertschöpfungsfaktor von 50% angenommen. Zum Wert der Unterwasser-Faseroptikbranche siehe International Herald Tribune, 10. März 1998, S. 2: »A Wealth of Data in Ocean Floors« von Mike Mills.
8. Angaben der in Tokyo ansässigen International Association of Ports and Harbours gibt es kein System, mit dem man die wirtschaftliche Bedeutung der Häfen weltweit abschätzen könnte. Um welche Größenordnungen es geht, ist vielleicht aus einigen Zahlen zu erkennen. Die American Association of Port Authorities nennt für 1994 folgende Zahlen: 15,9 Millionen Arbeitsplätze; Beitrag zum BIP: 783,3 Milliarden $; persönliche Einkommen: 515,1 Milliarden $; Steuereinnahmen aller Verwaltungsebenen: 210 Milliarden $; Umsätze durch Verkauf: 1,623 Billionen $. Nach Gewicht gerechnet, liefen 95% des gesamten US-Außenhandels über die

Häfen. Der Rotterdamer Hafen schafft nach Schätzungen unmittelbar 75 000 Arbeitsplätze und indirekt 295 000. Kleinere Länder wie die Niederlande, Singapur oder das frühere Hongkong sind mit ihrem Wohlstand unmittelbar von der Tätigkeit der Häfen abhängig. Die Canadian Ports Corporation nennt für sämtliche kanadische Häfen und für 1990 folgende Zahlen: 36 872 unmittelbare Arbeitsplätze; 28 876 indirekte Arbeitsplätze; insgesamt also 65 748 Arbeitsplätze. Einnahmen: 5,7 Milliarden kan. $; persönliche Einkommen: 3,2 Milliarden kan. $; Steuereinnahmen: 1,2 Milliarden kan. $.

9. Schätzungen für den Bereich der Meerestechnologie sind schwierig, weil es keine Daten über Geräte zur Verwendung im marinen Bereich gibt; viele Geräte werden produziert, ohne daß der Hersteller etwas über die endgültige Verwendung weiß. Weltweit erzeugt dieser Bereich Einnahmen in Milliardenhöhe.
10. Einkünfte aus diesem Bereich wurden extrapoliert von den bei Westwood und Young (siehe Anmerkung 1) berechneten Einkünften der britischen Meereswirtschaft. Die britischen Einnahmen wurden mit einem Faktor von 1,60 US-$ je britisches Pfund umgerechnet und mit 30 multipliziert. Da das weltweite marine BIP mit 1,5 Billionen US-$ etwa dreißigmal so hoch ist wie das britische marine BIP von 44 Milliarden US-$, erhält man mit diesem Verfahren einen vernünftigen Näherungswert für den Beitrag des Sektors zur globalen Meereswirtschaft.
11. Borgese, 1985.
12. Ebenda.
13. Ebenda.
14. Ebenda.
15. Die Zahlen bezeichnen den Produktionswert zu Preisen von 1994 und 1995. Quellen: Fillmore Earney, 1990, Marine Mineral Resources; David Cronan, 1992, Marine Minerals in Exclusive Economic Zones; Natural Resources Canada, 1995, Cabadian Minerals Yearbook, US Bureau of Mines, 1995, Minerals Yearbook. Angenommen wurde eine Wertschöpfung von 26%.
16. Die Zahlen bezeichnen die mögliche Produktion für 1997 von 2 Millionen m^3/Tag für unterseeische Quellen und 20,3 Millionen m^3/Tag durch Entsalzung, wobei durchschnittliche Kosten von 0,5 US-$/$m^3$ angenommen werden. Die Zahl über Entsalzung stammt von J. D. Birkett, West Neck Strategies, Maine.
17. Grundlage der Daten ist eine potentielle weltweite Kapazität von 64 GW x 8760 h/Jahr x 20% Effizienz, d. h. eine Produktion von 112 128 GWh/Jahr und der Preis (1997) von 90 000 US-$/GWh; jährliche Einnahmen 2,7 Millionen kan. $.

Tabelle 3.2 Einige pharmazeutisch und biologisch aktive Ressourcen aus dem Meer

biologische Gruppe	Beispiel	biologisch aktiver Wirkstoff	tatsächliche und mögliche Verwendung	Bemerkungen
Tunikaten Karibik, Golf v. Kalifornien, Mittelmeer	Aplydium albicans	Didermin B	virus- und wurmhemmend, wirkt gegen Leukämie, Melanome, Krebserkrankungen von Eierstöcken, Brust, Nieren, Darm	hemmt das Zellwachstum stark, auffällige Cytotoxizität bei Lymphomen
Bryozoen	Bugula neritina	Bryostatin	krebs-, leukämie- AIDS-hemmend	
Echinodermen: Seeigel, Seegurken	Strongylocentrotus sp., Holothuria sp.		Empfängnisverhütung für den Mann	
Nudibranchier Guam, Marshallinseln, Australien	Chromodoris elizabethiana, Ecteinascidia turbinata	Iatrunculin A	mikrobenhemmend (Staphylokokken, Candida), krebshemmend	»verblüffend«, »bemerkenswert«, Organismen verbreitet verfügbar
Pilze	Cephalosporium acremonium	Cephalosporin C	mikrobenhemmend	
Korallen Herkunft: Bahamas Typ: Hornkorallen	Pseudopterogorgia elisabethae	Pseudopterosin C	Schuppenflechte und Arthritis	»Resilience«™-Hautpflege (Estée Lauder)
Hawaiianische Koralle, Skelettkoralle	Telesto riisei		krebshemmend, Knochenverpflanzung	bemerkenswerte Cytotoxizität
Fische und Muscheln Kugelfisch Anglerfisch		Tetrodoxin	Muskelkrämpfe, lindernd bei Krebs im Endstadium	traditionelle Verwendung im Orient, möglicherweise Gewebeabstoßung und Organtransplantation
Crustaceen Schwertschwanz	Limulus polyphemus	Blut des Krebses	Koagulans, Bakteriennachweis bei Meningitis und septischem Schock	
Mollusken Tintenfische		Untersuchungen am Axon ((?))	Untersuchungen am Skelett der Nervenzellen	Parkinson, Alzheimer, Epilepsie

Miesmuschel (eßbar)	Mytilus edulis	Klebstoffe	Reparatur von Horn- und Netzhaut, Zahnmedizin	
Seehase (Ind. Ozean)	Dolabella auricularia	Dolastatin-10	krebshemmend, Melanome	hohe Lebenserwartung für Patienten auch bei geringer Dosierung
Algen »roter Seetang« (Porphyra)				möglicherweise Aktivität unabhängig von Tiefe oder Breitengrad des Fundortes
Japan	Halichondria okadai	Halichondrin B	Eierstockkrebs, Melanome, Leukämie	vielversprechen des Krebsmedikament
Neuseeland	Ircinia variabilis		Antibiotika, virushemmende Substanzen	
Palau	Luffariella variabilis	Manoalid	Schmerz- und Entzündungshemmer	»Bienenstiche gegen Arthritis«
Karibik		Cyrarabin	Virushemmer	
Bahamas	Discodermia dissoluta	Discodermolid	Immunsuppressivum	gegen Abstoßung nach Organtransplantationen
Chondrus crispus (Knorpeltang)	Chondrus sp.	Carrageen	Antazidum gegen Magengeschwüre	
	Digenea simplex	Kainsäure	parasitenhemmend	
Braunalgen	Stypropodium sp., Laminaria sp.		krebs- und pilzhemmend, Blutdrucksenker, Antikoagulans, Erweiterung der Cervix (physikalisch, keine chemische Wirkung)	
Diatomeen und Dinoflagellaten	Nitzschia sp., Dydisea sp.	Dominsäure u. a.	Untersuchungen am Zentralnervensystem, »Iodidpumpe«	hilft bei der Aufklärung der Schilddrüsenfunktion

Quelle: W. Irwin Judson, »Marine Pharmaceuticals: A Special Case of the Common Heritage of Mankind«, unveröffentlicht.

liarden US-Dollar im Jahr. Dabei muß betont werden, daß es sich hier um einen »Mittel-Produkt-Fluß« oder um ein jährliches Ergebnis handelt. Wie beim Bruttoinlandsprodukt sagt die Zahl nichts über »Vorräte« oder »Güter« aus: Letztere zu schätzen wäre ziemlich sinnlos, weil wir nach wie vor wenig über die Ozeane wissen. Gäbe es die Ozeane zum Transport an Land produzierter Erzeugnisse nicht, wäre außerdem der Welthandel erheblich geringer, und viele nützliche Folgen der internationalen Spezialisierung würden verlorengehen.

Zukunftsbranchen: quantifizierbar

Welchen Marktwert Güter und Dienstleistungen haben werden, die aus der Wissenschaft und Technik des 21. Jahrhunderts hervorgehen, läßt sich kaum voraussagen.

Die Meeresbiotechnologie steckt noch in den Kinderschuhen. Sie ist ein wohlbehütetes Baby, das im Schutz der Geheimnisse konkurrierender, vorwiegend privatwirtschaftlicher Unternehmer schnell heranwächst. Täglich wird Neues entdeckt – meist in tropischen Meeren, obwohl auch die Tiere und Pflanzen kühlerer Gewässer wahrscheinlich biologisch aktive Substanzen enthalten. Schon heute hat man Tausende solcher Stoffe identifiziert, und wenn nur aus einem davon ein erfolgreiches Produkt entwickelt wird, kann sich das finanziell erheblich auszahlen. Für manche derartige Produkte nennen viele Quellen einen Jahresumsatz von über einer Milliarde US-Dollar, besonders wenn es sich um Medikamente gegen Viren oder Krebs handelt. Die virushemmenden Wirkstoffe Ara-A und Ara-C, die ursprünglich von einem Manteltier aus der Karibik stammen, dienen schon seit mehreren Jahren zur Behandlung von Herpes und bringen derzeit einen Umsatz von fünfzig bis hundert Millionen US-Dollar im Jahr.

Wenn man die neue Branche auf die Ziele der nachhaltigen Entwicklung ausrichten will, ergeben sich aus ihr neben ihrem wirtschaftlichen Potential von vielen Milliarden Dollar auch verwickelte Wirkungen auf Politik, Rechtsprechung, Institutionen und Ethik. Ich werde darauf in den letzten Kapiteln zurückkommen.

Einen Sonderfall stellt die industrielle Nutzung genetischer Ressourcen dar, besonders die Nutzung der thermophilen Bakterien am Meeresboden. Nicht nur Firmen aus der Pharmabranche nutzen solche genetischen Ressourcen. Dies tun auch Unternehmen der Abfallbehandlung, Lebensmittelverarbeitung, Ölförderung, Papierverarbeitung und des Bergbaus. Geographisch gesehen, ist der Bereich dieser Industriebranche kleiner, da sie sich auf die Nutzung des Meeresbodens beschränkt. Der potentielle Markt für die industrielle Nutzung hyperthermophiler Bakterien wurde auf drei Milliarden US-Dollar im Jahr geschätzt.[4]

In seinem sorgfältig dokumentierten Aufsatz schreibt Glowka:

> »Hyperthermophile Bakterien sind nur eines von vielen Beispielen für das wirtschaftliche Potential der Mikroorganismen als genetische Ressource des tiefen Meeresbodens; im weiteren Verlauf der Forschung wird man wahrscheinlich andere wirtschaftlich interessante Organismen entdecken. Es dürfte zum Beispiel Lebewesen geben, die Mineralstoffe transportieren oder Metalle biologisch anreichern können, so daß sie dazu beitragen können, gefährliche Abfälle unschädlich zu machen. Andere Organismen könnten für den biologischen Abbau von Mineralien nützlich sein. Viren, die mit den Organismen aus dem Gebiet und besonders mit den hyperthermophilen Bakterien assoziiert sind, könnten neue Vektoren für biotechnologische Anwendungen liefern. Möglicherweise können die Wissenschaftler auch potentiell krebshemmende Wirkstoffe oder Antibiotika aus den Bakterien des Meeresbodens oder aus mit anderen Organismen assoziierten Pilzen gewinnen, wie es in leichter zugänglichen Bereichen der Meere bereits gelungen ist. Kurz gesagt, die biologische Vielfalt des Meeresbodens ist bisher kaum erforscht, und wir wissen einfach nicht, was es dort möglicherweise noch alles gibt.«[5]

Einen Beleg dafür, wie groß der gegenwärtige und zukünftige Wert dieser Ressourcen ist, liefert der schamlose Starrsinn, mit dem besonders die USA unter dem Druck ihrer Bioindustrie das Thema von der Tagesordnung der Konferenzen der Biodiversity-Konvention fernhalten – und dabei haben die USA diese Konvention noch nicht einmal ratifiziert!

Ein weiteres Beispiel für eine Branche, durch die der »quantifizierbare« Beitrag der Ozeane zum Bruttosozialprodukt der Erde erheblich ansteigen könnte, ist die Produktion erneuerbarer Energie aus den Meeren. Turbinen, die einen winzigen Anteil der gewaltigen, von den Ozeanströmungen erzeugten Energiemenge gewinnen, machen zur Zeit Schlagzeilen – obwohl sie nur die neuere Version von Projekten sind, die man schon vor zwanzig oder dreißig Jahren auf dem Reißbrett hatte. In Tests am Floridastrom (einem Teil des Golfstroms) stellte sich kürzlich heraus, daß man eine Kraftwerksleistung von einem Mega-

watt für knapp unter 3000 US-Dollar je Kilowatt bauen und daß man den Strom aus diesem Kraftwerk für 0,085 Dollar je Kilowattstunde liefern könnte.[6] Auch der Wärmegewinnung aus den Ozeanen, die ebenfalls schon seit langem geplant ist, traut man nach wie vor große Möglichkeiten zu. Der Markt für diese Technologie hat im Pazifik und in der Karibik im Jahr 2015 nach Schätzungen ein Volumen von 18,5 Milliarden US-Dollar im Jahr.
Für die Methanhydrate vom Meeresboden, die im nächsten Jahrhundert zu einer neuen Energiequelle werden dürften, liegen noch keine Zahlen vor. Die *Geological Survey* der USA hat in den letzten Jahren immer wieder darauf hingewiesen, wie wichtig diese Substanzen sind, und sie als »Neuland« bezeichnet. »Die Menge des weltweit in Gashydraten gebundenen Kohlenstoffs ist nach vorsichtigen Schätzungen insgesamt doppelt so groß wie die des Kohlenstoffs in allen bekannten Vorräten fossiler Brennstoffe.«[7] Derzeit befassen sich zahlreiche Forschungsarbeiten in den USA und anderen Ländern mit den Hydraten, und faszinierende Zukunftsaussichten liegen bereits auf dem Tisch. Dillon schreibt:

> »Irgendwann könnte man beispielsweise Brennstoffzellen auf dem Meeresboden anbringen und so aus Hydraten gewonnenes Methan als Energiequelle zur Herstellung von Wasserstoff nutzen, den man dann durch Rohre an Land leitet, wo er ein umweltfreundliches Energieerzeugungssystem auf Wasserstoffbasis antreibt, wobei das anfallende Kohlendioxid als Gashydrat am Meeresboden entsorgt werden kann (Kohlendioxid bildet unter den Bedingungen am Meeresboden ebenfalls ein Gashydrat).«[8]

Hydrate gelten als Energieträger der Zukunft, aber auch als Gefahr für die Umwelt.[9]
Aus dem zuvor Gesagten kann man die Spekulation ableiten, daß sich das »Bruttoozeanprodukt«, real betrachtet, im Lauf des nächsten Jahrhunderts möglicherweise verdoppeln wird.

Der Ozean als Lebenserhaltungssystem: nicht quantifizierbar

Die Jünger der Marktwirtschaft haben in den letzten Jahren hochinteressante Versuche unternommen, die »Dienstleistungen«, die der Ozean und andere Ökosysteme erbringen, in Form von Geldbeträgen auszudrücken. Eine Arbeitsgruppe unter Leitung von Robert Constanza gelangte dabei zu der

Summe von etwa 30 Milliarden US-Dollar für 17 Kategorien von »Gütern und Dienstleistungen«[10], darunter der Schutz vor Stürmen und Überschwemmungen, die Stickstoffixierung und aus Pflanzen gewonnene Medikamente; sie werden von 16 spezialisierten »Biomen« geliefert, beispielsweise von Ozeanen, Mündungsgebieten, tropischen Regenwäldern und so weiter. Grundlage der Berechnung war ein »Hexengebräu« aus Marktpreisen, Schätzungen über die Zahlungsbereitschaft der Menschen und den Kosten für einen Ersatz der Dienstleistungen. Angesichts der Größe von Ozeanen und Küsten sowie ihrer engen Wechselbeziehungen zur Atmosphäre ist es nicht verwunderlich, daß ihr Beitrag allein auf 21 Milliarden Dollar geschätzt wird. Constanzas Berechnungen stießen auf viel Kritik. Der Ökologe David Pimentel von der *Cornell University* und seine Kollegen vertraten die Ansicht, der Betrag sei viel zu hoch angesetzt. Nach ihren Schätzungen summieren sich die gleichen »Güter und Dienstleistungen« auf nicht mehr als drei Milliarden Dollar.[11] Schon allein die Tatsache, daß die Schätzungen um Größenordnungen auseinanderklaffen, wirft die Frage auf, ob solche Versuche einer quantitativen Messung jemals einen praktischen Wert haben werden. Aber die gleiche Unsicherheit bestand in der Frühzeit der volkswirtschaftlichen Gesamtrechnung natürlich auch im Zusammenhang mit der Messung des Bruttosozialprodukts. Die Größenordnungen selbst sind vielleicht nicht besonders nützlich, aber sie können den Rahmen für wichtige Fragen nach einer weiteren Definition der Meereswirtschaft liefern.

Aus den Untersuchungen zum Bruttosozialprodukt erwuchs zum Beispiel die Erkenntnis, daß gesellschaftliche Faktoren für die Entstehung von Ergebnissen von großer Bedeutung sind (Wirkungen der Ausbildung auf die Produktivität, Maßstäbe für die Lebensqualität und so weiter). Dann entwickelten die Vereinten Nationen den *Human Development Index*. Wie noch deutlich werden wird, berührt er auch die Umwelt in den Ozeanen, aber es sind noch umfangreiche weitere Arbeiten erforderlich. Entscheidend ist die Frage nach der Nachhaltigkeit.

Was die Fischerei angeht, sind die Ressourcen, kurz gesagt, nicht nachhaltig angesichts der Art, wie sie genutzt werden: nämlich ausgerichtet an der Marktwirtschaft. Außerdem enthält ihr derzeitiger »Beitrag« zum globalen Bruttosozialprodukt von 42 Milliarden Dollar nicht die 52 Milliarden Dollar, die nach Angaben der FAO weltweit jedes Jahr als Subventionen in die Fischereiwirtschaft fließen; ebensowenig wird die Erschöpfung der Bestände (unabhängig von den Ursachen) in Betracht gezogen. Berücksichtigt wird auch nicht, wie sich übermäßige Investitionen in hochtechnisierte Fischereischiffe,

Trawler und Fabrikschiffe auf schuldengeplagte Länder auswirken, wo der Druck, Schulden zurückzahlen zu müssen, die Eigentümer der Flotten zu einer immer stärkeren Ausbeutung der Bestände zwingt; und die Erschöpfung der Bestände, die verschiedene, verwickelte Ursachen hat, macht uns langfristig ärmer, kurzfristig aber führt sie zu einer Bereicherung.

Wesentlich stärker ist Giarinis Modell der heutigen Realität angepaßt: Es mißt nicht die Produktion, sondern die Bestände, und bezieht in die Rechnung nicht nur den hinzukommenden Bruttowert ein, sondern auch den Wert, der davon abzuziehen ist, das heißt, es berechnet den echten hinzukommenden Nettowert.

Giarini formuliert es so[12]: Wenn ein Prozeß zur Erzeugung von Wohlstand um die *nachhaltige Leistung eines Systems* herum aufgebaut ist, kann der Wert von Tätigkeiten, die der Erhaltung dienen, von entscheidender Bedeutung sein (besonders wenn solche Tätigkeiten dazu dienen, die Fehleranfälligkeit des funktionierenden Systems zu vermindern und Risikomanagement zu betreiben). In einer herkömmlichen Kosten-Nutzen-Betrachtung werden sie natürlich als Kosten zu Buche schlagen. Veranschlagt man sie aber so, daß auch Vorkehrungen für »gehäuft auftretende« zukünftige (langfristige) Kostenelemente getroffen werden – zum Beispiel für den Abriß eines Kernkraftwerks am Ende seiner Laufzeit –, oder beziehen sie nur kurzfristig die Kosten für »Betrieb und Amortisation des Kapitals« mit ein? Die Notwendigkeit, mit Risiken und Fehleranfälligkeit umzugehen, ist ein zusätzlicher Grund, komplizierte Systeme so zu gestalten, daß Risiken optimal verteilt werden.

Die Probleme im Zusammenhang mit der richtigen Bewertung und Durchführung eines längerfristigen Risikomanagements für die Ozeane sind ein entscheidendes Element in unseren Bemühungen, die Umwelt der Ozeane vor Verschmutzung und übermäßiger Ausbeutung zu schützen. An dieser Stelle stoßen wir auf grundlegende Fragen, die mit der Erhaltung und Entwicklung der Ozeane als wesentliche Ressource des Lebens zu tun haben.

Die Notwendigkeit, monetäre und nichtmonetäre Werte zusammenzuführen, hat insgesamt zur Folge, daß auch die ökonomische und die ökologische Sichtweise des Wertbegriffs zusammengeführt werden müssen. Damit gelangt man aus dem neuen Blickwinkel der Dienstleistungswirtschaft zu einem neuen Ansatz bei der Beantwortung der Frage, wie man das gemeinsame Erbe der Menschheit, das die Ozeane darstellen, quantitativ erfaßt und verwaltet.

Indikatoren im Zusammenhang mit dem Ozean

In unserem ersten Bericht an den Club of Rome[13] schließen wir die Erörterung der »Ökonomie des gemeinsamen Erbes« mit folgenden Empfehlungen ab:

> »Umfangreiche Forschungsprojekte werden auf diesem neuen Gebiet notwendig sein; Untersuchungen über die Erfordernisse und Kosten subregionaler, nationaler und globaler Dienstleistungen sowie die sinnvolle Bewirtschaftung des maritimen Raums und seiner Ressourcen, über den monetären und nichtmonetären Input in diesen Dienstleistungen, über negativen Mehrwert infolge negativer Synergismen, widersprüchlicher Nutzungen von maritimem Raum und Ressourcen infolge des gegenwärtigen technologischen Gigantismus, Risikomanagements und Verschmutzung infolge der Konflikte zwischen militärischer und friedlicher Nutzung des maritimen Sektors der Wirtschaft; Untersuchungen weiterhin über den Nutzungswert der gebotenen Dienstleistungen und der realen Produktion (Aquakultureinrichtungen und technische Anlagen; Bergbauschiffe und Bergbauanlagen; OTEC*-Anlagen, Nahrungsmittel und Energiepotentiale usw.); über die Errichtung sekundärer und subsidiärer Wirtschaftszweige (Konserven, Baugewerbe, pharmazeutische Industrie, petrochemische Industrie, Landtransportgewerbe usw.); vor allem aber hinsichtlich der Definition einer Reihe von brauchbaren sozialen Indikatoren, mit denen die Schaffung wirklichen Wohlstands richtig bemessen und überwacht werden könnte. Damit könnte auch unzweckmäßiges Wirtschaften nachgewiesen und Maßnahmen in bezug auf bestimmte oder auch allgemeine Zielvorstellungen organisiert werden. Es sollte im Rahmen des Möglichen liegen, die geeignetsten Indikatoren auszuwählen, auch wenn man bedenkt, wie schwierig ein politischer Konsens darüber zu erreichen sein wird, sie tatsächlich als Indikatoren realen Wohlstands anzuerkennen. Ein allgemein anerkanntes Institut könnte später aufgrund dieser Indikatoren in regelmäßigen Zeitabständen Berichte über die Veränderungen des Wohlstandsniveaus veröffentlichen und geeignete Maßnahmen vorschlagen.«

Seit diese Empfehlungen geschrieben wurden, gab es zahlreiche Forschungs-

* OTEC: Ocean Thermal Energy Conversion

arbeiten über soziale und ökologische Indikatoren. Bedauerlich und fast unglaublich ist es aber, daß die meisten derartigen Arbeiten sich auf landgestützte Systeme und Tätigkeiten konzentriert haben. Die Ozeane wurden auf traurige Weise mißachtet. In dem vorliegenden Abschnitt versuchen wir, zur Schließung dieser klaffenden Lücke beizutragen.

Es sind tatsächlich Indikatoren notwendig, mit denen man monetäre und nichtmonetäre Ressourcen in einer umfassenderen, in der Vorstellung vom gemeinsamen Erbe der Menschheit wurzelnden Theorie von Wohlstand und Wohlfahrt messen kann.

Indikatoren werden traditionell als Informationen definiert, die (a) Teile eines ganz bestimmten Verwaltungsvorgangs sind und Vergleiche der Ergebnisse zwischen verschiedenen Zeitpunkten und Maßnahmen ermöglichen und denen man (b) über ihren unmittelbaren Wert hinaus eine Bedeutung zuschreibt. Man kann Indikatoren aus Allzweckstatistiken entwickeln (und von ihnen unterscheiden), für die es auch selbst wichtige Anwendungsgebiete gibt, und sie dann zur Lösung der vorhandenen Probleme verwenden.

Der vorliegende Abschnitt stellt im ersten Teil laufende Initiativen dar, die für Indikatoren im Zusammenhang mit den Ozeanen von Bedeutung sind; im zweiten Teil werden Lücken solcher Indikatoren erörtert, und der dritte untersucht die Gültigkeit der Indikatoren im Sinn der neuen Wirtschaftsordnung, die sich auf das gemeinsame Erbe der Menschheit gründet. Schlußfolgerungen runden die Analyse ab.

Laufende Initiativen bei Indikatoren, die mit dem Ozean zusammenhängen

Die gezielte Entwicklung von Indikatoren bezeichne ich als »Indikatorenbewegung«. In unterschiedlicher Form wird eine »grünere« volkswirtschaftliche Gesamtrechnung entwickelt, welche gleichermaßen die Aufmerksamkeit der Konsumenten und der Produzenten von Indikatoren verdient. Sie baut auf dem Vermächtnis der herkömmlichen volkswirtschaftlichen Gesamtrechnung auf, erweitert aber den Rahmen so, daß er den Herausforderungen der nachhaltigen Entwicklung gewachsen ist. In ähnlicher Weise setzten Versuche, gesellschaftliche und ökologische Faktoren durch Kosten-Nutzen-Analyse und Umweltfolgenabschätzung in die Rechnung einzubeziehen, die Entwicklung von Methoden und Anwendungen in Gang, die für die Indikatorenbewegung nützlich sind.

Wenn man im Zusammenhang mit den Meeren über Indikatoren nachdenkt, kann man zunächst einmal Indikatoren im allgemeinen betrachten – die Frage, wie man zu ihnen gelangt und wozu man sie benutzt. Als Ausgangspunkt für die Diskussion können vier Axiome dienen:

1. *Indikatoren erwachsen aus Theorien.* Wir zählen nicht die Kieselsteine an einem Strand oder die Schafe auf einer Wiese, wenn wir nicht einen Beweggrund dafür haben – selbst wenn es ein so fadenscheiniger Beweggrund ist wie »Es hilft beim Einschlafen«.
2. *Indikatoren müssen keine Zahlen sein.* Das mag in einer von Zahlen beherrschten Welt ketzerisch klingen, aber es erinnert uns daran, daß man nicht alles fein säuberlich messen und in Dollarbeträgen, Gewichten oder anderen quantitativen Dimensionen fassen kann. Genau wie der Schnee, der für einen Inuit viele Namen und Eigenschaften hat, so hat auch der Ozean für einen Bajofischer auf Sulawesi viele Farben, und er sendet viele Signale aus. Je stärker wir mechanisiert sind, desto leichter verlieren wir die nichtnumerischen Indikatoren aus den Augen.
3. *Daten brauchen Kenntnisse der Menschen, die ihre Form identifizieren und ihre Bedeutung interpretieren.* Daten allein können vieles bedeuten. Bei einem Animisten läßt das Geräusch des Regens auf einem Felsen oder die Farbe eines Flußbetts vielleicht die Vorstellung von Göttern oder Dämonen, von Geistern aus Vergangenheit oder Zukunft aufleben. Für den Geologen weisen die gleichen Signale auf Gold oder Kupfer, Eisenerz oder Kohle unter der Gesteinsoberfläche hin.
4. *Indikatoren sind in einer Welt mit einer gewissen Unsicherheit häufig in einem Rahmen der Wahrscheinlichkeit eingebettet.* Die Wahrscheinlichkeit, daß ein Mensch eine Krankheit hat, wenn bestimmte Meßwerte für Wärme, Blutmenge oder Sehfähigkeit in einem bestimmten Bereich liegen, kann zwanzig Prozent, fünfzig Prozent oder sonst etwas betragen.

Im Lauf der Zeit hat sich die Bedeutung einzelner Indikatoren verändert. Wenn heute der Komet Hailey gesehen wird, ist das von einer ganz anderen Wichtigkeit als zu der Zeit, als man ihn zum erstenmal beobachtete. Wissen kann Unsicherheit vermindern: Es vermindert aber unter Umständen auch eine eher ganzheitliche Sichtweise für das Leben. Wer wollte behaupten, ein heutiger Komponist könne die emotionale oder spirituelle Tiefe eines Beethoven oder Mozart zustande bringen? Hätte im Amerika des 20. Jahrhunderts jemals ein Leonardo da Vinci auftauchen können?

Die Meere sind nach wie vor im wesentlichen ein Reich des Unbekannten.

Eine der großen Leistungen der Menschheit im 20. Jahrhundert bestand darin, daß an Land einige Umrisse erkennbar wurden, wenn auch unvollständig und wahllos. Die volkswirtschaftliche Rechnung macht skizzenhaft die Größe und das ungefähre frühere Verhalten der Nationalstaaten im Zusammenhang von Produktion und Konsum deutlich – zumindest wenn solche Tätigkeiten sich auf Märkten abspielen, die Preise oder Gewichtungen zuweisen. Der *Human Development Index* ist trotz aller Einschränkungen im Zusammenhang mit dem »Wohlergehen der Menschen« eine Parallele zu den Indikatoren des BIP. Die Meere nimmt man praktisch nicht zur Kenntnis. Sie gehören nur selten zu Nationalstaaten – diese sind vielmehr von ihnen umgeben, und tatsächlich betrachtet man sie nur selten »aus eigenem Recht« –, meist gelten sie als »Beigabe«, als sei ihr Recht auf Anerkennung von der landgestützten Politik abhängig.

Ian McAllister

Deskriptive Indikatoren

Giarini führt in seinem Bericht an den Club of Rome[14] die Begriffe »Mitgift« und »Erbteil« ein. Damit meint er den weltweit vorhandenen Reichtum als Kombination aus Natürlichem (zum Beispiel physikalischen und biologischen Dingen) und von Menschen Gemachtem (zum Beispiel Kultur, Fähigkeiten der Menschen und »durch Menschen angereichertes« Kapital). Ganz ähnlich unterscheidet auch die UN-Kommission für nachhaltige Entwicklung zwischen gesellschaftlichen, wirtschaftlichen, ökologischen und institutionellen Aspekten der nachhaltigen Entwicklung.[15] In die Bewertung aller Bestandteile der nachhaltigen Entwicklung müssen Unsicherheit und Wertewandel mit einbezogen werden. Abgekürzt bezeichne ich diese Parameter als »GWÖIU-Dimensionen« (für *gesellschaftlich, wirtschaftlich, ökologisch, institutionell, Unsicherheit*).

Soziale Indikatoren

Soziale Indikatoren werden für zahlreiche Länder erarbeitet und routinemäßig veröffentlicht, und zwar sowohl vom UNDP (zum Beispiel im *Human Development Report*) als auch von der Weltbank (zum Beispiel im *World Development Report*).[16]
Der *Human Development Report* des UNDP nennt eine Reihe von Indikatoren für das Wohlergehen und fügt sie zum *Human Development Index* zusammen. Damit soll die soziale und wirtschaftliche Lage in etwa 175 Ländern gemessen und ein quantitativer Vergleich zwischen den Ländern ermöglicht werden.

Der UNDP-Bericht über menschliche Entwicklung mit dem Human Development Index (HDI)

Der UNDP-Bericht über menschliche Entwicklung, der seit 1990 jedes Jahr erscheint, nennt Indikatoren für menschliche Entwicklung und den *Human Development Index* für 175 Staaten sowie für einige Staatengruppen (Regionen, Entwicklungs- und Industriestaaten, Nord-Süd, städtisch-ländlich) und für die Welt insgesamt; außerdem bemüht man sich weiter um die Aufgliederung innerhalb der Staaten.
Die über 200 Indikatoren für menschliche Entwicklung betreffen das Profil für Entwicklung und Mangel, Wohlstand und Wirtschaftsleistung.
Im *Human Development Index* spiegeln sich Leistungen im Hinblick auf ein langes, gesundes Leben, Wissen und einen anständigen Lebensstandard wider. Zunächst beschreibt man in mehreren Schritten die landesspezifischen Schätzungen für Lebenserwartung, Bildung (gemessen an Alphabetisierung und Schulbesuch der Erwachsenen) und Pro-Kopf-BIP (korrigiert nach örtlichen Lebenshaltungskosten und der geringeren Nützlichkeit höherer Einkommen). In den darauf folgenden normativen Schritten werden dann bei jedem der drei Bestandteile für alle Länder die gleichen Minima und Maxima festgelegt. Dann vergleicht man die deskriptiven Indikatoren jedes Landes mit den entsprechenden Minima, und schließlich setzt man die zuvor ermittelten Meßwerte ins Verhältnis zu den neuen, das heißt zu der entsprechenden Differenz zwischen den beiden Extremen. Die so entstehenden dimensionslosen relativen Werte geben dann an, wie weit das Land auf dem Weg zu bestimmten definierten Zielen bereits vorangekommen ist: Je stärker sich die Indikatoren dem Wert 1 nähern, desto kürzer ist die verbleibende Strecke, die das Land noch zurücklegen muß. Zuletzt werden die drei dimensionslosen Indikatoren einfach zum Durchschnittswert des HDI zusammengefaßt.
Der HDI berücksichtigt die soziale und wirtschaftliche Lage. Vorschläge, den materiellen Stoffdurchsatz der Volkswirtschaften in den HDI einzubeziehen oder einen ganz neuen, grünen Index zu entwickeln, der neben dem HDI steht, führen in die Diskussion eine ökologische Komponente ein.
Quelle: UNDP, 1997

Die *Human Development Indicators* müssen zwangsläufig auch für die Nutzung und Gesundheit der Ozeane von Bedeutung sein. Das gleiche gilt für Indikatoren wie Bruttoinlandsprodukt/Bruttosozialprodukt. Deshalb liefert die Summe aller Produkte eines Landes häufig einen ungefähren Anhaltspunkt für die Schadstoffmengen, die in seine Flüsse strömen, den Druck auf die Fischbestände, das Volumen des internationalen Seehandels usw. Indikatoren für Arbeitsplätze und Arbeitslosigkeit können einen Hinweis geben darauf, wie ernst ökologische Faktoren zu nehmen sind, die auf die Ozeane einwirken. (In Zeiten hoher Arbeitslosigkeit werden Umweltschutzorganisationen häufig an den Rand gedrängt, weil andere Gruppen »um jeden Preis« auf Wachstum und höhere Beschäftigung drängen.) Daten über Landnutzung und Einkommensverteilung, Bevölkerungszahlen in Küstenstädten, jährliche Fischfangmengen und die Zahl von Schutzgebieten – all das sind Indikatoren, die Hinweise auf die Stärke von Gebrauch und Mißbrauch der Ozeane und ihrer Ressourcen liefern.

Für andere Variablen, beispielsweise die Lebenserwartung, besteht möglicherweise ein eher indirekter Zusammenhang mit der Entwicklung der Ozeane, aber selbst in solchen Zahlen kann man Hinweise finden. In kleinen, auf Inseln gelegenen Entwicklungsländern ist die soziale und wirtschaftliche Situation unter Umständen in erster Linie eine Folge der Entwicklung auf den Ozeanen (oder ihres Ausbleibens); für sie stehen fast alle sozialen und wirtschaftlichen Indikatoren »im Zusammenhang mit dem Meer«. Dagegen sind große Küstenstaaten wie Argentinien oder Kanada mit ihrer gesellschaftlichen und wirtschaftlichen Entwicklung von Ressourcen im Landesinneren ebenso stark abhängig wie von Tätigkeiten im Zusammenhang mit dem Meer. Bei ihnen wirken sich Indikatoren wie Bruttoinlandsprodukt (BIP) und Lebenserwartung weniger stark auf die Ozeane aus, auch wenn viele im Landesinneren gewonnene oder hergestellte Produkte durch internationale Handelsabkommen den Weg über die Ozeane finden. Große Länder müssen sinnvolle Methoden entwickeln, mit denen man wirtschaftliche und soziale Indikatoren auseinanderdividieren kann, so daß ihre Wirkungen auf die Ozeane deutlich werden.

Wirtschaftliche Indikatoren

Güter und Dienstleistungen, die mit den Ozeanen zu tun haben, gehören in viele verschiedene Kategorien. Einige Beispiele:

- Öl, Gas und Mineralien, die vor der Küste gewonnen werden;
- von Menschen erzeugtes Kapital (bauliche Infrastruktur wie Häfen, Schiffe, Ölplattformen);
- Seehandel, Dienstleistungen und Institutionen und
- Küsten- und Schiffstourismus.

Solche Faktoren wurden schon im vorangegangenen Abschnitt im Zusammenhang mit Schätzungen der Produktion (das heißt des Warenflusses)

erwähnt. Die nun folgenden Überlegungen gelten den vorhandenen Beständen und ihren Wirkungen.
Daten über die weltweiten Reserven an Energie und Bodenschätzen werden regelmäßig von besonderen Institutionen zusammengestellt, so unter anderem vom Weltenergierat, der Internationalen Energieagentur, dem *Bureau of Mines* der USA und dem *World Bureau of Metal Statistics.*
Die Reserven in den Meeren und ihre Schrumpfung (oder ihr Wachstum) werden aber in den drei wichtigsten Datensammlungen nicht ausdrücklich genannt (und auch nicht in den beiden von der UN-Kommission für nachhaltige Entwicklung vorgeschlagenen Indikatoren für die Nachhaltigkeit der Reserven an fossilen Energieträgern und Mineralien; siehe unten). Die vorhandene bauliche Infrastruktur könnte man im Prinzip (über längere Zeit hinweg) in die nationalen Berechnungen einbeziehen, und auch die Minderung oder Ansammlung von Kapital sollte sich nachweisen lassen (was allerdings alles andere als einfach ist). Input-Output-Vergleiche liefern Hinweise auf Materialströme zwischen den Branchen, und auch spezielle Publikationen, wie *OECD Marine Transport* für die Schiffe der Welt oder die FAO-Jahrbücher für die Fischereiflotte, tragen Einzelteile zu dem vielschichtigen und keineswegs vollständigen Bild bei.

Ökologische Indikatoren

Ökologische Indikatoren spiegeln die tatsächlichen Vorräte und/oder Ströme der Ressourcen aus dem Meer wider, wobei der ursprüngliche Vorrat durch von Menschen erzeugte und natürliche Vermehrung und Verminderung in einen endgültigen Vorrat verwandelt wird. Wie bei den wirtschaftlichen Indikatoren, so hat »Vorrat« auch hier sowohl eine quantitative als auch eine qualitative Seite, beispielsweise die Populationsgröße einer Spezies und die Schadstoffe in den Fischen. Die Ströme erwachsen aus dem *Gebrauch,* das heißt der nachhaltigen Nutzung der natürlichen Ressourcen, und ihrem *Mißbrauch,* das heißt der übermäßigen Ausbeutung erneuerbarer und der Erschöpfung nicht erneuerbarer Ressourcen; weiter erwachsen sie aus der Verschmutzung, die zu Aufwendungen für den Umweltschutz und nicht ausgeglichenen ökologischen Kosten führt, und aus dem Verlust ökologischer Funktionen und immaterieller Güter (zum Beispiel Schädigung von Landschaften und kulturellem Erbe).
Insgesamt nennt die UNDP/CSD*-Liste etwa 130 Indikatoren, die nach dem

* CSD: Commission on Sustainable Development

Vorschlag der UN-Kommission für nachhaltige Entwicklung die Nachhaltigkeit anzeigen sollen, und die Matrix mit den Kerndatensätzen ungefähr 170 Parameter und Datensätze, die im ersten *Global Environment Outlook* (GEO-1[17]) des UNEP benutzt wurden. Von letzteren kann man 30 als soziale und 40 als wirtschaftliche Indikatoren ansehen, das heißt, es bleiben etwa 100 ökologische Indikatoren; davon steht nach unserer Ansicht ein Viertel mit den Ozeanen und über die Hälfte mit dem Festland im Zusammenhang; das restliche Viertel sind allgemeine Indikatoren (Klima, Unterstützung durch Institutionen).

Wie im vorigen Abschnitt erwähnt wurde, dient Meerwasser zur Entsalzung und zur Erzeugung erneuerbarer Energie aus den Ozeanen (unter anderem zur Elektrizitätserzeugung durch Gezeitenenergie). In den Indikatoren für die Qualität von Badestränden, Metallgehalt und Küstenwasserqualität sowie für Abfälle in der Meeresumwelt (Qualität der Vorräte) spiegelt sich die Verschmutzung durch Entsorgung flüssiger und fester Abfälle wider, aber nach den Vorschlägen des UNDP/CSD auch die Freisetzung von Nitrat, Phosphat und Öl; eine Übersicht über einzelne und allgemeine Indikatoren findet sich bei GESAMP.[18]

Was unsere Kategorie der natürlichen Gebiete angeht, wird über Indikatoren für kleine Inseln unter anderem im *Island Directory* des UNEP[19] und im *Small Islands Developing States Network* des UNDP berichtet. Interessant ist in diesem Zusammenhang auch das Barbados-Aktionsprogramm für kleine Entwicklungsländer auf Inseln (SDIS) des UNEP, das 1999 vollständig begutachtet werden wird. GEO-1[20] enthält nicht nur Schätzungen über die Küstenlänge (Quantität der Vorräte), sondern auch über ihre Verschmutzung und die sich daraus ergebende Qualität der Vorräte. Die *Barbados International Coral Reef Initiative* für kleine Inseln wird die vorhandenen Daten über Beeinträchtigungen und Nutzung der Riffe ergänzen. Was die geschützten Parks und Reservate angeht, nennen die Standardverzeichnisse (IUCN*, WCMC**) auch Stellen im Zusammenhang mit dem Meer; damit sind sie die Grundlage für einen vorgeschlagenen Indikator der Nachhaltigkeit (Quantität der Vorräte).[21] Der GEO-1-Bericht über die Flora, einschließlich des Verlustes der Mangrovenwälder, und ein Algenindex schlagen als Maßstab für die Nachhaltigkeit die Menge der betroffenen Vorräte vor. Die Algenfänge (*World Resources Institute*: Algenfluß) stehen im Zusammenhang mit ihrer im vorigen

* IUCN: International Union for Conservation of Nature and Natural Resources
** WCMC: World Conservation Monitoring Centre

Abschnitt erwähnten Nutzung zur Medikamentenherstellung. Als Nachhaltigkeitsindikator für gefährdete Arten von Gefäßpflanzen und Wirbeltieren wird ihr prozentualer Anteil an allen einheimischen Arten vorgeschlagen; dabei wird jedoch kein Unterschied zwischen Meer und Land gemacht (IUCN, WCMC).

Weitere Quellen für Informationen über die Fauna sind der Meeressäugeraktionsplan von UNEP und FAO und die Internationale Walfangkommission. Für Fische und andere Meerestiere stehen Schätzungen über Bestandsgröße, Bestandsqualität (Schadstoffe), Fänge und unfallbedingte Verluste (vorwiegend FAO, einschließlich Marikultur) zur Verfügung. Die Liste der UN-Kommission für nachhaltige Entwicklung nennt einen Indikator für die nachhaltig erzielbaren Maximalerträge in der Fischerei.

Einige Indikatoren gibt es auch für die Funktionsvielfalt von Taxonomie, Genetik, Ökosystemen und Umwelt, so zum Beispiel über gefährdete und endemische Arten, Schutzgebiete und Prozentanteile hochentwickelter Küstenabschnitte. Der Dialog über Indikatoren für biologische Vielfalt und die Implementationsziele des Forums für globale Biodiversität sollten im Rahmen der Umsetzung der Konvention über biologische Vielfalt den Impuls für eine systematische Untersuchung geben. Das Programm für biologische Vielfalt und die Umsetzungsstrategie des UNEP räumen der Artenvielfalt in den Meeren, die auch im SIDS* genannt ist, hohe Priorität ein.[22]

Unsicherheit

»Wegen der Komplexität der Mechanismen, die sowohl die biologische Tragfähigkeit als auch die Fischbestände beeinflussen, sind Schätzungen über die kommerziell nutzbaren Fischbestände derzeit unsicher.«[23] Diese Feststellung im letzten Umweltdatenbericht des UNEP erinnert an die »Grenzen der Sicherheit«, die jedem Indikator oder Index innewohnen, ob er nun die Gegenwart beschreibt oder auf die Zukunft ausgerichtet ist.

Unsicherheiten gibt es im Hinblick auf die Messungen und die daraus abgeleiteten statistischen Daten, die Kausalbeziehungen und die Modelle, mit denen man die Wirklichkeit abbildet; den Ergebnissen kann man keine berechnete Wahrscheinlichkeit zuordnen. Deshalb wird man einen Index für die Verletzlichkeit eher mit den herkömmlichen sozialen, wirtschaftlichen und ökologischen Indikatoren berechnen. Das *UN Department of Economic and*

* SIDS: Small Island Developing States

Social Affairs (DESA) hat Arbeiten zur Entwicklung eines Verletzlichkeitsindex in Gang gebracht und unterstützt damit das Aktionsprogramm für nachhaltige Entwicklung der SIDS; außerdem hat es vorgeschlagen, jeweils einen Index für wirtschaftliche und ökologische Verletzlichkeit aufzubauen. Schon in seinem *Island Directory*[24] schlägt das UNEP einen Index für besonders gefährdete Inseln vor; damit unterstreicht es, wie wichtig die Erhaltung der Meere, die Wirkungen der Menschen und die Verläßlichkeit der Daten sind. In jüngerer Zeit befaßte sich Briguglio[25] mit der Frage der SIDS und versuchte, die Faktoren, die ihre wirtschaftliche Verletzlichkeit erhöhen, quantitativ zu erfassen. (Zu diesen Faktoren gehören die Abhängigkeit von äußeren Wirtschaftsfaktoren, die abgelegene Lage auf Inseln und die Anfälligkeit für Naturkatastrophen.) Auf dieser Grundlage versuchte er, einen zusammengesetzten Verletzlichkeitsindex zu konstruieren. Für jedes dritte untersuchte SIDS hätte der Wechsel von einer BIP-basierten Einstufung zu einer solchen auf der Grundlage des Verletzlichkeitsindex direkte Auswirkungen auf die Rahmenbedingungen. In einem anderen Fall wurde die Verletzlichkeit gegenüber menschlichen Eingriffen in die Ökosysteme tropischer Küsten als Funktion des Pro-Kopf-BSP und der Bevölkerungsdichte berechnet, und der daraus abgeleitete standardisierte Verletzlichkeitsindex wurde gegen einen standardisierten Index für die Reichhaltigkeit von Mangroven, Seegras und Korallenriffen aufgetragen.[26]

Indikatoren für nachhaltige Entwicklung

Die *Agenda 21* weist in ihrem Kapitel 40 auf die Notwendigkeit von Indikatoren hin und fordert von den Vereinten Nationen, sie sollten zusammen mit anderen betroffenen Organisationen eine Reihe von Indikatoren schaffen, in denen sich die in Richtung der Nachhaltigkeit verlaufende Entwicklung widerspiegelt. In der Folgezeit stellte die UN-Kommission für nachhaltige Entwicklung ein Arbeitsprogramm über Indikatoren für nachhaltige Entwicklung auf; es verfolgt vorrangig das Ziel, den Entscheidungsträgern auf nationaler Ebene international einheitliche Indikatoren für nachhaltige Entwicklung zur Verfügung zu stellen. Auf internationaler Ebene befaßt sich vor allem das *UN Department for Policy Coordination and Sustainable Development* (UN-DPCSD) der *UN Division of Sustainable Development* mit diesem Thema. Eine vorläufige Liste entscheidender Indikatoren für nachhaltige Entwicklung wurde 1996 mit Zustimmung der Kommission für nachhaltige Entwicklung veröffentlicht; sie trug den Titel *Indicators of Sustainable Develop-*

ment – Framework and Methodologies.[27] Das *Environment Assessment Programme* von UNEP und EAP* bereitete diese Entwicklung von Indikatoren für nachhaltige Entwicklung mit verschiedenen Tätigkeiten vor, so mit einem Überblick über ökologische Indikatoren (1994), einer Gemeinschaftstagung von SCOPE Belgien und Costa Rica, die im Januar 1995 in Gent stattfand, und dem wissenschaftlichen Workshop der SCOPE über Indikatoren zur nachhaltigen Entwicklung, der im November 1995 in Wuppertal abgehalten wurde.
Die veröffentlichte Liste der wichtigsten Indikatoren für nachhaltige Entwicklung umfaßt soziale, wirtschaftliche und ökologische Dimensionen; es handelt sich zwar um einen ganzheitlichen Ansatz, aber er befaßt sich nicht mit der moralischen/ethischen/spirituellen Nachhaltigkeit, die vertretbares Verhalten definiert und die Menschen motiviert, im gemeinsamen Interesse zu handeln. Die Methodenbeschreibungen für die einzelnen Indikatoren (ohne Schätzungen für die Gegenwart) werden anhand der Dimensionen, der Kapitel in der *Agenda 21* und der Art der Indikatoren (Indikatoren für Triebkraft, Zustand oder Reaktionen) dargestellt.
Im Prinzip ergibt sich ein Indikator für nachhaltige Entwicklung aus dem zuvor in diesem Abschnitt erörterten nationalen deskriptiven Indikator, dem zugehörigen internationalen Nachhaltigkeitsziel (zum Beispiel der kritischen Menge einer Ressource an den Küsten) und dem Vergleich dieser beiden Größen. Ökologische Ziele oder Grenzen haben in der Regel eine objektive, wissenschaftliche Grundlage; soziale und wirtschaftliche Ziele/Beschränkungen sind wesentlich stärker mit Werten befrachtet und hängen deshalb von den Vorstellungen, Zielen und Werten einer Gesellschaft ab. Das ist wahrscheinlich der Grund, warum es für die meisten Indikatoren bisher keine internationalen Zielgrößen gibt.
Die Entwicklung der Ozeane kann von einem Dutzend Indikatoren für nachhaltige Entwicklung beeinflußt werden, unter anderem von solchen für ungleiche Einkommensverteilung, das ökologisch korrigierte Inlandsprodukt (EDP), Mineralvorkommen, Vorräte an fossilen Brennstoffen, Lebensdauer nachgewiesener Energiereserven, Bevölkerungswachstum in Küstengebieten, Einleitung von Öl, Nitraten und Phosphaten in küstennahe Gewässer, Algenvorkommen, bedrohte Arten und Schutzgebiete. Von diesem Dutzend Indikatoren, die mit dem Ozean in Verbindung stehen, wird nur einer, nämlich das EDP, in monetären Begriffen ausgedrückt. Ziele sind nur für drei davon definiert: für nachhaltige Erträge der Fischerei, bedrohte Arten und Schutzge-

* EAP: Economically Active Population

biete. Und schließlich befindet sich ein Drittel der mit dem Ozean zusammenhängenden Indikatoren für nachhaltige Entwicklung noch »im Entstehungsstadium«. Das erinnert uns daran, daß auch die CSD-Liste der wichtigsten Indikatoren für nachhaltige Entwicklung noch im Entstehen begriffen ist.

Andere einschlägige Initiativen

Die Entwicklung der Indikatoren wird durch grünere volkswirtschaftliche Gesamtrechnungen, Funktionen der Natur (Dienstleistungen der Ökosysteme) und Kosten-Nutzen-Analyse auf unterschiedliche Weise unterstützt.

Grünere volkswirtschaftliche Gesamtrechnungen

Auf einer Konferenz des Europäischen Parlaments forderten der Club of Rome und WWF* International, das UN-System für volkswirtschaftliche Gesamtrechnungen (*System of National Accounts*, SNA) zu verändern[28]; sein Rahmen und seine Grenzen sollten zu einem neuen, an der Natur ausgerichteten Maßstab führen, der den Wert natürlicher Ressourcen und Dienstleistungen berücksichtigt.[29] Die sogenannten Satelliten- oder Sekundärberechnungen stellen in dieser Hinsicht einen Kompromiß dar: Sie wandeln zwar das SNA nicht ab, ergänzen es aber mit Schätzungen über Bestände an natürlichen Ressourcen, ökologische (nicht marktfähige) Dienstleistungen und Schäden, die durch wirtschaftliche Tätigkeit entstehen. UNSTAD bietet mit seinem *Satellite System for Integrated Environmental and Economic Accounting* (SEEA)[30] fünf Alternativen zur Auswahl an. Die Version IV befaßt sich mit Satellitenberechnungen. Für einzelne Länder wurde das SEEA in Pilotprojekten angewandt, so zum Beispiel für Kolumbien, Mexiko, Papua-Neuguinea und Thailand.
Mit den Ozeanen haben unter anderem folgende Aspekte einer grüneren volkswirtschaftlichen Gesamtrechnung zu tun:

– Berechnungen zur Erschöpfung natürlicher Ressourcen wie zum Beispiel die *Genuine Saving* der Weltbank (Output minus Nettoentnahme natürlicher Ressourcen);
– Schätzungen zu Mineral- und Ölvorkommen vor den Küsten mehrerer Entwicklungs- und Industrieländer, zum Erholungswert der Ressourcen

* WWF: World Wide Fund for Nature

in den Meeren, zu Feuchtgebieten, Mangrovenwäldern und marinen Wildschutzgebieten sowie zu Fischerei und nationalem Erbe;
- angemessenere Bewertung »defensiver« Aufwendungen: in Deutschland allgemein, in Mexiko für Umweltschutzaktivitäten; in einem halben Dutzend Länder die Entwicklung eines Index of Sustainable Economic Welfare (ISEW), der unter anderem die Kosten der Verschmutzung und der Erschöpfung nichterneuerbarer natürlicher Ressourcen berücksichtigt, und
- Berechnungen zum Abbau der Umweltqualität, zum Beispiel durch Ölpest und Schadstoffe im Gelben Meer vor Korea oder durch die Verschmutzung des Chesapeake Bay mit Herbiziden.

Mit Hilfe des *UN Satellite System for Integrated Environmental and Economic Accounting* kann man auch die Kopplung ökologischer Indikatoren berechnen. In einer Pilotuntersuchung für elf bis dreizehn Entwicklungs- und Industrieländer formulierte das *World Resources Institute* einen makroökonomischen *Index of Resource Depletion*: Er mißt den Wert des Rückgangs natürlicher Ressourcen im Verhältnis zu den Gesamtinvestitionen durch von Menschen geschaffenes Kapital während eines bestimmten Jahres. Außerdem entwickelte das Institut für Land-, Forst- und Fischereiwirtschaft einen gesonderten *Resource Depletion Index*, der das Verhältnis zwischen dem nach SEEA ökologisch korrigierten Inlandsprodukt und dem Standard-BIP für diese Ressourcen angibt.[31]

Die grüne Gesamtrechnung unterstützt die Indikatorenbewegung, weil sie einschlägige quantitative Daten und Verfahren zur Verfügung stellt, in denen sich der Zusammenhang zwischen Ökonomie und Ökologie widerspiegelt; sie bilden damit die Grundlage für makroökonomische Indikatoren und schaffen die Voraussetzungen für die Erarbeitung ökologischer Indikatoren für nachhaltige Entwicklung. Deshalb ist es nicht verwunderlich, daß Länder wie Finnland, Frankreich, die Niederlande und Großbritannien ihre Bemühungen zur Schaffung grünerer volkswirtschaftlicher Gesamtrechnungen und praktisch anwendbarer Indikatoren auf diese oder jene Weise bündeln.

Funktionen der Natur

Es liegt ganz auf der Linie des derzeitigen Konzepts eines gemeinsamen Erbes der Menschheit und der modernen Dienstleistungswirtschaft, wenn man die Untersuchungen zur Funktion der Natur als weitere Initiativen ansieht, die für die Indikatorenbewegung nützlich sind. Constanzas Versuch, die von den

Ozeanen erbrachten »Ökosystemdienstleistungen« zu messen, wurde im vorigen Abschnitt bereits erwähnt. Hier soll von einem System die Rede sein, das von de Groot entwickelt wurde und etwa fünfzig Funktionen der natürlichen Umwelt einschließt.[32] Sie werden in mehrere Gruppen eingeteilt: Funktionen für lebenswichtige ökologische Vorgänge und Lebenserhaltungssysteme; Trägerfunktionen, die Raum und ein Substrat oder Medium für die Tätigkeiten der Menschen bieten; Produktionsfunktionen, welche die Lieferung vieler Ressourcen betreffen; und Informationsfunktionen, die Gelegenheiten für Reflexion, spirituelle Bereicherung, Entwicklung der Erkenntnisfähigkeit und ästhetische Erlebnisse bieten.

De Groot wandte sein System auf den Galapagosnationalpark (Tabelle 3.3) und das niederländische Wattenmeer an. Andere mit dem Ozean verknüpfte Anwendungsbereiche sind etwa: Regulationsfunktionen (zum Beispiel die Abfallverwertungsleistung der Feuchtgebiete im Vergleich zur Wiederherstellung eines Feuchtgebietes); Funktion der Mündungs- und Feuchtgebiete als »Kinderstube« für Tiere; Primärproduktion durch einige Küstengebiete, die der kommerziellen und Freizeitfischerei vor den Küsten nutzt; Trägerfunktionen (der Wert naturkundlicher Freizeitbeschäftigungen – diese machen in Kanada einen weit größeren Wert aus als die Sportfischerei und -jägerei); Produktionsfunktionen (Beitrag der Wildtiere zur US-Wirtschaft – umfaßt Fischerei, biologische Vielfalt, ökologische Dienstleistungen, Erholungswert und medizinische Ressourcen im Meer).

Kosten-Nutzen-Analyse und Umweltfolgenabschätzung

Bei der Entwicklung von Methoden, mit denen sich Kosten und Nutzen für die Umwelt in monetären Begriffen bewerten lassen, hat man während der letzten zehn Jahre beträchtliche Fortschritte erzielt. Die OECD veröffentlichte im Rahmen ihres Programms zur Kosten-Nutzen-Analyse und Umweltfolgenabschätzung eine umfassende Übersicht über die vorhandenen Methoden und Daten sowie eine Analyse von etwa fünfzig Fallstudien aus sechs Mitgliedsstaaten.[33]

So wurde zum Beispiel der Freizeitwert der Wasserqualität in den Niederlanden mit Hilfe des Marktpreises für kommerzielle Schwimmbäder abgeschätzt, und der Wert für die Schiffahrt wurde anhand der ersparten Kosten für die Schlammbeseitigung berechnet. In Norwegen wandte man in einer Reihe von Bewertungen des Nutzens für Nutzer und Nichtnutzer die Gesamtkosten- und die *contingent valuation*-Methode an.

Dieses OECD-Programm stellt eine Initiative dar, welche die Indikatorenbe-

Tabelle 3.3:

Sozioökonomischer Wert der Funktionen des Galapagosnationalparks (bei maximal vertretbarer nachhaltiger Nutzung)

	Art des Wertes					
ökologische Funktion	1 Schutz	2 Existenzwert[1]	3 + 4 soziale Werte[2]	5 Nutzungswert (Verbrauch)	6 Nutzungswert (Produktion)	7 Wert für Arbeitsplätze (Menschen)[2]
Regulationsfunktionen	>63,00	++	++		++	
Festhalten von Wasser/						
Verhütung von Erosion	0,30		+		*	
biologische Energiefixierung	(1200,00)[3]	+			*	
Vorrat/Erholung/menschliche Abfälle	58,00[4]		+		*	
biologische Steuerung	++	+	+		*	
Aufzucht von Jungen/						
Habitat für wandernde Tiere	7[4]	++	++		*	
Erhaltung der biologischen Vielfalt	4,90	++	++		*	
Trägerfunktionen	0,50	++	+		>45,00	>833
Aquakultur					0,02[4]	+
Erholung		+	+		45,00	772
Naturschutz	0,55	++	++		*	61
Produktionsfunktionen			++	+	>8,00	>160
Ernährung			++	+	0,70	156
genetische Ressourcen					+	+
Rohstoffe					5,20	4
biochemische Wirkstoffe					++	+
Energiequellen					1,50[2]	+
Ressourcen für schmückende Dinge					0,40	+
Informationsfunktionen	0,50		++	++	>3,00	>67
ästhetische Information			+	++	+	
spirituelle Information	0,52		++	++	*	
historische Information			+	++	*	
kulturell/künstlerische Inspiration			+	+	0,20	+
Information für Bildung und Ausbildung				+	2,70	67
JÄHRLICHER GESAMTGEWINN	>64,00	++	++	++	>56,00	(1,060)

Anmerkung: Werte sind qualitativ (++) oder in US-$/ha/Jahr angegeben, außer in Spalte 7 (gesamte in der Studie untersuchte Fläche: 1 150 000 ha).

1. Soziale Werte bestehen aus der Bedeutung der Umweltfunktionen für die menschliche Gesundheit und dem Optionswert einer gesicherten Zukunft.
2. Diese Funktion bezieht sich nur auf die Landflächen (720 000 ha).
3. In Klammern angegebene Zahlen wurden bei der Berechnung des Gesamtwertes nicht berücksichtigt, weil die Berechnung zu spekulativ ist.
4. Diese Funktion bezieht sich nur auf den marinen Bereich (430 000 ha, davon 4100 ha Gezeitenzone).

* Diese Funktionen tragen zur wirtschaftlichen Produktivität direkt oder indirekt bei, aber wegen fehlender Informationen und/oder Schwächen der Marktmechanismen konnten ihnen kein Markt- oder Schattenpreis zugeordnet werden.

Quelle: De Groot, 1992, S. 235

wegung mit neuen Methoden und anderen Anwendungen unterstützt, die später noch genauer erörtert werden.

Lücken bei den Indikatoren, die den Ozean betreffen

Allgemeines

Was fehlt, sind die Dimensionen des menschlichen Lebens, die mit ethischen Werten und Bewußtsein zu tun haben und zu Effizienz, Lebensfreude und Harmonie führen. Mit Blick auf die *Agenda 21* nennt *Earthwatch*[34] als weitere Lücken: fehlende Programme für lokale Bevölkerungsgruppen (3C), die Einrichtung weltweiter Datenbanken über die Meere, unzureichende Daten über die Fischerei auf nationaler Ebene und das Fehlen eines einheitlichen geowissenschaftlichen Bezugs der Daten. Außerdem sollte eine Orientierung der Indikatoren auf die nördliche Hemisphäre vermieden werden.
Ausgehend von den Indikatoren, muß gezielt statistisch analysiert werden, wie sich mutmaßlich wichtige Variablen, wie die Bevölkerung der Küstengebiete oder das Einkommen in bestimmten Regionen, auf die Ozeane auswirken. Der Bericht über die Umweltverträglichkeitsuntersuchung der Europäischen Union[35] befaßt sich mit dem Beitrag der Meere zum Bruttosozialprodukt und bezeichnet dabei die Informationen über Verkehr, Tourismus und Fischerei/Aquakultur als gering; das UNEP hat Richtlinien ausgearbeitet, die in Pilotuntersuchungen in Gambia und Tansania angewandt werden.

Spezielle Bereiche

»Viele stark gebündelte wirtschaftliche und soziale Indikatoren wurden weithin übernommen, aber es gibt praktisch keine vergleichbaren nationalen Indikatoren für Umweltfragen, die den Entscheidungsträgern oder der Öffentlichkeit helfen könnten, Umwelttrends zu bewerten.«[36] Was die einzelnen Umweltindikatoren angeht, betreffen die wichtigsten Lücken in den Daten folgende Bereiche: Technologie für erneuerbare Energien im Zusammenhang mit den Meeren, Fischbestände und Aspekte wie Entwicklung der Fischereitechnik, Beschäftigung und Produktivität und biologische Vielfalt. Wo es angebracht ist, sollte man immer darauf abzielen, zwischen den land- und meergebundenen Teilen der Phänomene zu unterscheiden, und die Erkenntnisse aus ähnlichen Projekten (grünere volkswirtschaftliche Gesamtrechnung, Funktionen der Natur, Kosten-Nutzen-Analyse/Umweltfolgenabschätzung) über Methoden, Datengewinnung und Anwendungsbereiche sollten systematisch genutzt werden. Außerdem sind Indikatoren erforderlich,

die Verknüpfungen zwischen den Dimensionen herstellen, und auch in den *Human Development Index* (HDI) müssen Umweltaspekte eingebracht werden.
Die Brent-Spar-Affäre im Jahr 1993 hat gezeigt, daß in Fragen der Meere allgemein große Unkenntnis herrscht. Die Ozeane sind nach wie vor weitgehend ein Bereich des Unbekannten. Man sollte einerseits systematisch Indikatoren für die Verletzlichkeit entwickeln, andererseits aber auch solche, die in einen Rahmen von Wahrscheinlichkeiten eingebettet sind.

Seit meinem ersten Bericht an den Club of Rome über die Ozeane haben wir einen langen Weg hinter uns gebracht. Aber wir haben auch einen langen Weg vor uns – und das wird auch immer so bleiben. Bis die Indikatoren für nachhaltige Entwicklung und die Methoden zu ihrer Gewinnung vollständig sind und international anerkannt werden, brauchen wir weitere wissenschaftliche Befunde, Anstrengungen der beteiligten Behörden und die Zusammenarbeit der Regierungen über kulturelle Schranken hinweg. Das Arbeitsprogramm nennt sogar ausdrücklich eine Reihe von Aktivitäten:

- weitere Identifizierung und Bewertung von Verbindungen zwischen den wirtschaftlichen, sozialen, institutionellen und ökologischen Aspekten der nachhaltigen Entwicklung und die Erarbeitung von Indikatoren, die sich auf solche Zusammenhänge stützen und für die Politik von Bedeutung sind;
- weitere Arbeit an stark gebündelten Indikatoren und
- Abschluß der internationalen Erprobungsphase, in der einige ausgewählte Länder freiwillig die Nutzung von Indikatoren für nachhaltige Entwicklung erprobt und bewertet haben.

Mangelnde Übereinstimmung zwischen den derzeitigen Indikatoren und der Wirtschaftsordnung des gemeinsamen Erbes

Als nächstes ist zu untersuchen, inwieweit die heutigen und die vorausgesagten Indikatoren, die sich auf die Meere beziehen, unter dem Gesichtspunkt einer neuen, auf dem gemeinsamen Erbe beruhenden Wirtschaftsordnung gültig sind.

Notwendigkeit übereinstimmender Indikatoren

Orio Giarini[37] weist mehrmals nachdrücklich darauf hin, daß eine umfassendere Theorie über Wohlstand und Wohlergehen, die im Zusammenhang mit der Wirtschaft des gemeinsamen Erbes der Menschheit steht, die Verwendung von Indikatoren begünstigt. Dabei sind folgende Punkte zu berücksichtigen:

1. Es sind besondere Indikatoren für nichtvermarktete und nichtvermarktbare Güter und Dienstleistungen erforderlich.
2. Wohlstand und Wohlergehen sind eine Kombination aus natürlichen (physikalischen oder biologischen), von Menschen geschaffenen (kulturellen) und monetären (kapitalartigen) Phänomenen; in dieser ganzheitlichen Sichtweise spiegeln sich unsere sozialen, wirtschaftlichen und ökologischen Dimensionen wider.
3. Man muß sich nicht mit der Größe der Warenströme, sondern mit dem Umfang der Vorräte befassen; das System zur Berechnung der Wertschöpfung beruht auf *Strömen*. Notwendig ist aber eine Methode, die von den Beständen ausgeht.
4. Entscheidend ist nicht der Tausch-, sondern der Nutzungswert; der Tauschwert ist bis zu einem gewissen Grad eine Unterkategorie und läßt sich als Teil des Nutzungswerts nutzen, vorausgesetzt, man bezieht Wertminderungsfaktoren mit in die Rechnung ein.
5. Nichtvergütete Arbeit, das heißt solche, die nicht oder nicht gegen Geld eingetauscht wird, muß ebenfalls berücksichtigt werden.
6. Die Wertminderung, das heißt die Kosten der von Menschen verursachten Verschmutzung und übermäßigen Ausbeutung der Ressourcen in den Meeren, ist in Betracht zu ziehen, und
7. auch die inneren Unsicherheiten komplexer Systeme sind zu berücksichtigen.

Die Größen von Beständen und Strömen (3.) hängen folgendermaßen zusammen: Während eines bestimmten Zeitraums wird ein Anfangsbestand durch menschliche und natürliche Hinzufügungen und Verminderungen zu einem Endbestand; die Methoden zur Aufstellung von Indikatoren für Bestände und Ströme müssen also kompatibel sein. Außerdem sind 5. und 6. durch die volkswirtschaftliche Gesamtrechnung verknüpft: Das derzeit berechnete BIP ist zu niedrig, weil es nichtvergütete Arbeit nicht berücksichtigt, und zu hoch, weil es die Kosten für die Umwelt einschließt. Was die unbezahlte Arbeit (5.) angeht, liegt der Wert der von der volkswirtschaftlichen Gesamtrechnung nicht erfaßten Produktion mindestens halb so hoch wie das BIP, und in Entwicklungsländern ist er sogar noch höher. Er macht mehr als die Hälfte des privaten Konsums aus; weltweit betrachtet, tragen unbezahlte Arbeiten im Haushalt und freiwillige, gemeinnützige Tätigkeiten etwa siebzig Prozent zu den offiziell geschätzten 23 Milliarden Dollar der globalen Gesamtleistung bei.[38]

Die Unzulänglichkeit der heutigen Indikatoren

Warum die mit den Ozeanen zusammenhängenden Indikatoren nicht alle diese Anforderungen erfüllen, soll an einigen Beispielen verdeutlicht werden.

Mehrdimensionale Programme

Mit den Kernindikatoren für nachhaltige Entwicklung des UN-DPCSD und dem *World Resources Report* des *World Resources Institute* (WRI) wird der Versuch eines ganzheitlichen Ansatzes unternommen. Beide beziehen die soziale, die wirtschaftliche und die ökologische Dimension ein. Andere Indikatorensysteme befassen sich nur mit zwei Dimensionen; dies gilt zum Beispiel für das SEEA, das UN-System für integrierte wirtschaftliche und ökologische Gesamtrechnung, und den *Human Development Index* mit seinen sozialen und wirtschaftlichen Indikatoren. Wieder andere Initiativen berücksichtigen im wesentlichen nur eine Dimension, so beispielsweise das UN-System der volkswirtschaftlichen Gesamtrechnung (wirtschaftliche Dimension) oder GEO-1 und der *Environmental Data Report* des UNEP (ökologische Dimension); oder aber sie beschäftigen sich eingehend mit einem Sektor, wie es die FAO mit der Fischerei tut. Im Hinblick auf die Meere wird der fachübergreifende Ansatz nicht in ausreichendem Maß angewandt.

Wohlstand durch vermarktete und nichtvermarktbare natürliche Ressourcen

Der Wert aller vermarktbaren Ressourcen aus dem Meer (zum Beispiel Fische oder vor den Küsten gefördertes Öl) hängt davon ab, wie groß die Ressourcen geschätzt werden und welche Bewertungsmethode man anwendet. Bei quantitativen Schätzungen kommt es darauf an, ob man Vorräte (zum Beispiel Fischbestände oder von Menschen erzeugtes Kapital) oder Ströme (zum Beispiel Fischfangmengen oder das BIP) zugrunde legt (Punkt 3, siehe oben). In manchen Bereichen werden die Vorräte bereits in vollem Umfang berücksichtigt, so in den Berichten der IUCN über gefährdete Arten, und in einigen weiteren wird diese Methode ebenfalls in Aussicht gestellt, besonders in den volkswirtschaftlichen Gesamtrechnungen des SEEA und in den mit den Ozeanen zusammenhängenden Indikatoren für nachhaltige Entwicklung des UN-DPCSD.

Darüber hinaus gründet sich die Bewertung auf Nettopreise, das heißt auf Marktpreise abzüglich der externen Kosten, oder auf die Kosten für den Nutzer (auf der Grundlage des Mehrwertelements [echtes Einkommen] und des Nutzer-Kosten-Elements [Kosten für die Ressourcenerschöpfung]). Diese Bewertungsmethoden sollten mehrere oben genannte Punkte berücksichtigen: Punkt 4 (Gebrauchs- statt Tauschwert), Punkt 5 (Einbeziehung unbezahlter Arbeit) und Punkt 6 (Ausschluß verminderter Werte oder externer Kosten). Daß dies notwendig ist, wird zunehmend anerkannt[39], aber es wird noch keineswegs allgemein umgesetzt. Der Vorschlag, mit Hilfe der von der CSD aufgestellten Kernindikatoren für nachhaltige Entwicklung ein ökologisch korrigiertes Inlandsprodukt abzuleiten, ist deshalb von großer Bedeutung.

Die Bewertung nichtvermarktbarer Meeresressourcen wie Mangrovenwälder oder Wildnisgebiete hängt von der heiklen Frage ab, welche der im Bereich von Kosten-Nutzen-Analyse/Umweltfolgenabschätzung entwickelten Methoden man anwendet. Von Bedeutung sind dabei auch die unterschiedlichen Motive der Menschen bei der Bewertung natürlicher Ressourcen: Manche wollen sie tatsächlich nutzen (Nutzungswert), andere wollen sich die Möglichkeit zur Nutzung offenhalten (Optionswert), wieder andere tun es um der Umwelt willen oder wegen des inneren Werts der biologischen Arten und Ökosysteme (Existenzwert). Den Nutzungswert schätzt man anhand von Ersatzmärkten wie Kosten von Reisen in Erholungsgebiete; den Optionswert ermittelt man mit der Methode der *contingent valuation*, das heißt, man fragt die Menschen, was sie für die Bewahrung eines bestimmten Gutes zu zahlen bereit sind; und den Existenzwert berechnet man anhand der Kosten für Ersatz, Vermeidung und Erhaltung. Der gesamte wirtschaftliche Wert natürlicher Ressourcen ist dann die Summe aus dem tatsächlichen Nutz-, Options- und Existenzwert. Die Erkenntnis, daß es diese verschiedenen Formen des Wertes gibt, ist ein wichtiger Schritt, wenn man für Wohlstand und Wohlergehen den Begriff des Nutzungswerts entwickeln will, der dann zur Entwicklung einer Wirtschaft des gemeinsamen Erbes beiträgt.

Die Unsicherheit (Punkt 7) wurde bisher nicht systematisch untersucht.

Ähnliche Aktivitäten wie oben geschildert unternimmt das SEEA im Hinblick auf die volkswirtschaftliche Gesamtrechnung und die Funktionen eines an der Natur orientierten Ansatzes. Die Version IV des SEEA beschäftigt sich mit

Bewertungsverfahren, gibt aber keine klaren Richtlinien für die Bewertung von Ressourcenerschöpfung und -zerstörung. Tabelle 3.3, die den sozioökonomischen Wert der Funktionen im Galapagosnationalpark wiedergibt, enthält dagegen Schätzungen für die verschiedenen erwähnten Werttypen im Zusammenhang mit Regulations-, Träger-, Produktions- und Informationsfunktionen. Diese Betrachtung ist aufschlußreich; erst eine eingehende Analyse würde jedoch zeigen, wo die Erfordernisse einer Wirtschaftsordnung des gemeinsamen Erbes nicht erfüllt sind.

Quantitative und gebündelte Indikatoren?

Der Punkt 1 (siehe oben) erfordert Indikatoren, aber müssen sie auch quantitativ und gebündelt sein? Es muß sich bei Indikatoren nicht um Zahlen handeln. Im *Global Environment Outlook*[40] zum Beispiel findet sich eine graphische Darstellung von sieben Umweltthemen (darunter biologische Vielfalt, aber auch Meeres- und Küstenzonen) in sieben Regionen der Welt, die je nach der Schwere der Probleme in vier verschiedenen Farben gekennzeichnet sind. Entsprechend werden auch regionale ökologische Entwicklungen gezeigt, und beide Darstellungen sind prägnant und aufschlußreich.
Indikatoren können viele Bestandteile haben, aber am Ende dürfen nur wenige Indizes stehen, denn sonst werden Entscheidungsträger und Öffentlichkeit sie nicht ohne weiteres zur Kenntnis nehmen.[41] Das macht es erforderlich, in allen drei Dimensionen – der sozialen, der wirtschaftlichen und der ökologischen – zu bündeln und eine natürliche Gewichtung anzuwenden, die sich auf physikalische und chemische Eigenschaften stützt; dabei nimmt man die Gewichtungen entweder aufgrund der wirtschaftlichen Folgen vor, oder sie werden von Fachleuten oder der Öffentlichkeit zugewiesen. Die so entstehenden drei Teilindizes bleiben separat (Indikatoren für nachhaltige Entwicklung sowie die Indikatoren aus GEO-1 und HD-Bericht), oder aber sie werden gebündelt, wenn sie keine Dimension haben oder mit einem gemeinsamen Begriff ausgedrückt werden (wie zum Beispiel der HDI oder der Verletzlichkeitsindex).
Es gibt also zahlenlose, physikalische und monetäre Indikatoren, und sie lassen sich auch zu einem Index bündeln; das entspricht der in Punkt 1 erhobenen Forderung.

Schlußfolgerungen

In die Indikatorenbewegung wird heute viel Arbeit investiert. Eine Website versorgt die Nutzer mit neuesten Informationen über das Indikatorenprojekt der CSD.[42] Neue Impulse werden sich auch aus dem Übereinkommen ergeben, das auf dem Umweltgipfel+5 getroffen wurde und die Bemühungen um eine nachhaltige Nutzung der Ozeane stärken soll. Die Erkenntnisse, die durch ähnliche Initiativen (grünere volkswirtschaftliche Gesamtrechnung, Funktionen der Natur, Kosten-Nutzen-Analyse/Umweltfolgenabschätzung) für die Methoden sowie für Datenbeschaffung und -anwendung gewonnen wurden, sollten jedoch systematischer genutzt werden.

Lücken gibt es bei den mit den Ozeanen zusammenhängenden Indikatoren ganz allgemein, besonders aber auch bei den beschreibenden Indikatoren für Gesellschaft, Wirtschaft und Umwelt sowie im Umgang mit der Unsicherheit und bei den Indikatoren für nachhaltige Entwicklung.

Vieles, was bereits vorhanden ist, muß im Hinblick auf eine neue Wirtschaftsordnung des gemeinsamen Erbes neu durchdacht werden. Was den erforderlichen ganzheitlichen, fachübergreifenden Ansatz angeht, versucht man mittlerweile, verschiedene Fachgebiete zusammenzuführen; auf die Umwelt in den Meeren wird das aber bisher nicht in zufriedenstellendem Umfang ausgeweitet.

Bei der Bewertung der vermarktbaren Ressourcen aus dem Meer werden die Prinzipien der neuen Wirtschaftsordnung (Nutzungswert, Wertminderung, unbezahlte Arbeit) zunehmend anerkannt, aber ihre Anwendung ist noch keineswegs allgemein üblich. Immerhin kamen die Regierungen auf dem Umweltgipfel Rio+5 überein, die Aufnahme der umweltbedingten Kosten in die Preise für Energie sowie andere Güter und Dienstleistungen voranzutreiben.

Durch die Bemühungen, die Kosten-Nutzen-Analyse auf die mit den Meeren zusammenhängenden Tätigkeiten anzuwenden, hat sich wie im Fall der landgestützten Aktivitäten gezeigt, daß man sich nicht ausschließlich auf die vermarkt- und meßbaren Kosten und Gewinne konzentrieren darf, sondern daß man auch weniger handfeste und äußere Faktoren berücksichtigen muß. Wenn man Projekte im Zusammenhang mit den Ozeanen analysiert, lauern die gleichen Fallen (zum Beispiel die Versuchung, »doppelt zu zählen« und einen Aspekt dadurch mehr oder weniger attraktiv erscheinen zu lassen) wie bei landgestützten Analysen.

Um die weitere Entwicklung der mit dem Ozean zusammenhängenden Indikatoren voranzutreiben, sollten einheitliche Anstrengungen unternommen werden, und zwar sowohl von den Projektgruppen, die Indikatoren für Nachhaltigkeit und biologische Vielfalt entwickeln, als auch von den regionalen Workshops über CSD-Indikatoren (beispielsweise durch den Workshop, der 1997 in Accra in Ghana für Afrika abgehalten wurde, oder durch die Initiative für den *Mediterranean Action Plan*). Außerdem sollte die grünere Gestaltung der volkswirtschaftlichen Gesamtrechnung ebenfalls auf die mit dem Meer zusammenhängenden Ressourcen ausgeweitet werden. Gleichzeitig muß aber, wie Giarini es formuliert hat, eine neue Theorie des Wertes (nämlich des Nutzungswertes) erarbeitet werden. Das wird die Entwicklung einer neuen Wirtschaftsordnung für das gemeinsame Erbe zweifellos voranbringen.

Die ethische Dimension

»Die Verbindung zwischen der Wirtschaft und den spirituellen Aspekten besteht letztlich darin, daß die Menschen das Recht haben, unter den bestmöglichen wirtschaftlichen Minimalbedingungen zu leben, in denen ihre physische und damit auch ihre spirituelle Identität gewahrt wird. An dieser Stelle wird Wirtschaft zu etwas Ethischem, denn sie befaßt sich mit dem Respekt vor den Menschen und mit ihrem Recht, ihr körperliches Wohlbefinden zu entwickeln, das zwangsläufig mit Gefühlen, Träumen und Spiritualität gekoppelt ist.«

Orio Giarini

Kulturelle Indikatoren sind ebenso wichtig wie ökologische und soziale. Heute besteht Übereinstimmung darüber, daß sozioökonomische Systeme in kulturelle Systeme eingebettet sind; diese kulturellen Systeme erhalten ihre Gestalt im wesentlichen durch Wertesysteme, die ihrerseits letztlich von den Religionen bestimmt werden.

Die moderne Wirtschaftstheorie, ob marxistisch oder kapitalistisch, wurde im 18. und 19. Jahrhundert, während der ersten Phase der industriellen Revolution, in Europa entwickelt. Sie wurzelt im jüdisch-christlichen Wertesystem, das den Menschen in den Rang eines Herrschers über die Natur erhebt, während die Natur zur Handlangerin herabgewürdigt wird, die dem Vergnügen der Menschen dient. Außerdem gründet sie sich auf das römische Recht mit seinem starren, festen Begriff des individuellen Privateigentums. Gleichzeitig stellt sie eine dualistische Denkweise dar, in der »ich« und »anderes«, Individuum und Kollektiv, Kultur und Natur, Materie und Energie, Raum und Zeit, wissenschaftliche Wahrheit und Unwahrheit, Gut und Böse einander gegenüberstehen.

Dualismus ist in einer gewissen Hinsicht die einfachste Form der Spezialisierung, und tatsächlich hat sich die Spezialisierung im Zusammenhang mit der europäischen Kultur entwickelt – um den Preis, daß der Blick für das Ganze verlorenging. Durch die Spezialisierung wurde die Wirtschaft als eigenständiger Bereich isoliert, abgetrennt von anderen kulturellen Werten, abgetrennt auch von der Naturwissenschaft, die mittlerweile über Newtons Lehre von der Linearität, Sicherheit und Vorhersagbarkeit hinausgeht und sich Heisenbergs Unschärfe sowie Prigogines Chaos zugewandt hat; die Wirtschaftswissenschaft dagegen ist im wesentlichen bei der früheren, Newtonschen Lehre geblieben.

Die Industrieländer sind in eine neue Phase der industriellen Revolution eingetreten; diese Phase gründet sich auf Hochtechnologie, die sich qualitativ von der Technologie früherer Phasen unterscheidet. Die hochentwickelten Länder sind von einer Wirtschaft, die zunächst von Landwirtschaft und später von Industrieproduktion geprägt war, zu einer anderen übergegangen, deren Grundlage im wesentlichen die Dienstleistungen sind.[43]

Im Rampenlicht stehen heute die Vertreter einer neuen Wirtschaftsordnung, die in unterschiedlichen Kulturkreisen und Wertesystemen verwurzelt sind. Die eurozentrischen Werte früherer Jahrhunderte können ihre Vormachtstellung nicht mehr behaupten.[44] Sie leisten zwar nach wie vor einen Beitrag, aber sie müssen sich mit anderen Wertesystemen vermischen, so auch mit denen aus den neuen wirtschaftlichen Großmächten Asiens.

Krishan Saigal befaßt sich in seinem neuesten Buch[45] mit den Wertesystemen der wichtigsten asiatischen Religionen und versucht, daraus wirtschaftliche Kriterien abzuleiten. Diese Religionen haben von Individuum und Gemeinschaft, von Eigentum, von Mensch und Natur eine ganz andere Vorstellung als das Abendland. Sie könnten zur Gestaltung einer Wirtschaftsordnung des gemeinsamen Erbes und zur Durchsetzung der nachhaltigen Entwicklung wichtige Beiträge leisten. Die nun folgenden Beobachtungen stützen sich auf Saigals Arbeit.

Durch den Vergleich der »Lehren« in Ost und West gelangt Saigal zu dem Schluß, daß der Reichtum der Ozeane ganz unterschiedlich aussieht, je nachdem, im Licht welcher Lehre man ihn betrachtet. Nach den Vorstellungen des Westens ist der Reichtum der Ozeane das, was die Menschen aus ihnen entnehmen können: Ressourcen, Nahrung, Energie, Raum.

Die östliche Lehre sieht im Reichtum der Ozeane einen »Wert im Dasein«, das heißt, sie würdigt ihren lebenspendenden Wert, der sich nicht mathematisch oder statistisch bestimmen läßt. Das System der nationalen volkswirtschaftlichen Gesamtrechnung (aus dem sich das Bruttosozialprodukt ergibt) kann weder die globalen Dimensionen der Ozeane noch ihren unschätzbaren Wert für die Erhaltung menschlichen Lebens erfassen. Die westliche Lehre will objektiv und wertfrei sein und sich auf Wissenschaft, Technik und Wirtschaft stützen; die östliche Lehre dagegen ist in mehrfacher Hinsicht mit Werten befrachtet. Der abendländische Geist ist übermäßig individualistisch; der Osten hat eine ganzheitliche Weltanschauung und sieht im Individuum eine »Illusion«, es sei denn, es ist in die Gemeinschaft, in die Natur, in das Universum integriert. Diese Zusammenführung von Individualität und Gemeinschaft hat auch Auswirkungen auf die Begriffe »Besitz« und »Eigentum«. Der Heilige Buddha lehrte:

> »Nur weil die Menschen die Vorstellung von einer Ich-Persönlichkeit schätzen, hängen sie an der Idee des Besitzes, aber da es so etwas wie ein ›Ich‹ nicht gibt, kann es auch so etwas wie Besitztümer nicht geben. Wenn die Menschen in der Lage sind, diese Wahrheit zu erkennen, werden sie auch die Wahrheit der ›Nichtdualität‹ sehen.«

Im Gegensatz zu den Begriffen des römischen Rechts versteht die östliche Lehre das Eigentum als anvertrautes Gut, das verantwortungsbewußt zu verwalten ist: zum Wohl der gesamten Gemeinschaft und mit gebührendem Respekt vor der Natur, deren Teil die menschliche Gemeinschaft ist.

Hinduistische Wirtschaftslehre

Das Wertesystem, das dem Hinduismus zugrunde liegt, ist eine Mischung aus Materialismus und Spiritualismus. Die Wirtschaft muß danach auch nichtmaterielle Werte berücksichtigen, und damit gründen sich ihre Kernelemente auf die vedisch-ganzheitliche Ansicht über das Wesen des Menschen. Wirtschaft muß eine Unterkategorie der gesellschaftlichen und politischen Systeme sein. Für den Hindu hat der Mensch nicht nur den Drang zu überleben, aus dem sich das Bedürfnis nach Nahrung und Obdach ergibt, sondern auch den Drang, für andere zu sorgen. Demnach muß ein harmonisches Gleichgewicht zwischen Egoismus und Selbstlosigkeit gefunden werden oder zwischen den Bedürfnissen des einzelnen und denen der anderen; zwischen Spiritualismus und Materialismus.

Das Produktionssystem, das von Managern und Unternehmern im Sinn der hinduistischen Ethik geleitet würde, stellte im Idealfall keine Gegenstände her, die für andere schädlich sind. Entsprechend gäbe es keine Produktion von Waffen, Giftstoffen, Drogen, Filmen mit Gewalt oder Sex usw. Firmen, die Luft, Wasser oder Boden verschmutzen, würden nicht gegründet. Und die Unternehmen würden auch nicht durch energische Werbung unnötige Wünsche wecken.

Außerdem würde man keine Arbeiter entlassen und nicht um des Profits willen die Lebensfähigkeit traditioneller Gemeinschaften beeinträchtigen. Artha und Karma, die Erlangung von Wohlstand und Glück, dürfen nicht auf Kosten anderer geschehen. Andere ihrer Lebensgrundlagen zu berauben wäre ethisch nicht hinnehmbar.

Ziel der Wirtschaft ist nach dieser Vorstellung ein möglichst großes Glück in Verbindung mit umfassendem spirituellem, geistigem und ethischem Wachstum. Wohlstand hat demnach eine ganz andere Funktion als in der neoklassischen Lehre. Im Gegensatz zur Wohlfahrtsfunktion im Sinne Pigous mit ihrer einen Ordnung handelt es sich hier um eine Funktion mehrfacher Ordnung: Wenn jemand die eigenen Interessen verfolgt, erhält er daraus einen Nutzen einer bestimmten Ordnung; kümmert er sich um die Interessen seiner Angehörigen, ergibt sich ein Nutzen höherer Ordnung; und kümmert er sich um die Gesellschaft, in der er lebt, erhält er daraus einen Nutzen noch höherer Ordnung; die höchste Ordnung des Nutzens jedoch ergibt sich, wenn seine Visionen und Ziele alle Lebewesen – Menschen und andere – einschließen. Diese Vorstellung von Wohlfahrt würde die besitzorientierte Gesellschaft verändern: Die Erlangung von Besitz hätte nicht mehr das Ziel, privates Eigentum zu schaffen, sondern würde dem gesellschaftlichen oder allgemeinen Gewinn dienen.

Es gäbe auch keine Rechte an geistigem Eigentum wie Patente, Urheberrechte usw. Das Veda sagt: »Alles Wissen kommt von Gott.«[46]

Eine hinduistische Gesellschaft beruht im Idealfall auf folgenden Prinzipien:

- Ethik, Politik, Wirtschaft und Sozialstruktur bilden ein unteilbares Ganzes und begründen eine einheitliche Gesellschaft.
- Wirtschaftswissenschaft ist eigentlich die Wissenschaft vom Glück der Menschen. Ihr Ziel ist das Wohlergehen aller. Daraus ergibt sich die Grundvoraussetzung, daß alle die gleiche Würde besitzen und daß Leben und Wohlergehen jedes einzelnen Menschen zu respektieren sind. Für die Wirtschaftspolitik bedeutet das, daß die Befriedigung der Grundbedürfnisse (Wasser, Nahrung, Obdach) aller Menschen oberste Priorität hat.

- Der Mensch steht im Mittelpunkt aller wirtschaftlichen Überlegungen. Wirtschaftssysteme, die den Menschen und seine materiellen, geistigen, moralischen und spirituellen Bedürfnisse mißachten, sind sinnlos.
- Eine Wohlfahrtsökonomie, die sich auf den Menschen konzentriert, erfordert eine dezentralisierte Sozialökonomie. Das Ideal ist eine Wirtschaft der Gleichberechtigung, in der lebendige Wechselbeziehungen, gegenseitiger Kontakt und freiwillige Zusammenarbeit für alle Beteiligten möglich sind.
- Drei Viertel der Gesellschaft (der Gelehrte, der sozial Tätige und der *Sanyasi*) arbeiten in dem gemeinnützigen, freiwilligen Bereich kostenloser Ausbildung, sozialer Dienstleistungen und humanitärer Tätigkeiten, weil sie die Wahrheit erkannt haben. Damit vermindert sich beim restlichen Viertel der Druck hinsichtlich (bezahlter) Arbeitsplätze; außerdem erfordert es einen anderen Begriff des nationalen Wohlstands, bei dem auch unbezahlte Arbeit berücksichtigt wird.
- Es gibt kein absolutes Eigentumsrecht, sondern nur den Nießbrauch an Gaben, die von Gott treuhänderisch anvertraut wurden.
- In der Gesellschaft herrscht Vollbeschäftigung, weil jeder »beschäftigt« ist, sei es, um den eigenen Lebensunterhalt zu erwerben, sei es, um Dienstleistungen zu erbringen.
- Es gibt keine Anhäufung von Reichtum, sondern der Kreislauf des Geldes in der Wirtschaft ist sehr schnell und ein Mittel der materiellen und spirituellen Weiterentwicklung.

Das hinduistische System steht in vollkommenem Einklang mit der Natur. Da es sich auf die Vorstellung gründet, daß das Universum vom Göttlichen durchdrungen ist, macht es die Natur zu etwas Heiligem, das man respektvoll und nachdenklich zu behandeln hat. Das Ziel besteht darin, von der Erde soviel zu nehmen, wie sie nachhaltig geben kann, und sie nicht um des materiellen Überflusses willen über Gebühr auszubeuten.

Buddhistische Wirtschaftslehre

Die Wertesysteme von Hinduismus, Buddhismus und Gandhiismus sind nach Saigals Analyse eng miteinander verflochten. Im Buddhismus steht vor allem der Frieden im Vordergrund, der durch Gewaltlosigkeit und Wahrhaftigkeit zu erreichen ist. Frieden und Sicherheit müssen die Grundlage für gesellschaftliches Wachstum und Glück bilden.[47]

Die neoklassische Theorie geht von der Voraussetzung aus, daß alle Menschen in einer Wirtschaftsordnung rational handeln, und der Begriff der »vollkommenen Konkurrenz« unterstellt, daß alle über vollständige Informationen verfügen und die Zukunft voraussehen können. Im engeren Zusammenhang der Zuteilung von Ressourcen gab es die Variante der »unvollkommenen Konkurrenz«. Dieses »Ideal« führt bei den Menschen in einer Wirtschaftsordnung zu einheitlichen, gleichförmigen Handlungen und Ansichten, und daraus ergibt sich ein einzigartiges Gleichgewicht. Natürlich erkannten zahlreiche Wirtschaftswissenschaftler schnell, daß diese Sichtweise zwar bis zu einem gewissen Punkt nützlich war, aber auch engen Beschränkungen unterlag (mehr dazu beispielsweise in den Werken von John Maynard Keynes).

Die buddhistische Gesellschaft dagegen ist schon von ihrem Wesen her uneinheitlich und vielfältig. Jeder Mensch hat sein *Karma*, seine Schulden, die er bezahlen muß. Die für jeden Menschen unterschiedlichen Anfangsbedingungen führen zu höchst vielfältigen Handlungen und Verhaltensweisen. Das setzt intensive nichtlineare Wechselbeziehungen zwischen zahlreichen nichtrationalen Akteuren in Gang – im Gegensatz zur neoklassischen Theorie, in der rationale Akteure in einem linearen, statistisch vorhersagbaren Umfeld tätig sind.

Die fehlende Einheitlichkeit sowie die Einbeziehung ethischer, psychologischer und sozialer Faktoren in das Wirtschaftssystem münden zwangsläufig in mehrfachen Gleichgewichten, so daß sich einheitliche zukünftige Zustände nicht mehr voraussagen lassen. Unterschiedliche sozioökonomische Umfelder führen deshalb auch zu unterschiedlichen Wegen der Wirtschaftsentwicklung. So kommt es zu einer vielgestaltigen Weltwirtschaft. Auch im buddhistischen Verständnis kann kein Staat anderen überlegen sein oder sie beherrschen, denn das würde gegen die Ziele von Frieden und Harmonie sowie gegen das Verbot der Ausbeutung verstoßen.

Buddha war sich dessen natürlich völlig bewußt; deshalb gab er keine kategorischen Anweisungen, was man zu tun oder zu lassen hat, sondern er legte Werte fest, die dem einzelnen als Richtlinie für sein Handeln dienen sollten. Dieser flexible, anpassungsfähige Ansatz bewirkte, daß in unterschiedlichen soziokulturellen Umfeldern ganz unterschiedliche buddhistische Lehren aufblühten. Die buddhistische Wirtschaft wird so zu einem lern- und anpassungsfähigen System.

Die abendländische Wirtschaft, die im vorangegangenen Abschnitt beschrieben wurde, unterscheidet in der Regel zwei Arten von Werten: den Wert bei der Nutzung und den Wert beim Tauschen – nach Giarinis Terminologie Nutzungswert und Tauschwert. Das Bruttosozialprodukt mißt in der neoklassischen Wirtschaftslehre nur den Tauschwert, weil nur er vermarktet wird. Bedrohungswerte, das heißt solche, die das Glück der Menschen gefährden, wie beispielsweise Waffen, Drogen usw., fallen in die Kategorie der Tauschwerte und werden im Bruttosozialprodukt erfaßt, weil sie auf die Märkte gelangen. Eine buddhistische Wirtschaftsordnung würde solche Bedrohungswerte nicht nur *nicht* in das Bruttosozialprodukt einbeziehen, sondern sie sogar vom BSP *subtrahieren,* weil es sich nicht um »Güter«, sondern um »Schlechter« handelt (Giarini spricht vom »verminderten Wert«).

Hinter den Begriffen einer buddhistischen Wirtschaftsordnung steht als Triebkraft nicht die Technik wie im modernen System, sondern die Moral. Zu Buddhas Zeit war die Gesellschaft noch nicht so stark von Technik durchdrungen wie heute. Aber in einem Punkt kann man ziemlich sicher sein: Würde er sich unter heutigen Bedingungen über die Technik äußern, so würde er fordern, sie dürfe nur zu friedlichen Zwecken eingesetzt werden, die Umwelt nicht schädigen und nicht Armut, Arbeitslosigkeit oder Ausbeutung verursachen.

Manche Tätigkeiten, die der Gesellschaft schaden, wären verboten. In der einfachen Wirtschaftsordnung zur Zeit Buddhas lautete die Lehre:

> »Es gibt fünf Geschäfte, die ein Gläubiger nicht betreiben sollte. Welche fünf? Es sind: Handel mit Waffen, mit atmenden Geschöpfen, mit Fleisch, mit geistigen Getränken und mit Giften.«[48]

Jetzt können wir die wichtigsten Merkmale der buddhistischen Wirtschaftsordnung kurz aufzählen:

- Die Grundeinheit des Systems ist der Mensch, der als mehrdimensional betrachtet wird und viele Ordnungen der Nützlichkeit hat.
- Das Ziel des Systems ist ein möglichst großes Glück der Menschen in Verbindung mit umfassendem geistigem und moralischem Wachstum sowie einer Optimierung von Gesundheit und Wohlergehen.
- Die Gesellschaftsstrukturen müssen so gestaltet sein, daß weder Ausbeutung noch Gewalt darin vorkommen.
- Die Gesamtrichtung der Wirtschaft wird durch die Wechselbeziehungen vieler getrennter Einzeleinheiten (Menschen) bestimmt, die parallel handeln. Die Handlungen jedes einzelnen hängen von Zustand und Handlungen einer unbegrenzten Zahl anderer einzelner ab.
- Für die Wechselbeziehungen gibt es nur eine geringe äußere Steuerung;

sie orientieren sich vielmehr an einem inneren Wertesystem (»Selbstwahrnehmung«) und an dem Wunsch aller, den Zustand des *Nirwana* zu erreichen.
- Es gibt in der Wirtschaft viele Ebenen der Organisation und Interaktion: Familie, Gemeinde, Gesellschaft, Menschheit. Die Einheiten einer Ebene dienen als »Bausteine« für die nächsthöhere Ebene, aber auf eine Art, die nicht von Beherrschung geprägt ist.
- Während sich im System immer mehr Erfahrungen ansammeln, werden die Bausteine ständig umgestaltet und neu zusammengesetzt: Das System ist wandlungsfähig und paßt sich an.
- Die Einheiten sind nicht hierarchisch geordnet und haben die Freiheit, einen eigenen Weg zum Ziel zu verfolgen: Es gibt nur ein Ziel, aber viele Wege dorthin.

Damit entspricht die buddhistische Wirtschaftsordnung dem, was manche westlichen Ökonomen[49] als »anpassungsfähiges nichtlineares Netzwerk« bezeichnet haben.
Die ideale Wirtschaft, zu der dieser Weg führt, hat folgende Eigenschaften:

- Sie ist flexibel, anpassungsfähig und kreativ;
- sie beutet nicht aus, so daß Güter und Einkommen gleichmäßig verteilt werden;
- sie steht im Einklang mit der natürlichen Umwelt;
- sie reguliert sich selbst, was zur Beschränkung unnötigen Konsums führt, und
- sie ist kulturell bestimmt.

Damit entspricht die buddhistische Wirtschaft im Idealfall allen Bedingungen einer ökologischen Entwicklung, wie sie beispielsweise von Ignacy Sachs definiert wurde: Nachhaltigkeit von Gesellschaft, Wirtschaft, Ökologie und Kultur.[50] Darüber hinaus führt sie zu möglichst großem Glück der Menschen in der Gesellschaft und zu einer friedlichen, stabilen Weltordnung.

Gandhische Wirtschaftslehre

Über die »gandhische Wirtschaft« gibt es mittlerweile eine recht umfangreiche Literatur[51], und tatsächlich entspricht diese Wirtschaftsordnung der des gemeinsamen Erbes. Das Produktionsziel in einer gandhischen Wirtschaft wurde von Huq definiert als »die Maximierung der gesellschaftlich notwendigen Güter und Dienstleistungen und die Minimierung von Luxus und unnötigen Gütern, wobei die Beschränkung sich nicht nur aus den verfügbaren knappen Ressourcen ergibt, sondern auch aus einer übergeordneten ethischen Zielsetzung«. Produktion und Konsum von Luxusgütern zur Anregung der Nachfrage sind der gandhischen Wirtschaftsphilosophie ein Greuel. Gandhi selbst war sowohl aus ethischen als auch aus wirtschaftlichen Gründen ein Gegner dieses »auffälligen Konsums«.

Ein anderer wichtiger Faktor in Gandhis Modell war die lokale Produktion oder *swadeshi*. Die moderne Wirtschaftswissenschaft legt das Schwergewicht auf die Mobilität des einzelnen und die Konkurrenz auf der Grundlage des Eigeninteresses. Gandhis Lehre der Selbstlosigkeit dagegen betont die gesellschaftlichen Tugenden von Loyalität und Kooperation. Keine andere Vorstellung Gandhis macht dieses Prinzip besser deutlich als das *swadeshi*, der Geist in uns, der unsere Nutzung und Dienstleistungen auf die unmittelbare Umgebung beschränkt und das weiter Entfernte ausschließt. Demnach sind an Ort und Stelle angebaute und erzeugte Waren zu bevorzugen. Das gleiche gilt für den Arbeitsmarkt: Arbeitgeber sollen zunächst an Ort und Stelle das Reservoir unbeschäftigter Arbeitskräfte ausschöpfen, bevor sie solche aus anderen Städten oder Regionen anwerben. Entsprechend sind auch die Arbeitskräfte weniger bereit, einen örtlichen Arbeitgeber zugunsten einer anderswo angebotenen, attraktiveren Stelle zu verlassen. Kurz gesagt, sollten alle Akteure der Wirtschaft in einer Gemeinde, einer Region oder einem Staat alle Möglichkeiten ausschöpfen, untereinander in Geschäftsbeziehungen zu treten, und sich erst dann nach außen orientieren, um bessere Geschäfte abzuschließen. *Swadeshi* verlangt, die Nützlichkeit zu opfern.

Daß solche Konzepte mit der heutigen Theorie der nachhaltigen Entwicklung und ihrer Betonung lokaler Produktions- und Konsumgewohnheiten übereinstimmen, liegt auf der Hand.

In Saigals Zusammenfassung gibt es sieben gandhische Grundprinzipien:

- gewaltloser Besitz – *Treuhänderschaft*: Das Recht auf Privateigentum an Produktionsmitteln wird anerkannt, solange es in der Verantwortung gegenüber den Bedürfnissen der Gemeinschaft genutzt wird. Es ist *sarvodaya*, ausgeweitet auf das Unternehmen. Eigentum weit entfernter Körperschaften an Kapital und Land sowie Investitionen und Produktionsmethoden, die das *swadeshi* verletzen, aber auch übermäßige Gehälter und Spesenrechnungen sind mit der Treuhänderschaft nicht vereinbar. Treuhänderschaft steht auch im Einklang mit der Selbstverwaltung der Arbeiter, vorausgesetzt, diese handeln als Treuhänder.

- gewaltlose Produktion – *angemessene Technologie*: Der Begriff »angemessen« bezeichnet die Funktion der Produktion, mit der die Bedürfnisse der Menschen soweit wie möglich befriedigt werden. Nach Gandhis Lehre sollte man sich keiner Technologie bedienen, die Handarbeit ersetzt, solange es in der Gemeinschaft noch Arbeitslose gibt. Das folgt eindeutig aus seinen Begriffen von *sarvodaya, swadeshi*, Gewissen und Treuhänderschaft. Außerdem sollte angemessene Technologie weder dem Körper noch dem Geist oder der Seele schaden. Maschinen, so Gandhi, sollten nicht zum Wahn werden. Massenproduktion ja, aber bei den Menschen zu Hause.
- gewaltloser Konsum – *Besitzlosigkeit*: Die Besitzlosigkeit ergibt sich eigentlich aus dem Prinzip der Gewaltlosigkeit. Je weniger man besitzt, desto weniger verlangt man und desto besser ist man. Und besser wozu? Nicht um das Leben zu genießen, sondern um den persönlichen Dienst an den Mitmenschen zu genießen, einen Dienst, dem man sich mit Körper, Seele und Geist widmet. Jeder hat das Recht, grundlegend Notwendiges zu verbrauchen, aber für die Elite und die Mächtigen gilt die goldene Regel: ablehnen, was auch Millionen andere nicht haben können, und die eigenen Wünsche nicht vermehren.
- gewaltlose Arbeit – *niedrige Arbeit*: Durch sämtliche Schriften Gandhis zieht sich wie ein roter Faden die große Bedeutung der Arbeit für die Persönlichkeitsbildung. Die Anregung zur Lehre von der niedrigen Arbeit stammt von Ruskin, Tolstoi und der *Gita*. Gandhi schreibt:

  »Ich kann mir nichts Edleres oder Vernünftigeres vorstellen, als daß wir beispielsweise eine Stunde am Tag all die Arbeiten verrichten, die Arme verrichten müssen, um uns so mit ihnen und mit der ganzen Menschheit zu identifizieren.«[52]

  Gandhi wies aber darauf hin, man könne niemals jemanden zu niedriger Arbeit zwingen, sonst werde sie zu Armut, Krankheit und Unzufriedenheit führen.
- gewaltlose Arbeitsteilung – *Kooperation*: Gandhi glaubte nicht an den Wettbewerb, weil dieser in der Mehrzahl der Fälle zu Gewalt führt. Im Wettbewerb sah er den Höhepunkt einer materialistischen, diesseitigen Lehre, welche die Bevölkerung herabwürdigt. Wettbewerb, der sich auf Angst und Unsicherheit gründet, bringt Habgier und Gewalt hervor. Kooperation dagegen appelliert an unsere menschliche Seite, an unser

Bedürfnis, anderen zu dienen. Allerdings war Gandhi sehr an dem Hinweis gelegen, daß echte (gewaltlose) Kooperation nur stattfinden kann, wenn die grundlegenden materiellen Bedürfnisse befriedigt sind. Das gilt für die Ebene des einzelnen (niedere Arbeiten) ebenso wie für die lokale Ebene des Dorfes (*swadeshi*). Das Problem des Mangels wird danach vor allem durch die Institutionalisierung niederer Arbeiten und einer lokal ausgerichteten Wirtschaft gelöst, die beide dazu beitragen, intern die Wünsche zu vermindern, was zu einer harmonischen Gesellschaft führt.

– gewaltlose Verteilung – *Gleichberechtigung*: Gleichberechtigung bedeutete für Gandhi im wesentlichen zweierlei: Erstens hat jeder ein Grundrecht auf Leben, das heißt auf die Befriedigung der grundlegenden Lebensbedürfnisse und auf ein menschenwürdiges Leben als Teil der Gemeinschaft mit anderen. Was die Mittel zum Erreichen dieses Ziels angeht, verurteilte er nachdrücklich die Mildtätigkeit, die Verteilung kostenloser Mahlzeiten an Menschen, die keine Arbeit finden; er setzte sich aber dafür ein, allen Arbeitswilligen einen Arbeitsplatz zu garantieren. Und zweitens ist Gleichberechtigung das Fehlen von Ausbeutung. Er setzte sich für nichtausbeuterische Beziehungen zwischen Kapital und Arbeit ebenso ein wie dafür, daß die Handarbeit nicht von der geistigen Arbeit und vor allem das Land nicht von der Stadt ausgebeutet wird. Hier finden wir wiederum eine Übereinstimmung zwischen Gandhis Überlegungen zu den Problemen von Arbeit, nachhaltiger Beschäftigung und der Würde der Arbeit einerseits und der postindustriellen Denkweise andererseits, wie sie von Giarini entwickelt wurde – garantierte Arbeitsplätze, deren Bezahlung zur Befriedigung der Grundbedürfnisse (Wohnung, Nahrung, Gesundheit, Bildung) ausreicht und die durch »freie Unternehmungen« und/oder (unbezahlte) gemeinnützige Arbeiten ergänzt werden.
– Gewaltlosigkeit – *Reform der Wirtschaftssysteme*: Gandhi war kein Freund des Kapitalismus. Ganz im Gegenteil: Er widmete einen großen Teil seines Lebens der Aufgabe, dieses System zu zerstören. Aber die Zerstörung einer Ideologie durfte nach seiner Überzeugung nicht mit Gewalt geschehen. Der Kapitalist mußte erlöst und zum Treuhändertum bekehrt werden.

Gandhi war auch eindeutig ökologisch orientiert. Zur Ökologie gelangte er durch seine Betonung der Gewaltlosigkeit. Frieden war nach seiner Überzeugung etwas Umfassendes, das nur zu erreichen war, wenn man Harmonie erlangte – und zwar nicht nur in dem sozialen Sinn des Friedens zwischen Personen, sondern auch in der umfassenderen Bedeutung des Friedens zwischen Menschen, Tieren und Pflanzen. Er war aufgeschlossen für den Gedanken, ein Gleichgewicht zwischen den Menschen und ihrer Umwelt herzustellen. Als er die indischen Massen aufforderte, Baumwolle zum eigenen Gebrauch zu spinnen, wollte er damit bei ihnen nicht nur Selbstbewußtsein und Selbstwertgefühl fördern, sondern auch mit einem Minimum an Kapital die Umwelt schützen. Er hatte die Vorstellung, das wirtschaftliche Schwergewicht vom Kapital auf die Arbeit zu verlagern.

Islamische Wirtschaftslehre

Was die Lehren des Korans betrifft, bestätigt Saigals Schlußfolgerung die Ergebnisse einer früheren Studie, die von der *International Union for the Conservation of Nature* durchgeführt wurde. Die islamische, auf den Koran gegründete Kultur hat für die Entwicklung einer Vorstellung von ökonomisch-ökologischer Nachhaltigkeit eine Menge zu bieten.

Der Koran betrachtet alles in der Natur als gemeinsames Eigentum aller Geschöpfe. Menschen haben das Recht, natürliche Ressourcen zu nutzen, aber nur im Sinn des Nießbrauchs, das heißt als das Recht, das Eigentum eines anderen zu gebrauchen unter der Bedingung, daß wir das anvertraute Gut nicht beschädigen, zerstören oder vergeuden. Nach dem islamischen Recht gelten die Grundelemente der Natur wie Land, Wasser, Luft, Feuer, Wälder, Sonnenlicht usw. als gemeinsames Eigentum aller – und zwar nicht nur aller Menschen, sondern aller Lebewesen. Die juristischen Regeln und Prinzipien des Islam sind in dieser Frage eindeutig und klar; sie gründen sich auf den Koran, der beispielsweise folgendes besagt:

> »Wahrlich, die Erde ist Allahs;
> Er vererbt sie,
> wem Er will
> unter Seinen Dienern,
> und der Ausgang ist
> für die Gottesfürchtigen.« (7:128)

> »Sein ist, was in den Himmeln
> und was auf der Erde ist.« (22:64)

Abu al-Faraj, einer der ersten islamischen Gelehrten, schreibt dazu:

> »Eigentlich besitzen die Menschen nichts, denn der wahre Eigentümer ist der Schöpfer; sie erfreuen sich nur des Nießbrauchs der Dinge, der dem göttlichen Gesetz unterliegt.«[53]

Weiter erklärt der Koran, wie wir die natürlichen Ressourcen nutzen sollen – nämlich mäßig und ohne sie zu vergeuden:

> »Doch überschreitet das Maß nicht;
> wahrlich, Er liebt nicht die Unmäßigen.« (7:31)

Auf der Erde, dem vielleicht einzigen belebten Planeten im Universum, ist alles in einem schönen, äußerst raffinierten, komplizierten natürlichen Gleichgewicht verwoben.[54] Der Koran weist die Menschen mehrfach an, dieses Gleichgewicht aufrechtzuerhalten und die Ordnung der Natur nicht durcheinanderzubringen. Eine Störung des Gleichgewichts könnte dazu führen, daß die Menschheit ausgelöscht und durch andere Geschöpfe ersetzt wird. Der Koran sagt:

> »Sehen sie denn nicht, wie so manches
> Geschlecht Wir schon vor ihnen
> vernichtet haben?
> Diese hatten Wir auf der Erde festgesetzt,
> wie Wir euch nicht festgesetzt haben;
> und über sie sandten Wir Wolken,
> reichlichen Regen ergießend;
> und unter ihnen ließen Wir
> [fruchtbare] Ströme fließen;
> dann aber tilgten Wir sie aus
> um ihrer Sünden willen
> und erweckten nach ihnen
> ein anderes Geschlecht.« (6:6)

Die Vorstellung vom Menschen als Treuhänder zielt darauf ab, die große Kluft zwischen Arm und Reich zu beseitigen. Der Begriff des Treuguts (*amanah*) gründet sich auf die Überzeugung, daß Kapitalisten und Grundbesitzer ihren angehäuften Reichtum in ein Treuvermögen einbringen sollen, das für die gemeinsame Nutzung durch die Gesellschaft zur Verfügung steht. In einer islamischen Gesellschaft, so die Lehre des Korans, sind Nahrung, Kleidung, sauberes Trinkwasser, Wohnung, Sicherheit, Frieden und Lebensunterhalt unveräußerliche Rechte jedes Menschen.

Im Islam hat man den eigenen Reichtum mit jenen zu teilen, die nur über begrenzte Mittel verfügen, und man hat sich an den Arbeiten zu beteiligen, die der Gesamtgesellschaft nutzen. Überschüssiger Reichtum sollte dem gemeinsamen Wohlergehen der Gesellschaft zugute kommen. In dieser Hinsicht macht der Koran eindeutige, bedingungslose Aussagen. Er tritt für die Rechte der Bedürftigen und Notleidenden ein, auch für jene, die den Reichtum der Wohlhabenden nicht in Frage stellen.

Bestimmte Geschäftspraktiken sind jedoch verboten. Dazu gehören in allererster Linie diejenigen, die in dieser oder jener Hinsicht betrügerisch sind, aber auch der Handel mit Waren, die als unrein gelten, wie Wein, Schweinen, Tieren, die nicht durch eine rituelle Schlachtung gestorben sind, und mit Gütern, die als Eigentum aller gelten, wie Wasser, Gras und Feuer. Andere Verbote richten sich gegen Methoden, die ein ungehindertes Funktionieren der Wirtschaft verhindern. Deshalb ist es zum Beispiel nicht gestattet, mit Lebensmitteln zu spekulieren und besonders sie zu horten. Vor allem aber sind alle Verkäufe untersagt, die ein Element der Unsicherheit enthalten. Dazu gehören zum Beispiel Versteigerungen, bei denen der Verkäufer nicht weiß, welchen Preis er für den verkauften Gegenstand erzielen wird, und Geschäfte, bei denen die Warenmenge (zum Beispiel die Früchte einer Palme) sich nicht in genauen Zahlen fassen läßt, selbst wenn der Preis festgelegt ist.

Der Islam verbietet auch die sogenannte *riba*. Das arabische Wort *riba* bedeutet wörtlich »Überschuß« oder »Zuwachs«. Nach der orthodoxen Lehre betrifft dieses Verbot alle Arten von Zinsen, aber mittlerweile setzt sich auch eine neuere Ansicht durch, wonach es sich nur auf Wuchergeschäfte bezieht. Danach verlangt die Vorschrift des Korans, nach dem »Allah doch Handel erlaubt und Zinsnehmen untersagt hat« (2:275), nicht einfach den Verzicht auf Zinsen, sondern diese müssen durch einen legitimen finanziellen Mechanismus abgelöst werden, der eine ungleiche Verteilung der Güter nicht fortsetzt oder überhaupt erst bewirkt.[55]

Diese Frage bleibt umstritten. Saigal neigt zur orthodoxen Meinung, daß Zinsen nicht gestattet sind, und beurteilt auf dieser Grundlage auch ihre Wirkungen auf eine nachhaltige Entwicklung.

Der Verzicht auf Zinsen galt in der Hauptrichtung der (modernen) Wirt-

schaftswissenschaft als Zeichen der Rückständigkeit. Aber islamische Banken eröffneten und gediehen nicht auf der Grundlage von Zinsen, sondern durch gleichmäßige Beteiligung an Investitionen. Interessanterweise ähneln sie damit stark den modernen Risikokapitalinstitutionen, die in der heutigen Gesellschaft das wichtigste Mittel zur Förderung innovativer Entwicklungen sind. In dieser Hinsicht stehen das islamische System und die Ermahnung des Korans an Menschen mit Abenteuerlust und Unternehmergeist im Einklang mit der postindustriellen Gesellschaft, in der Produktion und Innovation als wichtigste wirtschaftliche Triebkräfte gelten.[56]
Diese Prinzipien münden in einem System, in dem niemand Reichtum und Eigentum »besitzt« und das deshalb von Gleichberechtigung, Unternehmertum und Mildtätigkeit gekennzeichnet ist. Die Gesellschaft, die aus einem solchen Wirtschaftssystem erwächst, wäre eine friedliche Bruderschaft gleichberechtigter Menschen, in der es keine Ausbeutung gibt. Wenn man keine Zinsen verlangt, rechnet man auch nicht die Zukunft gegen die Gegenwart auf, so daß die Interessen zukünftiger Generationen mit berücksichtigt werden.[57]
Jedes System, das sich als islamisch bezeichnet, müßte also im Idealfall folgenden Kriterien genügen:

- Die ganze Schöpfung ist im wesentlichen eine Einheit und unterliegt nur den Gesetzen Gottes.
- Menschen handeln als Treuhänder oder können sogar den höheren Rang eines Stellvertreters Gottes erlangen, wenn sie mit ihren Taten zu einer besseren Weltgesellschaft beitragen.
- Die am wenigsten privilegierten Mitglieder der Gesellschaft haben als erste Anspruch auf ihre Ressourcen, so daß wirtschaftlicher Fortschritt und gesellschaftliche Harmonie gleichzeitig erreicht werden.
- Die göttlichen Gesetze müssen in unterschiedlichen gesellschaftlichen Zusammenhängen und nach den wechselnden Notwendigkeiten der jeweiligen Zeit gedeutet werden, was zu kultureller Vielfalt führt.
- Den Menschen ist es nicht uneingeschränkt gestattet, ihre privaten Rechte auszuüben: Sie müssen die Bedürfnisse der Gesellschaft und besonders ihrer am wenigsten privilegierten Mitglieder berücksichtigen, und ebenso müssen sie daran denken, daß sie in allen Fragen Gott Rechenschaft ablegen müssen, dessen Treuhänder sie sind.
- Wirtschaftswachstum und die Verteilung des Reichtums sind nicht zwei getrennte Vorgänge, sondern sie sind eng miteinander verwoben, so daß sich ein nahtloses Geflecht aus Ursachen und Wirkungen ergibt.

- Jeder Mensch hat während seines gesamten Lebens ein Recht auf Erfüllung und Glück.
- Alle Geschöpfe haben ein Recht auf die Reichtümer der Welt; man muß andere Geschöpfe auf die gleiche Weise lieben und bewahren, wie Gott es tut.

Prinzipien und Richtlinien für die Wirtschaft des gemeinsamen Erbes im 21. Jahrhundert

In den ethischen Dimensionen wirtschaftlichen Denkens bestehen also tief verwurzelte kulturelle Unterschiede. Und es gibt, nebenbei bemerkt, auch wichtige Unterschiede *innerhalb* der einzelnen Kulturen. In den Städten herrscht eine andere Ethik als auf dem Land. Die Armen haben eine andere Ethik als die Reichen, die Älteren eine andere als die Jüngeren, Frauen eine andere als Männer. Hier einen gemeinsamen Nenner zu finden ist nicht einfach. Aber das Wesen der Weltmeere, in denen alles fließt und mit allem anderen in Wechselbeziehung steht, in denen Unsicherheit herrscht und der bei weitem größte Teil der Werte nicht quantitativ zu erfassen ist, zwingt uns offenbar grundsätzlich zu einer neuen Denkweise und führt unsere abendländischen Vorstellungen vom Eigentum näher an die Begriffe heran, die während des größten Teils der Geschichte bei der Mehrzahl der Menschen vorherrschten. Genau diese Wirkung kann oder könnte der Begriff vom gemeinsamen Erbe der Menschheit haben, wenn er als gemeinsamer Nenner weiterentwickelt wird und im nächsten Jahrhundert die Grundlage für die nachhaltige Entwicklung in einem neuen Wirtschaftssystem bildet.
Natürlich muß dieser gemeinsame Nenner, die Grundlage eines Manifests für das gemeinsame Erbe, etwas Einfaches sein, aber er darf nicht der kleinste gemeinsame Nenner sein, sondern der größte. Je einfacher seine Aussagen sind, desto besser werden sie weitervermittelt werden und desto länger werden sie erhalten bleiben.
Vorläufig können wir aus den Überlegungen in diesem Kapitel folgende Prinzipien ableiten:

1. Ganzheitlicher Ansatz[58]

Wirtschaft hat soziale, politische, ökologische, kulturelle und ethische Dimensionen. Sie muß sich auf den ganzen Menschen konzentrieren, und ihr Ziel ist das Wohlergehen aller.

2. **Dezentralisierung, gemeinsame Bewirtschaftung auf gemeinschaftlicher Basis**
Die Auswirkungen der Hochtechnologie sowie die Prinzipien und Methoden modernen Managements zielen in die gleiche Richtung wie die Ideen und Ideale der nichtabendländischen Religionen, die das Schwergewicht auf Gemeinschaftseigentum und eine dezentrale, soziale Wirtschaft legen, wie sie sich im Gandhiismus verkörpert. Dazu gehören:

- Schonung der Ressourcen durch größere Disziplin der Verbraucher, sparsamerer Umgang mit Energie, Verminderung des Verkehrs zu Spitzenzeiten und eine bessere Organisation von Produktion und Verteilung der Waren;
- Verminderung des Konsums durch »freiwillige Einfachheit« und Selbstbeschränkung;
- Anerkennung des Prinzips, wonach materieller durch immateriellen Verbrauch ersetzt wird: Man verbraucht weniger Güter und Dienstleistungen oder verbringt weniger Zeit mit marktorientierten wirtschaftlichen Tätigkeiten, und statt dessen widmet man mehr Zeit nicht wirtschaftlich geprägten Tätigkeiten, und/oder man produziert in kleinem Umfang umweltfreundliche Güter für den Eigenverbrauch;
- Verminderung der Notwendigkeit des innerstädtischen Verkehrs durch Umgestaltung der Städte und
- Verminderung des Ferntransports von Rohstoffen und Waren durch bessere Verflechtung der lokalen und regionalen Wirtschaft.

3. **Gleichberechtigung**
Das Ziel der Wirtschaft ist nicht das größtmögliche Gute für die größtmögliche Zahl (was bedeuten könnte, daß es 51 Prozent der Bevölkerung freisteht, die übrigen 49 auszubeuten!), sondern das Wohlergehen aller. Daraus ergibt sich als Grundvoraussetzung, daß alle die gleiche Menschenwürde genießen und daß Leben und Wohlergehen jedes einzelnen zu respektieren sind. Auf die Wirtschaftspolitik übertragen, bedeutet das, daß die Befriedigung der grundlegenden materiellen Bedürfnisse (Wasser, Nahrung, Wohnung, Gesundheit, Bildung) aller Menschen oberste Priorität genießt.

4. **Geistiges Eigentum**
Das Recht auf geistiges Eigentum muß möglicherweise im wirtschaftlichen

Zusammenhang des Informationszeitalters und vor dem Hintergrund der nachhaltigen Entwicklung überarbeitet und neu definiert werden.[59]

5. Unsicherheit

Entscheidungen der sozioökonomischen Politik müssen stets unter dem Gesichtspunkt der Unsicherheit gefällt werden, die in der Natur des Systems liegt. Die Unsicherheit läßt sich vermindern – aber nicht beseitigen –, wenn man das *Vorsorgeprinzip* und neue Konzepte des *Risikomanagements* anwendet, wie sie derzeit von Fachleuten der Versicherungswirtschaft entwickelt werden. Weiter verringern läßt sie sich, wenn Erkenntnisse, die mit verbesserten wissenschaftlichen und technischen Methoden gewonnen werden, sich mit solchen, die man durch alte Weisheit und Erfahrung erhält, in gemeinschaftsorientierten, kooperativ verwalteten Systemen verflechten.

6. Arbeit

Arbeit ist als Ausdruck der Persönlichkeitsentwicklung und Selbsterfüllung ein grundlegendes Menschenrecht. Die Theorien der postindustriellen Gesellschaft und die Ideale der restlichen Kulturen unterscheiden übereinstimmend zwischen »Arbeit« und »bezahlter Beschäftigung«, und sie weisen darauf hin, wie wichtig das »Dienen« ist. Daraus folgt:

- eine garantierte bezahlte Mindestbeschäftigung für alle, die zur Befriedigung der grundlegenden Lebensbedürfnisse – Wohnung, Nahrung, medizinische Versorgung und Bildung – ausreicht;
- eigenständige Tätigkeit und »freies Unternehmertum« in der Zeit, die bei Teilzeitbeschäftigung übrigbleibt, zur Steigerung des Einkommens und zur Schaffung von Ersparnissen;
- eine Lebensphase, die dem unbezahlten Dienst an der Gemeinschaft gewidmet ist und das gemeinsame Erbe stärkt, wobei gleichzeitig zurückgezahlt wird, was die Gemeinschaft in früheren Lebensstadien zur Verfügung gestellt hat, und
- die Verwirklichung dieser Vorstellungen auf der Ebene der lokalen Gemeinschaft und auf der Grundlage gemeinsamer Bewirtschaftung.

7. Reichtum

Reichtum setzt sich aus verschiedenen Ressourcen zusammen – aus lebenden, genetischen, unbelebten und spirituellen, aber auch aus Kapital, Arbeit oder Dienstleistungen; und Reichtum besteht nicht aus Strömen, sondern aus Vorräten. Er muß mit Indikatoren für menschliche Entwicklung gemessen werden, das heißt mit wirtschaftlichen, sozialen, kulturellen und ökologischen Indikatoren, aber nicht mit BSP oder BIP; außerdem muß berücksichtigt werden, welche Wertminderung aus Tätigkeiten erwächst, die nicht zur Schaffung wirklichen Reichtums und Wohlergehens beitragen.

8. Wert

Der Wert von Gütern ist nicht ihr Tauschwert (Marktwert), sondern ihr Nutzungswert. Der Wert eines Produkts ist um so größer, je länger es durch bezahlte oder unbezahlte Tätigkeiten wie Ausbildung, Wartung, Reparatur, Umbau, Wiederverwertung und Entsorgung erhalten bleibt.

9. Eigentum

Die Meere und ihre Ressourcen sind das gemeinsame Erbe der Menschheit: »Ressourcen« sind unbelebte, lebende und genetische Ressourcen. Sie müssen nachhaltig bewirtschaftet werden, unabhängig davon, ob sie sich in nationalen Hoheitsgewässern, auf hoher See oder im Gebiet des internationalen Meeresbodens befinden. Dabei sind die Bedürfnisse zukünftiger Generationen zu berücksichtigen, und besondere Beachtung muß man den Erfordernissen armer Staaten und Menschen schenken, wobei die Ausrottung der Armut das Ziel ist. Ressourcen sind ausschließlich friedlichen Zwecken vorbehalten, denn Frieden und Sicherheit sind Grundvoraussetzungen für eine nachhaltige Entwicklung.
Damit wird das Prinzip des gemeinsamen Erbes der Menschheit zur Grundlage für nachhaltige Entwicklung, und zwar nicht nur in den Ozeanen, sondern auf der ganzen Welt. In Übereinstimmung mit den Kulturen, zu denen der überwiegende Teil der Menschen gehört, ist nachhaltige Entwicklung vom Reichtum der Ozeane auf den Reichtum im allgemeinen zu erweitern. Dieser Reichtum »gehört« den Menschen – einzeln oder im Kollektiv – nicht, sondern ist ihr Treugut und muß auf der Grundlage der Kooperation zwischen den Institutionen der Regierungsgewalt auf lokaler, nationaler, regionaler und globaler Ebene verwaltet werden.

10. Nationale/internationale Einnahmen

Steuereinnahmen können je nach dem Umfang der benötigten Dienstleistungen zwischen den Ebenen der Regierungsgewalt – Gemeinde, Nation, Region, ganze Welt – aufgeteilt werden. Nach und nach kann eine Entwicklungssteuer für alle kommerziellen Nutzungen des weltweiten Gemeineigentums erhoben werden, wobei die Ozeane den Anfang machen; und es können Steuern auf Tätigkeiten erhoben werden, die eine Wertminderung herbeiführen; dies steht im Einklang mit der ethischen Forderung, den Handel mit Waffen, Drogen usw. zu verbieten.

11. Anpassungsfähiges nichtlineares Netzwerk

Die Gesamtrichtung der Wirtschaft wird durch die Wechselbeziehungen vieler Einzeleinheiten (Menschen) bestimmt. Die Tätigkeit jeder Einheit hängt vom Zustand und den Tätigkeiten einer unbegrenzten Zahl anderer Einheiten ab; das führt zwangsläufig zu einem System vielfacher Gleichgewichte, so daß es unmöglich wird, einzelne Zustände für die Zukunft vorauszusagen. Die Einheiten sind nicht hierarchisch geordnet, und es steht ihnen frei, einen eigenen Weg zum Ziel zu verfolgen; es gibt viele Wege, aber nur ein Ziel. Auf diesem Weg sollte man zu einer Wirtschaft gelangen, die folgende Eigenschaften hat:

- Sie ist flexibel, anpassungsfähig und kreativ.
- Sie beutet nicht aus, so daß Güter und Einkommen gleichmäßig verteilt werden.
- Sie steht im Einklang mit der natürlichen Umwelt.
- Sie reguliert sich selbst, was je nach Kultur unnötigen Konsum einschränkt.

12. Gewaltlosigkeit

Das sozioökonomische System der nachhaltigen Entwicklung gründet sich auf Gewaltlosigkeit; sie gilt für Eigentum, Produktion, Konsum, Arbeit, Zuweisung, Verteilung und die Reform der Wirtschaftssysteme. Alle Meinungsverschiedenheiten sind friedlich beizulegen; dazu müssen je nach Bedarf auf allen Ebenen der Regierungsgewalt geeignete Mechanismen geschaffen werden.

4. Ozeanische Perspektiven: Recht

In diesem Kapitel möchte ich die Perspektive des Landes der Perspektive des Meeres gegenüberstellen. Das Meer ist ein anderes Medium als das trockene Land, und deshalb zwingt es uns, anders zu denken. Genau wie man die Gesetze der Schwerkraft nicht im Weltraum anwenden kann, so funktionieren auch viele »landgestützte« Begriffe im Umfeld der Ozeane nicht. Zu diesen Begriffen gehören das Eigentum im Sinn des römischen Rechts, die staatliche Souveränität im Sinn des »Westfälischen Friedens« und die »Landesgrenzen«, an die sich weder Fische noch Umweltverschmutzung halten. Das Kapitel konzentriert sich auf den Begriff vom gemeinsamen Erbe der Menschheit mit seinen Dimensionen von Wirtschaft, Ökologie und Abrüstung sowie auf seinen Zusammenhang mit »nachhaltiger Entwicklung« und »umfassender Sicherheit«. Es beginnt mit einer Analyse des UN-Seerechtsübereinkommens, wobei die juristischen und möglicherweise kurzlebigen Einzelheiten nur gestreift werden; das Schwergewicht liegt auf den wirklich neuen Begriffen und Prinzipien dieser »Verfassung für die Ozeane«, die »systemverändernd« wirken und die Grundlage für den ganzen vom UN-Umweltgipfel (Rio de Janeiro, 1992) ausgehenden Prozeß bilden. Das alles wird aus dem breiteren Blickwinkel einer Umstrukturierung des UN-Systems betrachtet.

Die Konvention: ein Überblick

Die Seerechtskonvention der Vereinten Nationen wurde 1982 in Montego Bay auf Jamaika verabschiedet; vorausgegangen waren fünfjährige Vorbereitungsarbeiten des *Committee on the Peaceful Use of the Sea-Bed and the Ocean Floor beyond the Limits of National Jurisdiction* (1968–1973) und die neun Jahre währenden Arbeiten der *Third United Nations Conference on the Law of the Sea* (UNCLOS III, 1973–1982). Die Konvention stellt einen Durchbruch dar in der Geschichte des Völkerrechts und der internationalen Beziehungen. Sie war der Ausgangspunkt eines Prozesses, der sich mit dem Umweltgipfel von 1992 und seinen vielen Nachfolgekonferenzen, -übereinkommen und -programmen fortsetzte und weiterentwickelt wurde[1], und sie zielt auf die neue politische, soziale und wirtschaftliche Welt des 21. Jahrhunderts.

Die Konvention besteht aus 17 Teilen mit 320 Artikeln sowie 9 technischen Anhängen. Man kann sie grob in drei große Abschnitte gliedern: Der erste umfaßt die Teile I bis IX und hat territorialen Charakter. Er definiert eine neue räumliche Aufteilung der Ozeane sowie die Rechte und Pflichten der Staaten in diesen Räumen. Damit schließt die Konvention einige Lücken, welche die erste und zweite UN-Seerechtskonferenz (UNCLOS I, 1958, und UNCLOS II, 1960) offengelassen hatten: Sie bestimmt die Grenzen der Küstenmeere (12 Seemeilen, gemessen von der Grundlinie), der Anschlußzone (weitere 12 Meilen), des Festlandsockels (höchstens 350 Kilometer von der Grundlinie) und die Hochsee mit ihren Freiheiten, deren Größe durch die Ausweitung der nationalen Rechtsprechung auf den Raum der Ozeane stark geschrumpft ist. Das Übereinkommen schafft drei neue Arten des Meeresraums: erstens die ausschließliche Wirtschaftszone (200 Meilen, gemessen von der Grundlinie) mit einer ganz neuen Kombination aus funktionaler und territorialer Gewalt, von der noch genauer die Rede sein wird; zweitens die Archipelstaaten mit den Archipelgewässern – riesige Gebiete der früheren Hochsee, die jetzt durch Grundlinien zwischen den äußersten Inseln und Riffen des Staates eingeschlossen werden; und drittens das in Zukunft vielleicht wichtigste Element, das »Gebiet«, das den Meeresboden und den Meeresuntergrund jenseits der Grenzen des Bereichs nationaler Hoheitsbefugnisse umfaßt; das Gebiet wird von der »Behörde« verwaltet, und zwar nach dem Prinzip des gemeinsamen Erbes der Menschheit.

Teil XI, das Kernstück der Konvention, definiert diese Vorgehensweise mit ihrer Kombination aus funktionalen und territorialen Merkmalen. Mit »territorial« ist gemeint, daß das betreffende Gebiet bis zum Jahr 2004, zehn Jahre nach dem Inkrafttreten der Konvention, durch »Grenzen« umrissen werden soll. Da diese Grenzziehung eine sehr komplizierte Aufgabe ist, wird daran eine Kommission mitwirken, welche die Grenzen der Festlandsockel feststellt. »Funktional« ist die Vorgehensweise, weil die Behörde begrenzte Funktionen (Kontrolle und Verwaltung bei Erkundung und Nutzung mineralischer Bodenschätze im Gebiet und ähnliche Tätigkeiten) durch ausschließliche Rechte wahrnimmt, die im Gebiet parallel zu gemeinsamen Rechten (wissenschaftliche Forschung) und den Rechten der Staaten im Gebiet (zum Beispiel Suche nach Bodenschätzen) bestehen. Das Gebiet ist ausschließlich friedlichen Zwecken vorbehalten.

Nach dem Übereinkommen, das 1982 von 117 Staaten und 2 nichtstaatlichen Institutionen verabschiedet und unterzeichnet wurde, hat die Behörde folgende Organe:

- eine Versammlung, in der alle Teilnehmerstaaten vertreten sind; sie stellt das oberste Organ der Behörde dar und bestimmt ihre Richtlinien;
- einen Rat aus 36 sorgfältig ausgesuchten Mitgliedern, die nach den Prinzipien der regionalen Vertretung und der Interessenvertretung gewählt werden; er ist das Exekutivorgan der Versammlung. Dem Rat stehen unterstützend und beratend zwei Expertenkommissionen mit jeweils 15 Mitgliedern zur Seite: die Kommission für wirtschaftliche Planung sowie die Rechts- und Fachkommission;
- ein Sekretariat unter Vorsitz des Generalsekretärs, der gleichzeitig der Leiter der Behörde ist;
- ein Unternehmen, das den ausführenden Arm der Behörde darstellt und sich unmittelbar an Erkundung, Bergbau, Verarbeitung und Vermarktung beteiligt, wobei das Interesse der gesamten Menschheit und besonders das der armen Länder zu beachten ist. Die Entwicklungsländer hatten die Hoffnung, sie könnten sich über das Unternehmen an diesen hochtechnisierten Arbeiten beteiligen, die sonst nur den Industriestaaten möglich sind.

Die Erkundung und Ausbeutung der Manganknollen sollten nach einem sogenannten *Parallelsystem* erfolgen, das heißt, sie können einerseits vom besagten Unternehmen in Angriff genommen werden, andererseits aber auch von Staaten und Firmen auf der Grundlage von Lizenzen, die von der Behörde gegen Zahlung von Gewinnbeteiligungen vergeben werden. Eine dritte Art von Geschäften wird zwar von mehreren Entwicklungsländern leidenschaftlich befürwortet, fand aber nur skizzenhaft Eingang in das Abkommen: der Betrieb von Joint-ventures.
Das Parallelsystem war ein Zugeständnis an die USA, die es 1976 vorschlugen und durchsetzten. Es war wohl nicht die beste Lösung, denn es stellt die Staaten und Firmen in Konkurrenz zum Unternehmen, und das führte zu endlosen Problemen, besonders im Zusammenhang mit den Zahlungen an die Behörde und dem Technologietransfer. Auch Produktionsbeschränkungen, mit denen die landgestützten Produzenten der Bodenschätze, die man vom Meeresboden gewinnen wollte (Nickel, Kupfer, Kobalt und Mangan), während einer Übergangszeit vor dem Verlust ihrer Exporterlöse geschützt werden

sollten, waren den Fürsprechern des freien Unternehmertums ein Dorn im Auge.
Fünfzehn Jahre nach Beginn der ersten kommerziellen Bergbautätigkeit sollte auf einer Konferenz überprüft werden, ob das Parallelsystem funktioniert – ob also das Unternehmen mit der Privatwirtschaft Schritt halten kann, ob das Gebiet ausschließlich zu friedlichen Zwecken genutzt wird und ob andere grundlegende Fragen wirklich zur Zufriedenheit beantwortet werden können. Würden Fehlschläge festgestellt, müßte man naturgemäß die Konvention ergänzen.
Teil XI hat eine grundlegende Schwäche: Er wurde nicht nach den Notwendigkeiten eines modernen, hochtechnisierten Projekts gestaltet, sondern aufgrund politischer und ideologischer Kompromisse. Er gründet sich auf bestimmte Voraussetzungen – daß Manganknollen die einzige wirtschaftlich interessante Ressource am Meeresboden sind, daß sie sich ausschließlich in internationalen Gewässern befinden, daß die kommerzielle Ausbeutung in den achtziger Jahren beginnen würde und daß die Industriestaaten als einzige in der Lage sein würden, diese Ressourcen zu erkunden und auszubeuten. Das alles erwies sich als falsch. Aber es war das Beste, was die Staatengemeinschaft in den siebziger Jahren erreichen konnte, und die in Teil XI beschriebene Behörde war das einzige vorhandene Modell für eine Institution, die das Prinzip des gemeinsamen Erbes der Menschheit verkörpern konnte.
Als die Ratifizierung sich über die gesamten achtziger Jahre hinzog und außerdem auf die Entwicklungsländer beschränkt blieb, begann der Generalsekretär der Vereinten Nationen 1990 mit »informellen Konsultationen« über Teil XI; damit verfolgte er das Ziel, »die Konvention allgemein annehmbar zu machen«, besonders für diejenigen, die 1982 die Unterzeichnung abgelehnt hatten, allen voran die Vereinigten Staaten. Das Ergebnis war das »Implementierungsabkommen« von 1994, das zusammen mit dem Seerechtsübereinkommen am 16. November 1994 vorläufig in Kraft trat; dauerhaft rechtskräftig wurde es im Juli 1996, nachdem die erforderliche Zahl von Ratifizierungen vorlag.
Das Implementierungsabkommen befaßte sich mit den ideologischen Ängsten der siebziger Jahre, nicht aber mit den wirklichen Problemen der neunziger Jahre und des kommenden Jahrhunderts. Es fegte alle nützlichen Wirkungen beiseite, von denen die Entwicklungsländer glaubten, sie hätten sie in den siebziger Jahren für sich erobert: Das Unternehmen wurde bis zu einem nicht genannten Termin auf Eis gelegt. Die Produktionsbeschränkungen wurden aufgegeben. Der Technologietransfer wurde gestrichen und dem guten Willen

der Partner von Joint-ventures überlassen. Die ausgewogene Entscheidungsfindung im Rat wurde so manipuliert, daß jetzt drei reiche Länder (»Investoren«) jede Entscheidung des Rats mit ihrem Veto zu Fall bringen konnten, und man richtete ein mächtiges »Finanzkomitee« ein, das zu gegebener Zeit entscheiden konnte, die Sitzungen der Organe der Behörde seien nicht »kosteneffizient« und sollten deshalb nicht mehr abgehalten werden.

Mit den wirklichen Problemen dagegen beschäftigte sich dieses Abkommen nicht: Einerseits werden demnach die Manganknollen in den kommenden zwanzig Jahren nicht kommerziell ausgebeutet, andererseits aber werden Wissenschaft und Technologie sich schnell weiterentwickeln, und man wird neue Ressourcen entdecken, für deren Bewirtschaftung weder die Konvention noch das Implementierungsabkommen irgendwelche Richtlinien enthalten.

Die Behörde wurde am 16. November 1994 auf der Grundlage des Implementierungsabkommens in Jamaika eingerichtet. Ihr Etat lag 1998 bei über 4,6 Millionen US-Dollar. Ihre Tätigkeitsbereiche stammen aus den siebziger Jahren. Darüber hinauszublicken, vermeidet sie geflissentlich. Die Zukunft der Behörde ist unsicher.

Der dritte Hauptabschnitt der Konvention besteht aus den Teilen XII bis XV. Hier geht es eindeutig nicht um territoriale Fragen. Die Passagen befassen sich eingehend mit der Meeresumwelt insgesamt, mit der wissenschaftlichen Meeresforschung, mit dem Technologietransfer auf globaler, regionaler und nationaler Ebene und mit der friedlichen Beilegung von Streitigkeiten.

Teil XII enthält das bis heute einzige umfassende, allgemeine, bindende und durchsetzbare Umweltgesetz; es gilt für die Meeresumwelt und befaßt sich mit Verschmutzungen aus allen möglichen Quellen (Ozean, Atmosphäre oder Festland) sowie mit allen Arten von Schadstoffen (Öl, Abfälle aus Industrie und Landwirtschaft, Chemikalien und andere gefährliche Substanzen). Umweltfragen unterliegen einem bindenden Verfahren zur Beilegung durch den Internationalen Gerichtshof, den Internationalen Seegerichtshof oder ein Schiedsverfahren durch Fachleute. Die Durchsetzung ist Aufgabe der Küsten, Flaggen- und Hafenstaaten. »Hafenstaaten« ist im internationalen Recht ein neuer Begriff; diese Staaten spielen für die Durchsetzung von Umwelt- und Fischereivorschriften mittlerweile eine immer wichtigere Rolle.

Teil XII stellt einen Rahmen dar, der buchstäblich mit Hunderten bereits existierenden oder neu zu schaffenden Einzelübereinkommen oder -abkommen ausgefüllt werden muß: Solche Übereinkommen beziehen sich entweder auf eine bestimmte geographische Region, oder sie gelten für einen bestimmten Schadstoff oder Schadstofftyp.

Anemonenfisch in einer Anemone. Symbiose im Meer

Taucher in der Antarktis. Suche nach geheimnisvollem Leben im Eismeer

Stelzenfischen in Sri Lanka. Eine aussterbende Tradition

Fischer in Thailand. Arbeit und Besinnung

Kabeljau von den Lofoten. Schwindender Reichtum Norwegens

Kutter auf Kabeljaufang. Der industrielle Fischzug gefährdet die Bestände

© M. Scharnberg/VISUM

Robbenfang in Nordkanada. Inuit jagen traditionell und ressourcenschonend

Die Schären an der schwedischen Küste. Maritimer Vorgarten Stockholms

Leuchtturm bei Göteborg.
Die Wegweiser der Meere arbeiten heute meist ohne Menschen

Strand einer Kapverdeninsel.
Tourismus als Chance oder als Gefahr für die Küste

Malediveninsel.
Beim Anstieg des Meeresspiegels würde der Archipel als erster versinken

Haarstern bei Sumatra. Wundersames Wesen mit bis zu 200 Armen

Nacktschnecke. Farbenprächtige Fauna und Flora des Meeres

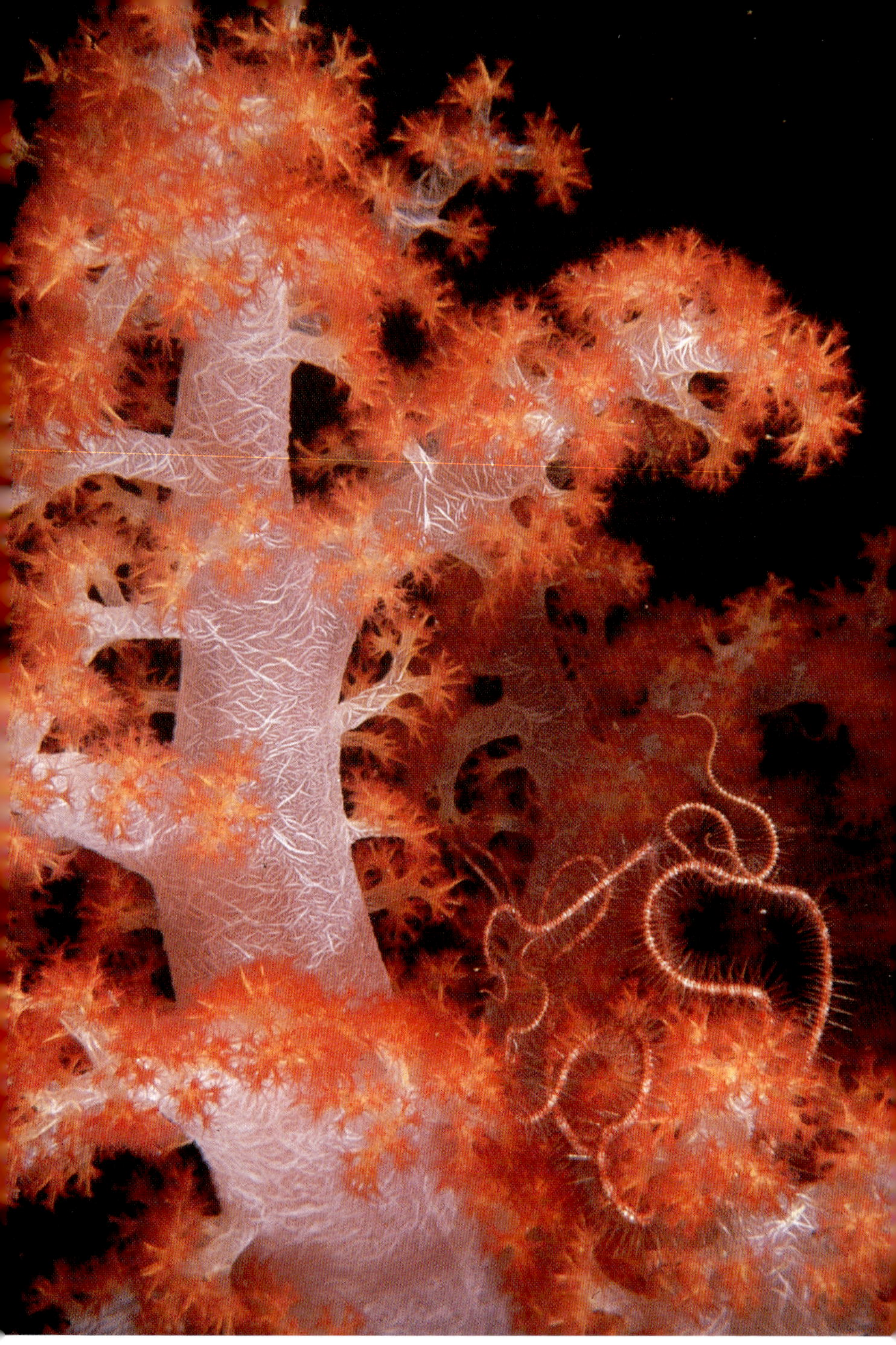

Nahaufnahme einer Koralle.
Die Klimaerwärmung gefährdet die Riffgemeinschaften

Verkauf von Korallen als Souvenir. Armut veranlaßt zu Umweltfrevel

Abfallbeseitigung ins Meer. Aus den Augen aus dem Sinn

Ölbohrinsel bei Schottland. Das britische Nordseeöl ist bald erschöpft

Indischer Arbeiter auf dem Weg in ein Wrack.
Alteisen ist ein kostbarer Rohstoff

Abwrackwerft in Alang.
Die meisten Ozeanriesen werden in Nordindien zerlegt

Brandung an der Küste von Hawaii.
Die Kraft der Meere könnte alle übrigen Energieformen ersetzen

Leuchtturm bei Frankreich. Standhaft bei jeder Windstärke

Eine Riesenmuschel stößt Eizellen und Spermien aus.
Faszination Meeresbiologie

Seepferdchen. Die Sympathieträger der Meere

Delphin vor den Bahamas.
Die Meeressäuger sind durch Treibnetzfischerei bedroht

Damit wurde Teil XII zum Ausgangspunkt für den großen Umweltgipfel der Vereinten Nationen (UNCED) in Rio de Janeiro 1992. Ohne diesen Teil der Konvention wäre die Konferenz nicht möglich gewesen. Alle Übereinkommen, Programme und Abkommen, die aus dem Umweltgipfel hervorgingen, beziehen sich ihrerseits wieder in wichtigen Teilen auf die Ozeane und sind heute mit den Vorschriften der Seerechtskonvention verknüpft. Vor uns liegt nun die Aufgabe, alle diese Instrumente so zu nutzen, daß sie sich gegenseitig stärken und zum Aufbau einer besseren Weltordnung für das kommende Jahrhundert beitragen.

Teil XIII schafft neue Richtlinien für die wissenschaftliche Meeresforschung und hat drei herausragende Eigenschaften. Erstens messen dieser Teil und das Übereinkommen als Ganzes Wissenschaft und Technik den hohen Stellenwert bei, den sie in einem modernen System der Ordnungspolitik haben müssen. Etwa 100 der 320 Artikel der Konvention – also fast ein Drittel – berühren auf irgendeine Weise die Wissenschaft und die auf ihr aufbauende Technik. Auch hier ist es kein Zufall, daß das Seerechtsübereinkommen eine Pionierrolle spielt. Wissenschaft und Technik sind heute für die Entscheidungsfindung auf allen Gebieten von grundlegender Bedeutung. Wirtschaftliche Entwicklung ist ohne sie nicht denkbar. Hier möge der Hinweis genügen, daß 85 bis 90 Prozent des Wirtschaftswachstums ihre Ursache nicht in zusätzlichem Aufwand von Material oder Kapital haben, sondern in technischen Neuentwicklungen, die sich ihrerseits auf die Wissenschaft stützen. Dennoch erkennen viele Länder erst allmählich, daß Wissenschaft und Technik kein Luxus sind, dem sie sich vielleicht zuwenden können, nachdem die Grundbedürfnisse befriedigt sind, sondern daß sie vielmehr ihre Grundbedürfnisse nur dann befriedigen können, wenn sie den wissenschaftlich-technischen Rückstand aufholen, der das schlimmste aller Entwicklungshindernisse ist. Deshalb birgt die starke Betonung von Wissenschaft und Technik tatsächlich auch eine Gefahr. Sie könnte angesichts des Ungleichgewichts zwischen »Norden« und »Süden« dazu führen, daß die Vorherrschaft des Nordens bei der Verwaltung der Ozeane sich verstärkt. Es sind also beispiellose Anstrengungen notwendig, damit die wissenschaftlich-technische Lücke geschlossen wird.

Daß Wissenschaft und Technik in den Vordergrund treten, liegt am Wesen der Ozeane. Ohne Meeresforschung und -technologie wären wir nicht in der Lage, die Ressourcen der Meere zu erkunden, zu nutzen, zu bewirtschaften und zu bewahren, und ebensowenig könnten wir eine sichere Schiffahrt betreiben oder unsere Küsten schützen. Und das Wesen der Meeresumwelt zwingt uns auch zu erkennen, daß es sich hier um eine fachübergreifende Wis-

senschaft handeln muß, in der Physik, Chemie, Biologie und Gesellschaftswissenschaften zusammenfließen; außerdem muß sie international sein, um den globalen Ausmaßen der Ozeane sowie ihren Wechselbeziehungen mit Festland und Atmosphäre Rechnung zu tragen.
Die zweite nützliche Wirkung dieses Teils ergibt sich aus der ersten: Er legt das Schwergewicht ständig auf internationale Zusammenarbeit auf bilateraler, regionaler und globaler Ebene. Die Zusammenarbeit wird sogar vorgeschrieben. Es heißt: »Die Staaten werden zusammenarbeiten«, und nicht »die Staaten sollen oder sollten zusammenarbeiten«. Solche Vorschriften veranlaßten einen Fachmann, den Botschafter W. Christopher Pinto aus Sri Lanka, im neuen Seerecht den Anfang eines neuen internationalen Kooperationsrechts zu sehen.
Der dritte besondere Nutzen von Teil XIII besteht in der Vorschrift, wonach wissenschaftliche Meeresforschung ausschließlich friedlichen Zwecken vorbehalten ist; diese Regelung ist ebenso interessant wie diejenigen, die bestimmen, daß die hohe See und die Meeresregionen ausschließlich zu friedlichen Zwecken genutzt werden dürfen. Das wird natürlich die Pentagons dieser Welt nicht davon abhalten, ihre wissenschaftliche Meeresforschung zu kriegerischen Zwecken fortzusetzen oder sogar zu verstärken. Aber wenn man diese Vorschrift im Zusammenhang mit der Betonung der Zusammenarbeit liest, die im vorangegangenen Abschnitt erwähnt wurde, ergibt sich daraus eine wichtige Folgerung: Je weiter ein neues internationales Zusammenarbeitsgesetz entwickelt wird, desto stärker wird die wissenschaftliche Meeresforschung zu friedlichen Zwecken angewendet werden und ihnen vorbehalten bleiben. Wissenschaftliche Meeresforschung ist teuer. Sie kann nur entweder durch Verteidigungsministerien oder durch internationale Kooperation finanziert werden. Und was durch internationale Kooperation finanziert wird, wird nicht zu kriegerischen Zwecken genutzt.
Solche Aspekte der Konvention könnten für die Zukunft neue Wege eröffnen. Schon heute ist klar, daß die Regierungen der wissenschaftlichen Meeresforschung mehr Aufmerksamkeit schenken als je zuvor. Die Zahl der ozeanographischen Institutionen in allen Teilen der Welt wächst schnell. An vielen Universitäten werden neue, interdisziplinäre Institute eingerichtet, und Ozeanuniversitäten werden gegründet. Institutionen auf der ganzen Welt bieten Ausbildung, Diplome und akademische Titel in Meereskunde an, wie sie vor dreißig Jahren noch völlig unbekannt waren. Aber gleichzeitig hat die wissenschaftlich-technische Entwicklung manche Aspekte von Teil XIII überholt.
Teil XIII schreibt ein »Konsensverfahren« vor. Wenn ein Staat wissenschaft-

liche Forschung in Bereichen betreiben will, die unter nationale Hoheit fallen – und das ist ein Drittel des gesamten Meeresraums –, braucht er dazu die Zustimmung des Küsten-, Insel- oder Archipelstaats, in dessen Hoheitsgebiet die Forschung durchgeführt werden soll. In der Regel und von bestimmten Ausnahmen abgesehen, soll diese Genehmigung erteilt werden. Der Staat des Forschungsunternehmens muß als Gegenleistung gewisse Verpflichtungen auf sich nehmen; so müssen Beobachter an Bord des Forschungsschiffes zugelassen werden, und alle Daten und Materialproben sind zugänglich zu machen.

In den siebziger Jahren sah das nach einer guten Lösung aus: Sie nutzte den armen Ländern, die auf diese Weise an den Forschungsergebnisse teilhaben konnten. In den letzten Jahrzehnten hat jedoch die Fernerkundungstechnik riesige Fortschritte gemacht, und ihr Auflösungsvermögen wurde so weit gesteigert, daß viele Forschungs- und Ressourcenerkundungsprojekte, die früher vor Ort durchgeführt werden mußten, heute von hoch fliegenden Flugzeugen und Satelliten aus unternommen werden können. Sich zum Schutz wirtschaftlicher Interessen oder nationaler Sicherheit allein auf das Konsenssystem zu verlassen ist deshalb unrealistisch geworden. Eine viel bessere Gewähr bieten die weitere Internationalisierung der wissenschaftlichen Meeresforschung durch regionale und globale Zusammenarbeit sowie die Beteiligung der Küstenentwicklungsländer an der Verwaltung internationaler Projekte.

Teil XIV bietet zusammen mit dem ursprünglichen Teil XI den besten institutionellen Rahmen für technische Kooperation, Entwicklung und Technologie»transfer«[2] auf nationaler, regionaler und globaler Ebene. Er macht es für das System der Vereinten Nationen und die Geberländer zur Pflicht, den Entwicklungsländern bei der Verbesserung ihrer wissenschaftlich-technischen Infrastruktur zu helfen. Auf regionaler Ebene schreibt er die Einrichtung von Zentren für wissenschaftlich-technische Entwicklung und »Transfer« vor, eine Regelung, die bisher nicht umgesetzt wurde, deren Zeit aber gekommen ist. Auf globaler Ebene weist die Konvention den »zuständigen internationalen Organisationen« eine immer wichtigere Rolle zu. Diese Organisationen – FAO für Fischerei, IOC für wissenschaftliche Meeresforschung, IMO für Schiffahrt, UNEP für Umweltschutz und ISBA für Mineralabbau – erhalten dadurch zusätzliche neue Aufgaben.

Das in Teil XV und den Anhängen beschriebene System zur friedlichen Beilegung von Meinungsverschiedenheiten wurde allgemein und völlig zu Recht als umfassendstes, am stärksten bindendes System gefeiert, das jemals von der

Staatengemeinschaft anerkannt wurde. Sein wichtigster Vorteil besteht darin, daß es sich nicht um ein freiwilliges Protokoll handelt, das die Staaten unterzeichnen können oder auch nicht; es ist vielmehr ein unverzichtbarer Teil der Konvention, und ein Staat, der dem Übereinkommen beitritt, erkennt von vornherein bindend an, daß Streitigkeiten von dritter Seite beigelegt werden können. Das ist ein großer Schritt in Richtung der Weiterentwicklung des internationalen Rechts, des Friedens und der Sicherheit. Wie der Generalsekretär der Vereinten Nationen deutlich gemacht hat, sollte dieses Prinzip auch von den Vereinten Nationen übernommen werden.[3] Gleichzeitig ist Teil XV äußerst flexibel in der Frage, für welchen Weg oder welches Forum sich die Staaten bei der Beilegung ihrer Streitigkeiten entscheiden. Sie werden ermahnt, sich bilateral durch Verhandlungen zu einigen; gelingt das nicht, können sie eine Schlichtung anrufen, die aber nicht bindend ist; schlägt auch das fehl, können sie den Fall dem Internationalen Gerichtshof in Den Haag oder dem neu eingerichteten Internationalen Seegerichtshof in Hamburg vorlegen, oder sie können sich an ein Schiedsgericht wenden, für das die Regeln im Übereinkommen festgelegt sind.

Die Konvention führt zwei neue Begriffe ein: das »obligatorische Verfahren« in Fragen wie der Festlegung von Fangmengen in der ausschließlichen Wirtschaftszone, in der ein Küstenstaat über Souveränitätsrechte verfügt und die von der bindenden Verpflichtung zur Beilegung von Streitigkeiten ausgenommen ist. »Obligatorisches Verfahren« bedeutet, daß die beteiligten Staaten trotz dieser Ausnahme ein Schlichtungsverfahren durchlaufen *müssen*. Allerdings sind sie nicht verpflichtet, sich der Meinung des Schlichtungsgremiums zu unterwerfen. Die zweite Neuerung sind die Sonderschiedsgerichte. Technische Fragen im Zusammenhang mit Fischerei, Schiffahrt, wissenschaftlicher Meeresforschung oder Umwelt können einem »Sonderschiedsgericht« vorgelegt werden, dem nicht nur Richter, sondern auch Sachverständige angehören; diese werden aus Listen ausgewählt, die nach Nominierung durch die Regierungen von den »zuständigen internationalen Organisationen« geführt werden. Damit werden diese Organisationen überhaupt zum erstenmal in das Verfahren zur Beilegung von Streitigkeiten einbezogen. Fragen, die sich aus der Auslegung oder Umsetzung von Teil XI (Nutzung des Meeresbodens) ergeben, müssen von der Meeresbodenkammer des Internationalen Seegerichtshofs behandelt werden. Dieser Teil des Gerichtshofs ist besonders interessant, denn angesichts der Natur der zu behandelnden Streitigkeiten haben nicht nur Staaten, sondern auch nichtstaatliche Körperschaften wie Bergbaufirmen, Nichtregierungsorganisationen oder sogar Einzelpersonen Zutritt.

Teil XV ist in gewisser Weise der Teil, der die ganze Struktur der Konvention zusammenhält und zu einem Ganzen verbindet. Die 21 Richter werden durch eine Konferenz der Teilnehmerstaaten gewählt. Da ihre Amtszeit einem Rotationssystem unterliegt, wobei alle drei Jahre ein Drittel ausgetauscht wird, findet auch diese Konferenz alle drei Jahre statt. Sie hat ausschließlich die Aufgabe, die Wahl vorzunehmen und den Etat des Gerichtshofs zu prüfen und zu verabschieden. Es wäre möglich, diese Funktionen in Zukunft zu erweitern, so daß die Konferenz auch das gesamte Übereinkommen einschließlich Teil XI überprüft und überarbeitet. Tatsächlich ist es überraschend, daß die Konvention keine regelmäßigen Konferenzen zur Überprüfung vorsieht, denn normalerweise gehören solche Konferenzen zu jedem modernen Vertragswerk, und sie sind unentbehrlich, damit das Abkommen lebendig bleibt und an veränderte Umstände angepaßt werden kann. Da die Überprüfungskonferenz für Teil XI abgeschafft wurde, wäre es dringend geboten, sie im Rahmen der Überprüfung des gesamten Übereinkommens neu einzusetzen.
Die letzten Teile (XVI und XVII) enthalten vorwiegend Routinevorschriften über das Inkrafttreten der Konvention, über Ergänzungen usw. und vorläufige Maßnahmen. Eine Vorschrift soll jedoch besonders erwähnt werden, nämlich Paragraph 6 in Artikel 311: Er legt fest, daß der in Artikel 136 niedergelegte wesentliche Grundsatz über das gemeinsame Erbe der Menschheit nicht geändert werden darf und daß die Unterzeichnerstaaten nicht Vertragspartei einer Übereinkunft werden dürfen, die von diesem Grundsatz abweicht. Dieser Paragraph erhebt das Prinzip des gemeinsamen Erbes der Menschheit in den Rang einer zwingenden Rechtsvorschrift, und das dürfte in Zukunft tatsächlich von großer Bedeutung sein.

Souveränität

In Kapitel 3 habe ich zu zeigen versucht, wie sich der abendländische Begriff des Eigentums, der das System der Weltwirtschaft mehrere Jahrhunderte lang beherrschte, durch das Wesen der Ozeane verändert hat. Mit der Vorstellung vom gemeinsamen Erbe der Menschheit bringt der Ozean uns einen Begriff vom Eigentum als Treugut näher, wie die Mehrzahl der Menschen ihn während des größten Teils der Geschichte verstanden hatte.
In diesem Kapitel werden wir untersuchen, welche Bedeutung der Ozean für zwei andere Begriffe hat, die damit zusammenhängen und sich ebenfalls im Lauf der Zeit verfestigt haben: *Souveränität* und *territoriale Grenzen*. Diese mit Werten und Emotionen beladenen Begriffe sind vielleicht noch umstrit-

tener und konfliktträchtiger als der Eigentumsbegriff: Zwar besteht eine weitgehende Übereinstimmung, daß die »Souveränität« in unserer Zeit der wachsenden gegenseitigen Abhängigkeiten und der Globalisierung in der Krise ist, aber die Entwicklungsländer und damit die überwältigende Mehrheit der Menschen verteidigen sie unerbittlich. Das ist natürlich verständlich, denn sie haben die Souveränität erst vor kurzer Zeit erlangt und betrachten sie als unveräußerliches Recht sowie als unentbehrliches Verteidigungsmittel gegen neue Formen der postkolonialistischen Ausbeutung.

Eine genaue, allgemein anerkannte Definition der Souveränität gab es nie. Wenn man betrachtet, wie sie sich entwickelt hat, beobachtet man dreierlei.

Erstens hatte Souveränität immer zwei Seiten: eine innere und eine äußere. Im Inneren war es die Souveränität des Herrschers gegenüber den Beherrschten; nach außen meinte man damit die Souveränität eines Staats in Beziehung zu anderen Staaten. Historisch betrachtet, war die innere Seite die wichtigere. Jean Bodin verteidigte im 16. Jahrhundert mit Hilfe der inneren Souveränität die Macht des französischen Königs über die aufständischen Feudalfürsten.

Heute werden beide Seiten der Souveränität in Frage gestellt. Staaten zerbrechen unter dem Druck ethnischer, sprachlicher oder religiöser Kräfte, die in manchen Fällen geruht hatten, seit vor etwa 300 Jahren das Zeitalter der Nationalstaaten begann. Gleichzeitig gehen die Staaten aber auch neue Bündnisse ein und schaffen internationale oder sogar übernationale Institutionen; das geschieht unter dem Druck wirtschaftlicher, ökologischer und technologischer Kräfte und ist zur Lösung von Problemen erforderlich, die eindeutig die Grenzen der nationalen Rechtsprechung sprengen und deshalb von nationalen Institutionen allein nicht zu bewältigen sind. Oft sieht man in diesen beiden Trends einen rätselhaften Widerspruch, aber diesen gibt es in Wirklichkeit nicht. Beide erwachsen daraus, daß die beiden Seiten der Souveränität sich auflösen.

Zweitens beobachtet man, daß Souveränität sich von einem einheitlichen zu einem vielschichtigen Begriff entwickelt hat. In der französischen Verfassung von 1791 heißt es: »Es gibt nur eine Souveränität, und sie ist unteilbar, unveräußerlich und unverlierbar; sie gehört der Nation; keine Gruppe kann sich selbst Souveränität zumessen, und keine Einzelperson kann sie für sich in Anspruch nehmen.« Dieser einheitliche Begriff löste sich schon bald auf – im Inneren durch die Demokratie, nach außen durch das immer dichtere Geflecht aus internationalen Verträgen und Übereinkommen. Dem Föderalismus entstammt die Theorie der *geteilten Souveränität*. Harold Laski und andere gingen noch einen Schritt weiter und vertraten die Theorie der *pluralistischen*

Souveränität: An ihr sind politische, wirtschaftliche, gesellschaftliche und religiöse Gruppen beteiligt, die zu verschiedenen Zeiten in den Regierungen eine beherrschende Stellung einnehmen können.
Und drittens wurde Souveränität durch diese Auflösung von einem territorialen zu einem funktionalen Begriff.
Welche besondere Rolle die Ozeane und grenzüberschreitende Wasserstraßen bei diesem Vorgang spielen, beleuchtete F. Mikis Manolis[4], der sich dabei besonders auf die Arbeiten von John Gerard Ruggie stützt.
Die Einrichtung von Staatsgebilden mit festgelegtem Territorium brachte etwas mit sich, das Ruggie als »Paradox der absoluten Individuation« bezeichnet. Damit meint er folgendes:

> »Nachdem man Staatsgebilde mit festgelegtem Territorium eingerichtet hatte, nachdem man darauf beharrte, diese territorialen Gebiete müßten getrennt sein und sich gegenseitig ausschließen, und nachdem man diese Bedingungen als Grundlage der Staatengemeinschaft anerkannt hatte – welche Mittel blieben da den neuen Territorialherrschern noch für die Bewältigung von Problemen in dieser Gesellschaft, die sich nicht auf territoriale Lösungen reduzieren ließen?«[5]

Was den Meeresraum betrifft, sagt Manolis, wurde die Lösung für dieses Problem durch Hugo Grotius und die Lehre von der Freiheit der Meere entwickelt. Er sieht darin »einen Versuch, das Paradox der absoluten Individuation zu entschärfen, indem man sich gegenseitig ausschließende Territorien völlig verneint und den Meeresraum als *res communis* betrachtet, als einen umfassenderen, allgemeinen Raum, der nicht der Vereinnahmung durch irgendeinen Staat unterliegt«. Das, so behauptet er, führe zur »Auflösung« der Territorialität als Mittel, diejenigen Dimensionen des gemeinschaftlichen Daseins zu bestimmen und zu bewältigen, die »von ihrem Wesen her auf nichtreduzierbare Weise überterritorial sind«. Es gibt auch andere Formen, um »den einheitlichen Souveränitätsbegriff aufzulösen«, beispielsweise gemeinsame Märkte, politische Gemeinschaften und funktionale Maßnahmen. Darauf werden wir später zurückkommen.
Ein besonders hoch entwickeltes Beispiel für ein funktionsorientiertes Konzept ist die ausschließliche Wirtschaftszone (EEZ).

> »Was die Auflösung des traditionellen »Pakets« territorialer Souveränitätsrechte angeht, so sieht es so aus, als gehöre zur EEZ eine teilweise

> Ablehnung einander gegenseitig ausschließender Territorien, denn die umfassenden Nutzungsrechte werden im Hinblick auf Tätigkeiten wie Schiffahrt und Überflug in demselben geographischen Gebiet ausgeübt, in dem sich der benachbarte Küstenstaat ausschließlicher Rechte im Hinblick auf bestimmte Ressourcen und wirtschaftliche Tätigkeiten erfreut, beispielsweise bei der Ausbeutung lebender und nichtlebender Ressourcen.«[6]

Wie ich an anderer Stelle dargelegt habe[7], wird der Souveränitätsbegriff durch die UN-Seerechtskonvention von 1982 begrenzt, verwandelt und schließlich überschritten; die Konvention geht darüber hinaus.
Sie begrenzt die Souveränität,

- indem sie die friedliche Beilegung von Streitigkeiten zwingend vorschreibt und zu diesem Zweck ein umfassendes System schafft, und zwar nicht als freiwilliges Protokoll, sondern als integralen Bestandteil der Konvention, der für alle Parteien bindend ist;
- indem sie die »souveränen Rechte« über die Ressourcen der Pflicht zu ihrer Erhaltung, zum Umweltschutz und bis zu einem gewissen Grad sogar zum Teilen unterwirft;
- indem sie die Pflicht schafft, in Angelegenheiten des Umweltschutzes, der Ressourcenbewirtschaftung, der wissenschaftlichen Meeresforschung sowie der Entwicklung und des Transfers von Technologie zusammenzuarbeiten;
- indem sie eine internationale Besteuerung vorschreibt, und zwar nicht nur für die Ausbeutung der Ressourcen im Internationalen Gebiet, sondern auch für Gebiete unter nationaler Hoheit (Kontinentalsockel jenseits von 200 Meilen).

Die Seerechtskonvention *verwandelt* die Souveränität, indem sie den Begriff in ein Bündel von Rechten zerlegt, die von »ausschließlichen Hoheitsrechten«[8] über »ausschließliche Rechte«[9] und »Hoheitsgewalt und Kontrolle«[10] bis hin zu gemeinsamen »Hoheitsbefugnissen«[11] reicht. Das Nebeneinander ausschließlicher und gemeinsamer Hoheitsbefugnisse im selben Raum (in der EEZ, dem Kontinentalsockel und den Archipelgewässern) fügt Laskis *pluralistischer Souveränität* eine neue Dimension hinzu.
Darüber hinaus gewährt die Konvention den Staaten und nichtstaatlichen Gebilden eine gleiche oder nahezu gleiche Behandlung. Überall ist von »Staa-

ten und zuständigen internationalen Organisationen« die Rede – auch das eine Anwendung der *pluralistischen Souveränität*. Nichtstaatliche Gebilde, Wirtschaftsunternehmen (»juristische Personen«), ja sogar Einzelpersonen können vor der Meeresbodenkammer des Internationalen Seegerichtshofs auftreten.[12] Nichtstaatliche Organisationen wie die Europäische Union sind Parteien der Konvention und unterliegen dem internationalen Recht.

Die Gleichstellung von Staaten und nichtstaatlichen Organisationen hat in den eineinhalb Jahrzehnten seit der Verabschiedung der Seerechtskonvention sogar noch weitere Fortschritte gemacht. Sie wurde 1992 auf dem Umweltgipfel in Rio de Janeiro sowie auf seinen Folgekonferenzen weiter vorangetrieben, denn dort spielten die Nichtregierungsorganisationen eine wichtige Rolle; weitere Fortschritte gab es bei der Einrichtung der *Mediterranean Commission on Sustainable Development*, wo die Nichtregierungsorganisationen gleiche Rechte (einschließlich des Stimmrechts) wie die Staaten genießen.[13]

Ein anderes interessantes Beispiel für die zunehmenden Wechselbeziehungen und die Gleichstellung von Regierungen und Nichtregierungsorganisationen ist die Internationale Naturschutzunion (*International Union for the Conservation of Nature*, IUCN), in der sowohl Regierungen als auch Nichtregierungsorganisationen Mitglied werden können.

Und schließlich geht die Seerechtskonvention über den Souveränitätsbegriff hinaus, weil sie das Konzept vom gemeinsamen Erbe der Menschheit vertritt, das den Begriff des Eigentums wie auch den der Souveränität im klassischen Sinn überschreitet. In Artikel 137 heißt es:

> »(1) Kein Staat darf über einen Teil des Gebiets oder seiner Ressourcen Souveränität oder souveräne Rechte beanspruchen oder ausüben; ebensowenig darf sich ein Staat oder eine natürliche oder juristische Person einen Teil des Gebiets oder seiner Ressourcen aneignen. Weder eine solche Beanspruchung oder Ausübung von Souveränität oder souveränen Rechten noch eine solche Aneignung wird anerkannt.
> (2) Alle Rechte an den Ressourcen des Gebiets stehen der gesamten Menschheit zu, in deren Namen die Behörde handelt (...).«

Man könnte sogar soweit gehen zu behaupten, dieser Artikel spreche der Menschheit insgesamt Hoheitsrechte zu – diesen Standpunkt vertrat der verstorbene Jean René Dupuy[14] – und mache sie zum Gegenstand des internationalen Rechts. Damit würde er endgültig den Begriff des souveränen Staats sprengen.

Lektionen aus der Vergangenheit

Wie bereits erwähnt wurde, gibt es verschiedene, aber auf das gleiche Ziel ausgerichtete Wege, um die staatliche Souveränität aufzulösen: funktionale Maßnahmen, gemeinsame Märkte und politische Gemeinschaften. Man erkennt durchaus gewisse Analogien zwischen der Vorgehensweise der Europäischen Montanunion, des Schuman-Plans und der Seerechtskonvention, und auch zwischen den Erkenntnissen, die man daraus gewinnen kann.

Kohle und Stahl waren für die wirtschaftliche Entwicklung von großer Bedeutung. Gleichzeitig waren sie auch strategische Ressourcen. Die geniale Idee von Jean Monnet lag in der Erkenntnis, daß die Einrichtung einer internationalen Instanz für Kontrolle und Bewirtschaftung dieser Ressourcen zwei Zwecken dienen würde: Sie würde einerseits die wirtschaftliche Erholung und Entwicklung im kriegsgeschüttelten Europa vorantreiben und andererseits die Sicherheit in Europa fördern, weil sie das deutsche Potential der Kriegsproduktion beseitigte. Wurden diese strategischen Industriezweige unter internationale Kontrolle gestellt, konnte man sie nicht mehr zur Vorbereitung eines Kriegs benutzen.

Im Zusammenhang mit der neuen Phase der industriellen Revolution könnte man die mineralischen Ressourcen am Meeresboden als Entsprechung zu Kohle und Stahl in der vorangegangenen Phase betrachten. Auch sie sind sowohl für die wirtschaftliche Entwicklung als auch strategisch von Bedeutung. Arvid Pardo sah voraus, daß die Internationalisierung dieser Ressourcen und der Hochtechnologie, die zu ihrer Produktion entwickelt werden muß, die wirtschaftliche Entwicklung und die Sicherheit auf den Meeren verstärken, einen Rüstungswettlauf verhindern und die Ausplünderung des Meeresbodens vermeiden würde.

Die Lektion, die man aus den Erfahrungen mit Kohle und Stahl lernen kann, lautet: Es ist unmöglich, einen Bereich des Wirtschaftssystems von den anderen oder die Wirtschaft von der Politik zu trennen. Die Vorgehensweise bei Kohle und Stahl wurde zum Auslöser, der die europäische Einigung in Gang setzte. Die Vorgehensweise beim Abbau am Meeresboden könnte dazu bestimmt sein, auf der Welt insgesamt eine ähnliche Rolle zu spielen.

Mit der Montanunion und ihren Gemeinsamkeiten mit der entstehenden Internationalen Meeresbodenbehörde befaßten wir uns schon 1970 auf der Konferenz *Pacem in Maribus I.*[15] Damals führte Scheingold den Erfolg der Montanunion auf zwei Faktoren zurück: Erstens entschlossen sich die seinerzeit herrschenden christlich-demokratischen Politiker trotz ihrer Ausrichtung

auf die Marktwirtschaft, diese Industriezweige zusammenzuführen und sie nicht den Unwägbarkeiten des freien Handels zu überlassen. »Freihandelsabkommen waren zu kurzlebig: Wir brauchten eine Art der wirtschaftlichen Durchdringung, die diese grundlegenden Industriezweige der Mitgliedsstaaten untrennbar verknüpfen würde.« Und zweitens waren sich die Politiker einig in der Überzeugung, daß an der Spitze der Organisation eine Behörde stehen mußte, die das Recht hatte, bindende Entscheidungen zu treffen, und zwar nicht nur für Staaten, sondern auch für juristische Personen.
Die Internationale Meeresbodenbehörde, die sich auf das Prinzip vom gemeinsamen Erbe der Menschheit stützt, würde beide Anforderungen erfüllen. Das marktwirtschaftlich orientierte Implementierungsabkommen vom Juli 1994 machte die Behörde zwar – hoffentlich nur vorübergehend – handlungsunfähig, aber das Prinzip vom gemeinsamen Erbe der Menschheit blieb erhalten. Mit seinen vier Dimensionen – wirtschaftliche Entwicklung, Schutz von Umwelt und Ressourcen, Gleichberechtigung, Frieden und Sicherheit – bildet es eine Basis für die nachhaltige Entwicklung, die sich auf einer anderen Grundlage einfach nicht umsetzen ließe. Es baut eine Brücke zu den nichtabendländischen Kulturen – und eine solche Brücke ist notwendig in einer Zeit, da die Hegemonie des Westens ein Ende haben muß. Und es ist ebenso ein Prinzip der Nichtsouveränität, wie es auch ein Prinzip des Nichteigentums ist; damit eignet es sich für die wissenschaftlichen, technischen und ökologischen Notwendigkeiten und Erkenntnisse der postindustriellen Gesellschaft sowie für die positiven Aspekte der Globalisierung. Genau wie das Chaos am Ende des Zweiten Weltkriegs Europa zur Erneuerung zwang, zwingt das Wesen der Ozeane, das so anders ist als das des festen Landes, die Menschheit auf eine andere, aber ein wenig ähnliche Weise, einen Weg der Erneuerung einzuschlagen.

Staatsgrenzen und gemeinsame Wirtschaftszonen

Es erscheint paradox: Gerade jetzt, da territoriale Grenzen an Land unbedeutender werden, wollen wir sie auf den Ozeanen einführen! Obwohl die Luft, ob sauber oder verschmutzt, ungehindert über das Land strömt, obwohl die Vögel auf ihren Wanderungen und sogar bei ihrer täglichen Nahrungssuche die Grenzen überqueren, kann man eine Staatsgrenze mit Stacheldraht, einer Chinesischen Mauer oder einem Eisernen Vorhang sichern. Flüsse und Gebirge waren Schranken, die Infanterie oder Kavallerie von Angriffen abhielten, Schutzschilde, hinter denen die Kulturen ihren unterschiedlichen Wegen folgten. Das alles wird im Zeitalter der flugzeug- oder satellitengestützten Massenvernichtungswaffen und der technischen, finanziellen und ökologischen Abhängigkeiten und Verflechtungen sinnlos. An Land sind die Grenzen in der Europäischen Gemeinschaft gefallen, und das gleiche wird auch andernorts geschehen.

Auf den Meeren, wo alles fließt, wo alles mit allem in Wechselbeziehung steht und die Ressourcen »sich verteilen«, ist die Vorstellung starrer, unveränderlicher Grenzen von vornherein sinnlos. Auch in der größten ausschließlichen Wirtschaftszone ist es unmöglich, Ressourcen zu bewirtschaften oder die Umwelt zu schützen, wenn es jenseits ihrer Grenzen keine Bewirtschaftung gibt. Der ökologische Raum und der politische Raum stimmen nicht überein. Zu den besonderen Merkmalen der Seerechtskonvention gehört es, daß sich in ihren Vorschriften ein Kompromiß zwischen Altem und Neuem widerspiegelt, zwischen territorialer und funktionaler Orientierung, zwischen den Eigenschaften von Festland und Meer. Wenn man Grenzen zwischen den Meereszonen benachbarter oder gegenüberliegender Staaten, zwischen Küste und Insel, zwischen Archipelstaaten und der Hochsee oder dem juristisch definierten Kontinentalsockel und dem Internationalen Gebiet des Meeresbodens festlegt, verursacht man damit mehr Probleme, als man löst; immer stärker setzt sich die Erkenntnis durch, daß Systeme der *gemeinsamen Bewirtschaftung* wichtiger sind als politische Grenzen. Grenzansprüche können für einen festgelegten Zeitraum oder unbegrenzt zugunsten einer funktionsorientierten Kooperation eingefroren werden, die sich auf eine, mehrere oder alle Funktionen erstreckt. Die betreffenden Prinzipien haben zwar schon eine recht lange Geschichte, die bis auf die Zeit nach dem Ersten Weltkrieg zurückreicht, aber der Begriff der gemeinsamen Bewirtschaftung oder gemeinsamen Entwicklung hat sich eigentlich erst in den letzten Jahrzehnten recht dramatisch weiterentwickelt; er gründet sich auf eine einfache Vorschrift in den Artikeln 74 und 83 der Seerechtskonvention:

> »Bis zum Abschluß der in Absatz 1 vorgesehenen Übereinkunft [über die endgültige Beilegung von Grenzfragen] bemühen sich die beteiligten Staaten nach besten Kräften und im Geist der Verständigung und Zusammenarbeit, vorläufige Vereinbarungen praktischer Art zu treffen und während dieser Übergangszeit die Erzielung der endgültigen Übereinkunft nicht zu gefährden oder zu verhindern. Diese Vereinbarungen lassen die endgültige Abgrenzung unberührt.«

Das ist gleichbedeutend mit dem Vorschlag, Ansprüche einzufrieren und

gemeinsame Entwicklungs- oder Wirtschaftszonen einzurichten. Ich möchte dazu drei Beispiele aus verschiedenen Gebieten der Erde anführen.
Ein bemerkenswerter Erfolg war die saudi-arabisch-sudanesische *Red Sea Commission*, die 1974 durch ein Abkommen eingerichtet wurde. In diesem Abkommen erkannten die beiden Staaten ihre gegenseitigen ausschließlichen Hoheitsrechte bis zur 1000-Meter-Tiefenlinie an und richteten eine gemeinsame Zone ein, die aus dem Boden des Roten Meeres zwischen ihren ausschließlichen Hoheitsgebieten bestand. Die gemeinsame Kommission hatte die Aufgabe, die Erkundung und Ausbeutung der metallhaltigen Schlämme der sogenannten Atlantik-II-Tiefe zu kontrollieren, die sich in dieser Gegend befinden. Für die technischen Arbeiten der Erkundung, Förderung und Verarbeitung des Metalls nahm die Kommission das deutsche Unternehmen Preussag AG unter Vertrag. Die Sedimente befinden sich in einer Tiefe von etwa 2189 Metern und bedecken eine Fläche von 60 Quadratkilometern. Nach einer groben Schätzung, die Wissenschaftler der US-amerikanischen *Wood Hole Oceanographic Institution* vornahmen, enthalten diese Schlämme etwa 2,5 Millionen Tonnen Zink, eine halbe Million Tonnen Kupfer und ungefähr 9000 Tonnen Silber – nach den Preisen von 1976 ein Gesamtwert von 6,7 Milliarden Dollar. Daneben kommen auch Blei, Kadmium, Kobalt und Gold in größeren Mengen vor, und sie könnte man in Zukunft vielleicht ebenfalls gewinnen.
In diesem ziemlich außergewöhnlichen Gemeinschaftsunternehmen stellten der Sudan und Saudi-Arabien die Ressourcen zur Verfügung. Saudi-Arabien steuerte das Kapital bei, und aus Deutschland stammten technische Organisation und Know-how. Von dem Projekt profitierten alle Partner. Der Nutzen bestand für Saudi-Arabien in industrieller Diversifizierung und einer Verminderung der Abhängigkeit von Ölexporten, für den Sudan im Erwerb von Technologie und Know-how, für Deutschland in der Nutzung seiner Technologie.
Es wurde ein langfristiges Programm für Forschung, Entwicklung und Produktion verabschiedet und umgesetzt. Dazu gehörte auch ein umfangreicher Teil mit ökologischen Untersuchungen. Man sammelte eine Riesenzahl von Daten. Die Produktion sollte 1980 beginnen, aber der Zusammenbruch der Metallpreise in Verbindung mit zunehmenden ökologischen Bedenken und Unsicherheiten bewirkte, daß die kommerzielle Phase auf unbestimmte Zeit verschoben wurde.

Unser zweites Beispiel ist der *Timor Gap Cooperation Treaty*, der 1989 zwi-

schen Indonesien und Australien geschlossen wurde. Wie *International Legal Materials*[16] zusammenfassend darstellt, ist dieser Vertrag, der nach zehnjährigen Verhandlungen (1979 bis 1989) zustande kam, das bedeutendste bilaterale Abkommen, das jemals zwischen Australien und Indonesien geschlossen wurde. Es legt ein einzigartiges kompliziertes Verfahren fest, mit dem Gebiete des gegenseitigen Interesses und der gegenseitigen Gewinne entwickelt werden sollen. Das gesamte Gebiet, auf das sich die Zusammenarbeit bezieht, hat eine Fläche von etwa 61 000 Quadratkilometern. Zu den Bereichen der Kooperation gehören die Erkundung und Ausbeutung von Ölvorkommen, Finanzverwaltung, Umweltschutz und Schadstoffkontrolle, Such- und Rettungswesen, Zoll, Arbeitsgesetzgebung, wissenschaftliche Forschung, Gesundheits- und Sicherheitsvorschriften und der Schutz vor Terrorismus.
Das Abkommen steht vollständig im Einklang mit der Seerechtskonvention und nimmt in seiner Präambel ausdrücklich auf sie Bezug. Es ist länger und wesentlich komplizierter als Teil XI der Seerechtskonvention, und man kann für deren zukünftige Weiterentwicklung eine Menge daraus lernen.
Durch den Vertrag werden ein Ministerrat und eine gemeinsame Behörde eingerichtet, wobei die Behörde dem Ministerrat verantwortlich ist. Der Rat besteht aus denjenigen Ministern, die von Mal zu Mal zu diesem Zweck von den Vertragsstaaten entsandt werden. Alle Vertragsstaaten benennen jeweils die gleiche Zahl von Ministern, und diese treffen sich einmal im Jahr oder so häufig, wie es notwendig ist. Entscheidungen müssen einstimmig getroffen werden. Der Ministerrat hat sehr umfassende Aufgaben und muß unter anderem alle Tätigkeiten der gemeinsamen Behörde genehmigen. In gewisser Weise hat er damit eine ähnliche Funktion wie der Rat der Internationalen Meeresbodenbehörde nach der Seerechtskonvention.
Die gemeinsame Behörde hat den Status einer juristischen Körperschaft und verfügt entsprechend den Gesetzen der Vertragsstaaten über diejenigen juristischen Befugnisse, die zur Ausübung ihrer Macht und zur Erfüllung ihrer Aufgaben notwendig sind. Sie ist dem Ministerrat gegenüber verantwortlich. Damit hat sie in gewisser Weise ähnliche Funktionen wie das Unternehmen der Internationalen Meeresbodenbehörde, wobei man allerdings den Fallstrick des »Parallelsystems« vermieden hat; die gemeinsame Behörde fungiert als »einheitliches Unternehmenssystem« auf der Grundlage von Verträgen über die Aufteilung der Produktion, die für jedes Projekt geschlossen werden.
Die gemeinsame Behörde besteht aus leitenden Direktoren, die vom Ministerrat ernannt werden, wobei jeder Vertragsstaat die gleiche Zahl von Direktoren stellt. Es gibt drei Hauptabteilungen – für Technik, Finanzen und juristi-

sche Fragen –, die den leitenden Direktoren unterstehen. Weiterhin gibt es eine Hauptabteilung für innere Dienste, die den leitenden Direktoren und den anderen Hauptabteilungen in der Verwaltung zur Seite steht und die Tagungen des Ministerrats organisiert.

Die leitenden Direktoren und die Leiter der vier Abteilungen bilden den Verwaltungsrat. Er trifft einstimmige Entscheidungen. Ist keine Einstimmigkeit zu erreichen, wird die Angelegenheit dem Ministerrat vorgelegt.

Die Hauptabteilungen sind an zwei Standorten angesiedelt: Ein leitendes Büro befindet sich in Indonesien, das andere, dem auch die technische Hauptabteilung gehört, in Australien.

Die Zone der Zusammenarbeit ist in die drei Gebiete A, B und C eingeteilt. Der Bereich A ist am wichtigsten, denn er wird gemeinsam genutzt. Der Bereich B befindet sich näher an Australien, erstreckt sich aber bis auf eine Entfernung von 200 Seemeilen zur indonesischen Küste (also bis an die Grenze der ausschließlichen Wirtschaftszone Indonesiens); er wird von Australien verwaltet, aber das Land ist verpflichtet, Indonesien über alle Entwicklungen zu unterrichten und an das Nachbarland zehn Prozent der Steuern abzuführen, die es von seinen Vertragspartnern erhält.

Gebiet C liegt in der Nähe Indonesiens, erstreckt sich aber bis zur Grenze des australischen Hoheitsgebiets; es wird nach indonesischem Recht verwaltet, wiederum mit der Verpflichtung, Australien zu unterrichten und zehn Prozent der von den Vertragspartnern eingenommenen Steuern weiterzuleiten.

Vier Anhänge zum Vertrag enthalten eine genaue Beschreibung des Gebiets, einen Kodex für die Ölförderung im Bereich A, einen Mustervertrag für gemeinsame Produktion im Bereich A und eine Gebührenordnung, mit der die Doppelbesteuerung von Tätigkeiten im Bereich A vermieden werden soll.

Solche Entwicklungen sind kaum vorstellbar ohne das Vorbild der Internationalen Meeresbodenbehörde und die jahrelangen Arbeiten, die ihrer Einrichtung vorausgingen. Der *Timor Gap Treaty*, der später abgeschlossen wurde, ist aber weiter entwickelt. Er ist eher empirisch-praktisch ausgerichtet, und man kann aus ihm für eine zukünftige Neustrukturierung der Meeresbodenbehörde eine Menge lernen.

Der Vertrag hält auch einige umfassendere Lektionen bereit, die über die Ausbeutung des Meeresbodens hinausgehen, besonders was regionale Organisation und Entwicklung betrifft.

Auf zwei Besonderheiten soll dabei hingewiesen werden: Erstens können dem Ministerrat unterschiedliche Minister angehören, je nachdem, was für Entscheidungen getroffen werden müssen. Geht es um Umweltfragen, werden die Umweltminister daran teilnehmen, sind Wissenschaft und Technologie das Thema, arbeiten die Minister für Wissenschaft und Technologie mit. Auf dieses Konzept werden wir im nächsten Kapitel zurückkommen.

Das zweite Merkmal, auf das ich die Aufmerksamkeit lenken möchte, ist die Tatsache, daß der Vertrag *die Bewirtschaftung der Ressourcen mit dem Sicherheitsmanagement verbindet*. Soweit ich weiß, geschieht das hier zum erstenmal in einem internationalen Abkommen über die Ozeane. Die Vereinten Nationen haben es stets vermieden und sich mit der »friedlichen Nutzung« einschließlich der Ressourcenbewirtschaftung in einem Forum befaßt, mit der Sicherheit getrennt davon in einem anderen. Da aber die Sicherheit einen Grundbestandteil der nachhaltigen Entwicklung darstellt, ist es jetzt möglicherweise an der Zeit, in den Institutionen die entsprechenden Konsequenzen zu ziehen. Auch dieses Thema werde ich im nächsten Kapitel wiederaufgreifen.

Zu Lösungen, wie sie mit dem *Timor Gap Treaty* erreicht worden sind, könnte man an Land kaum gelangen. Sie erwuchsen aus dem Wesen der Ozeane und aus der Tatsache, daß territoriale Grenzen auf den Meeren kein geeigneter Begriff sind. Gemeinsame Entwicklungszonen beruhen nicht wie Landesgrenzen auf einem starren Konzept, sondern auf dynamischen Vorstellungen. Sie bringen die Notwendigkeiten von Bewirtschaftung und Politik mit dem Wesen und den Erfordernissen der Meeresumwelt in Einklang.

Ein drittes höchst interessantes Beispiel stammt aus Afrika: das *Agreement on Management and Cooperation* zwischen den Regierungen der Republik Senegal und der Republik Guinea-Bissau aus dem Jahr 1993.

Auch dieses Abkommen enthält in hochentwickelter Form umfassende internationale Maßnahmen für die Ozeane: Es regelt die Zuständigkeit für die Bewirtschaftung lebender und nichtlebender Ressourcen, die entweder unmittelbar oder durch Verträge und Lizenzen erfolgt, die wissenschaftliche Forschung, den Datenaustausch, den Schutz der Meeresumwelt und die Verhütung von Umweltverschmutzung, den Schiffsverkehr, das Such- und Rettungswesen, die Überwachung und Durchsetzung sowie die Aufrechterhaltung der Sicherheit. Die Kooperationszone umfaßt den gesamten Bereich zwischen den Hoheitsgewässern der beiden Staaten. Diese Zone wird von der *Management and Cooperation Agency* verwaltet, die außerdem auch die Aufgabe hat, die Zusammenarbeit der beiden Staaten allgemein zu fördern.

Die *Agency* besteht aus zwei Teilen, der Hohen Behörde (*High Authority*) und dem Unternehmen (*Enterprise*). Die Hohe Behörde ist das politische Organ, das die Richtlinien für das Unternehmen festlegt. Sie besteht aus den Staats-

oder Regierungschefs oder aus von ihnen benannten Personen sowie dem Generalsekretär. Der Präsident der Hohen Behörde bleibt zwei Jahre lang im Amt. Die Staatschefs der beiden Unterzeichnerstaaten oder die von ihnen benannten Personen haben dieses Amt abwechselnd inne. Die Hohe Behörde trifft sich so oft wie nötig, mindestens aber einmal im Jahr. Zusätzlich übt der Präsident der Hohen Behörde während seiner Amtszeit die Funktion eines Präsidenten des Verwaltungsrats des Unternehmens aus. Die Hohe Behörde hat dafür zu sorgen, daß die Tätigkeit des Unternehmens mit dem Abkommen von 1993 in Übereinstimmung steht, daß die Ressourcen optimal erkundet und ausgebeutet werden, daß diese Arbeit den besten Bergbau- und Bohrverfahren entspricht und daß der Umweltschutz sowie der Schutz lebender Ressourcen ausreichend beachtet werden. Außerdem kann die obere Behörde auch Ergänzungen zu den Richtlinien und Vorschriften verabschieden, die sich auf die Erkundung und Ausbeutung der Ressourcen im Vertragsgebiet beziehen. Weiterhin ist sie für die Überwachung (Sicherheit) und die wissenschaftliche Forschung verantwortlich; in diesen Fragen gibt sie dem Verwaltungsrat Empfehlungen.

Das Unternehmen ist eine eigenständige juristische Person. Es wird vom Verwaltungsrat geleitet, der aus mindestens drei und höchstens elf Mitgliedern besteht; in ihm sind sowohl die Unterzeichnerstaaten als auch die Anteilseigner vertreten.

Das Unternehmen hat verschiedene Hauptabteilungen. Eine davon ist für die allgemeine Verwaltung zuständig, eine für die Erkundung und Ausbeutung von Mineralien und Kohlenwasserstoffen und eine für die Fischerei, das heißt für die Ausbeutung und Überwachung der Fischbestände. Außerdem gibt es eine Hauptabteilung für Finanzen. Die Leiter dieser Abteilungen werden vom Generaldirektor des Unternehmens in Abstimmung mit dem Verwaltungsrat ernannt. Der Generalsekretär nimmt die üblichen Funktionen eines Vorstandsvorsitzenden wahr. In Ausübung dieser Funktion ist er gegenüber der Hohen Behörde verantwortlich.

Die Kapitalausstattung des Unternehmens, die auf 100 000 US-Dollar festgelegt wurde, wird von den beiden Unterzeichnerstaaten aufgebracht, und zwar zu 67,5 Prozent vom Senegal und zu 32,5 Prozent von Guinea-Bissau. 51 Prozent der Anteile am Unternehmen sind den beiden Staaten vorbehalten, 49 Prozent können an Privatpersonen oder Körperschaften verkauft werden. Weitere Finanzmittel stammen aus Mieteinnahmen, Steuern und Umsatzbeteiligungen, die von Bergbau- und Ölfirmen gezahlt werden, sowie aus Lizenzgebühren und ähnlichem von Fischereiunternehmen.

Weiterhin wird erwartet, daß Bergbau-, Öl- und Fischereiunternehmen, internationale Organisationen und Finanzierungsinstitutionen zu wissenschaftlicher Forschung und Ausbildung beitragen.
Auch dieses Abkommen wäre ohne das Vorbild der Seerechtskonvention nicht denkbar gewesen, aber es umfaßt auch eine wesentliche Weiterentwicklung seiner Begriffe. Das Unternehmen ist dem der Seerechtskonvention in Organisation und Tätigkeitsbereich bei weitem überlegen. Die finanziellen Vorschriften entsprechen denen eines Wirtschaftsunternehmens. Staatlicher und privater Bereich werden in Einklang gebracht. Hätte die Seerechtskonvention ein derartiges Unternehmen vorgesehen, hätten wir das Implementierungsübereinkommen über grenzüberschreitende und weit wandernde Bestände in der Hochsee nicht gebraucht.
Das von den Ozeanen inspirierte Konzept der guten Nachbarschaft und Kooperation hat unter anderem den Vorteil, daß es sehr flexibel ist und sich gezielt an die jeweiligen Notwendigkeiten und Umstände anpassen kann. Deshalb eignet es sich gut für die Erweiterung auf größere Gebiete und auch auf Gebiete, die sich über »Grenzen« hinweg erstrecken – nicht über Grenzen zwischen Staaten, sondern über solche zwischen Staaten und internationalen Gebieten, sei es nun die Hochsee, sei es das Internationale Gebiet des Meeresbodens.
Zu einer gemeinsamen Entwicklungszone könnte die gesamte Ägäis werden, wenn man territoriale Ansprüche für eine Zeit von beispielsweise fünfzig Jahren einfrieren würde und wenn vielleicht auch die im »Hinterland« gelegenen Staaten Bulgarien und Makedonien einbezogen würden. Das Zurückstellen territorialer Ansprüche nach dem Vorbild des Antarktispakts und des Konflikts zwischen »anspruchsberechtigten« und »nichtanspruchsberechtigten« Staaten kommt ganz offensichtlich auch dem Stolz der überzeugtesten Patrioten entgegen: Es hilft ihnen, ihr Gesicht zu wahren, denn es bedeutet keinen Verzicht, sondern nur eine Verschiebung der Ansprüche. Im Binnenland gelegene Staaten einzubeziehen ist aus zwei Gründen ratsam. Erstens erfordern die wachsende Aufmerksamkeit für Küstenbewirtschaftung, die immer stärkere Vereinheitlichung von Süßwasser- und Meerwasserbewirtschaftung[17] und die Verhütung der Verschmutzung von Flüssen und Luft durch landgestützte Tätigkeiten, daß die Binnenstaaten daran mitwirken, und zweitens werden Verhandlungen zwischen einer größeren Zahl von Partnern nicht schwieriger, sondern einfacher, weil sich die Konfrontationshaltung vermindert, die sonst die Bemühungen zweier gegnerischer Staaten um eine Beilegung ihrer Probleme behindern kann.

In einem größeren Gebiet wie der Ägäis sollte die gemeinsame Bewirtschaftung sich auf einen vielseitigen, umfassenden Tätigkeitsbereich beziehen: auf die Bewirtschaftung lebender und nichtlebender Ressourcen, auf Umweltschutz, wissenschaftliche Meeresforschung und technische Kooperation, auf Küstentourismus und Schiffahrt, aber auch auf die Sicherheit der Region. Dabei könnte man aus dem Abkommen zwischen dem Senegal und Guinea-Bissau lernen.

Ein weiteres Gebiet, in dem es nach mittlerweile weithin übereinstimmender Ansicht eine gemeinsame Entwicklungszone geben sollte, sind die Spratlyinseln, die zwischen China, Taiwan, Vietnam, den Philippinen, Malaysia und Brunei umstritten sind; auch hier ist das Zurückstellen aller territorialen Ansprüche die einzige praktikable Lösung.[18]

Blickt man in das kommende Jahrhundert, könnte eine solche gemeinsame Entwicklungszone das gesamte Südchinesische Meer umfassen. Die vom UNEP initiierten Richtlinien für umschlossene Meere könnten sich eines Tages zu regionalen gemeinsamen Entwicklungszonen mit vielfältigen Funktionen entwickeln. Was wir über integrierte Ressourcenbewirtschaftung und Sicherheit schon gelernt haben, sollten wir nicht mehr vergessen.

Schlußfolgerungen

Die kurze (nur eine Seite umfassende) Präambel des gewaltigen UN-Seerechtsübereinkommens nennt die wesentlichen Elemente einer Weltmeeres- oder Meeresweltordnung für das kommende Jahrhundert:

- *Frieden*: eingedenk der historischen Bedeutung dieses Übereinkommens als eines wichtigen Beitrags zur Erhaltung von Frieden (...).
- *Gleichberechtigung*: in dem Bewußtsein, daß die Erreichung dieser Ziele zur Verwirklichung einer gerechten und ausgewogenen internationalen Wirtschaftsordnung beitragen wird.
- *Gemeinsames Erbe der Menschheit*: in dem Wunsch, durch dieses Übereinkommen die in der Resolution 2749 (XXV) vom 17. Dezember 1970 enthaltenen Grundsätze weiterzuentwickeln, in der die Generalversammlung der Vereinten Nationen feierlich unter anderem erklärte, daß das Gebiet des Meeresbodens und des Meeresuntergrunds jenseits der Grenzen des Bereichs nationaler Hoheitsbefugnisse sowie seine Ressourcen gemeinsames Erbe der Menschheit sind, deren Erforschung und Ausbeutung zum Nutzen der gesamten Menschheit ungeachtet der geographischen Lage der Staaten durchgeführt werden (...).

- *Gegenseitige Verflechtung von Themen und Räumen*: in dem Bewußtsein, daß die Probleme des Meeresraums eng miteinander verbunden sind und als Ganzes betrachtet werden müssen (...).

Aus jeder dieser Aussagen ergeben sich Folgerungen für die Institutionen; mit ihnen befaßt sich das nächste Kapitel.

5. Ozeanische Perspektiven: Institutionen

Die Probleme der Welt lassen sich nicht lösen, indem man Institutionen plant. Sie müssen von Menschen gelöst werden. Die Menschen richten Institutionen ein, die sie für notwendig halten, und welche das sind, hängt davon ab, in welchen Kulturkreis ihre Gründer hineingeboren wurden. Aber ohne Institutionen wären die Menschen nicht in der Lage, ihre Probleme zu lösen, und wenn die Institutionen keinen Kontakt mit den Problemen der Wirklichkeit mehr haben, tut sich eine institutionelle Lücke auf. Wenn das geschieht, reagieren die Menschen in vielen Fällen mit Gewalt.

Wir haben eine Zeit der institutionellen Lücken hinter uns. Die wirkliche Welt hat während des letzten halben Jahrhunderts einen unglaublich dynamischen Wandel erlebt – und die Institutionen, nationale wie internationale, sind im wesentlichen starr und unverändert geblieben. Mittlerweile sind wir jedoch an einem Punkt angelangt, an dem eine neue institutionelle Ordnung in ihren Umrissen erkennbar wird. Hier und da tauchen Teile davon auf und füllen Lücken.

Aus allen Themen, die in den vorangegangenen vier Kapiteln angerissen wurden, ergeben sich Folgerungen für die Institutionen. In diesem Kapitel möchte ich sie ausdrücklich formulieren.

Vor uns taucht der majestätische Kreis der Meere auf, mit denen wir leben.

Gandhi ließ sich mit seinen Visionen vom Ozean inspirieren. Wäre er also überrascht gewesen, wenn ihre Umsetzung und Verwirklichung damit beginnt, daß die Beziehungen zwischen Menschen und Ozeanen eine neue Struktur erhalten? Liegt es nicht in der Natur der Ozeane, daß sie uns – wie wir in allen vorangegangenen Kapiteln gesehen haben – zu einer anderen Denkweise zwingen? Zwischen den Institutionen, die wir aufbauen, und unseren vom Ozean inspirierten Ansichten über die Welt, ob sie physikalischer, kultureller, wirtschaftlicher oder juristischer Natur sind, darf keine Lücke klaffen.

»Das Leben wird keine Pyramide sein,
deren Spitze vom unteren Teil getragen wird.
Es wird ein Kreis der Meere sein;
sein Mittelpunkt ist der einzelne.«

Mit dem einzelnen ist aber kein Ego gemeint, dessen Interesse oder Wachstum begrenzt ist oder im Konflikt mit den Interessen der Gemeinschaft steht (wie in der dualistischen Denkweise), sondern er ist ein Teil des Ganzen: Seine Stärke erwächst aus der Stärke des Ganzen, das den äußersten Kreis bildet, genau wie das Ganze umgekehrt seine Stärke aus der Stärke des einzelnen bezieht. Das Intimste und Persönlichste ist auch das Universellste, und das Ganze ist nur so stark wie sein schwächster Teil (die nichtdualistische Denkweise).

Diese Vorstellung vom Individuum und seiner Beziehung zum Ganzen schließt die beiden Grundprinzipien ein, auf denen das neue Seerecht beruht: das Prinzip des gemeinsamen Erbes der Menschheit[1] und das Prinzip der engen Verflechtung aller Probleme des Meeresraums, die deshalb als Ganzes betrachtet werden müssen. Sie stimmt auch mit den Richtlinien für den Aufbau von Institutionen überein, die in *Unsere gemeinsame Zukunft*[2] und der *Agenda 21*[3] festgeschrieben sind.

Diese Richtlinien lassen sich unter vier Überschriften zusammenfassen: Der institutionelle Rahmen muß erstens umfassend, zweitens widerspruchsfrei, drittens fachübergreifend oder multidisziplinär und viertens bürgernah gestaltet sein – mit einer Organisation von unten nach oben und nicht von oben nach unten.

Umfassend bedeutet, daß der institutionelle Rahmen von der lokalen Ebene der Küstengemeinden über die Ebenen der Regierungsgewalt von Provinzen und Nationalstaaten bis hin zur regionalen und globalen Ebene der internationalen Organisationen reichen muß. Das ergibt sich aus der Tatsache, daß die Grenzen zwischen den Ebenen der Regierungsgewalt – der lokalen, nationalen, regionalen und globalen – durchlässig geworden sind, so die Formulierung des Brundtland-Berichts. Und das gilt im Zusammenhang mit den Ozeanen natürlich noch stärker als an Land.

»In dieser Struktur, welche aus unzähligen Dörfern besteht,
wird es immer weitere, niemals aufsteigende Kreise geben.«

Widerspruchsfrei heißt, daß die Lenkungs- und Entscheidungsprozesse auf allen Ebenen der Regierungsgewalt untereinander verträglich sein müssen.

Wie wichtig dieses Prinzip ist, zeigte sich in den Diskussionen über grenzüberschreitende und weit wandernde Fischbestände in nationalen Hoheitsgewässern und der Hochsee, aber ebenso große Bedeutung hat es auch für alle anderen Aspekte der nachhaltigen Bewirtschaftung der Meere.

»Bis das Ganze zuletzt ein Leben wird,
welches aus einzelnen besteht,
die niemals aggressiv und arrogant werden,
sondern immer demütig,
weil sie den majestätischen Kreis der Meere teilen,
dessen untrennbarer Teil sie sind.«

Fachübergreifend oder *multidisziplinär* bedeutet, daß man die Tätigkeiten in der Umwelt des Ozeans nicht nach Fachgebieten getrennt betrachten kann; man muß sie vielmehr in ihren Wechselbeziehungen sehen, die positiv oder negativ sein können. Aus der Erkenntnis, daß »die Probleme des Meeresraums eng miteinander verbunden sind und als Ganzes betrachtet werden müssen«, ergeben sich für die Institutionen beträchtliche Folgerungen. Wenn man die Probleme nämlich so betrachten muß, dann muß es auch Foren, Institutionen, Entscheidungsmechanismen oder Prozesse geben, die dazu in der Lage sind, auf lokaler, nationaler, regionaler oder globaler Ebene. Auf der Ebene der Gemeinden werden Räte, Komitees oder Kommissionen gebraucht, in denen alle in der Meeresumwelt Tätigen aus staatlichen Behörden und anderen Bereichen vertreten sind; ministerien- und abteilungsübergreifende Mechanismen unter der Leitung einer federführenden Behörde oder des Premierministers werden allmählich in immer mehr Ländern eingerichtet. Oder, wie der Brundtland-Bericht es formuliert: Die Grenzen werden durchlässig, und zwar nicht nur zwischen den Ebenen der staatlichen Behörden, sondern auch zwischen Abteilungen und Fachgebieten. Wissenschaftliche Institutionen müssen in die Lage versetzt werden, ihre dringend benötigten Beiträge zur Entscheidungsfindung und Bewirtschaftung zu leisten; Sozial- und Naturwissenschaftler müssen den Dialog lernen; Wissenschaft und Politik müssen eine neue Beziehung zueinander finden.
Bürgernähe bedeutet, daß Vorschriften nicht von einer Zentral- oder Bundesregierung aufgezwungen werden dürfen, denn dann werden sie von den örtlichen Gemeinden, deren Lebensfähigkeit vom Meer abhängt, mißachtet oder umgangen; diese Gemeinden müssen vielmehr in die Gestaltung der Vorschriften und in die Verwaltung einbezogen werden. Deshalb setzt sich die

Vorstellung der *gemeinsamen Verwaltung* auch in kulturell so weit voneinander entfernten Ländern wie Kanada und Indien immer stärker durch. Institutionen, die nach diesen vier Prinzipien aufgebaut sind, werden von Gemeinde zu Gemeinde und von Land zu Land unterschiedlich aussehen, je nach der vorhandenen lokalen Infrastruktur, dem Stand der wirtschaftlichen und technischen Entwicklung, den grundlegenden Ressourcen, den kulturellen Traditionen usw., aber die Verwaltung der Ozeane und die Bewirtschaftung von Küsten und Meeren werden sich zweifellos in dieser Richtung entwickeln.

Das Dorf

In vielen Teilen der Welt entwickelt sich ein neues Konzept der Ordnungspolitik: die gemeinsame Verwaltung (*co-management*). Sie ist eine Reaktion auf das Versagen der Lenkung durch Zentralregierungen und auf die Krise der Fischerei, die entweder den sozialen und kulturellen Zerfall der Küstengemeinden bewirkte oder aber den Zentralregierungen hohe Kosten abverlangte. Eine weitere Ursache für ihre Entstehung ist der eher allgemeine derzeitige Trend zur Dezentralisierung und zu einer kulturellen sowie in vielen Fällen auch ethnischen Autonomie einzelner Bereiche. Gemeinsame Verwaltung ist eine Folge der durchlässigen Grenzen zwischen den Ebenen der Regierungsverwaltung – Gemeinde, Provinz, Staat. Sie ist ein Beispiel für die neue Beziehung zwischen staatlichem und nichtstaatlichem Bereich. Wenn sie sich mit dem Konzept der gemeindegestützten Verwaltung vermischt, spiegelt sie außerdem die Durchlässigkeit der Grenzen zwischen Fachgebieten und Abteilungen wider. Sie stellt einen von unten nach oben organisierten Ansatz dar. Damit ist sie eine Antwort auf mehrere Richtlinien aus dem Brundtland-Bericht und der *Agenda 21*.
In Südafrika entwickelt sich die gemeinsame Verwaltung im Zusammenhang mit der Demokratisierung nach dem Ende der Apartheid. Im Rahmen der Programme für Wiederaufbau und Entwicklung (Afrikanischer Nationalkongreß, 1994[4]) werden Gremien für Fischerei und die Politik der Küstengebiete sowie für die Regierungen auf lokaler und regionaler Ebene eingerichtet, in deren Beratungen man alle interessierten Parteien einbezieht. Gemeinsame Verwaltung und gemeindegestützte Verwaltung werden verschmolzen, und dadurch entsteht möglicherweise ein Modell, anhand dessen Südafrika seine Küstengebiete gerecht und nachhaltig neu strukturieren kann. Hasler spricht von »vielschichtiger gemeinsamer Verwaltung«: Die staatliche Kontrolle über

die Ressourcen bleibt erhalten, aber die Gemeinden werden soweit wie möglich einbezogen. Auf eines weist er ausdrücklich hin: Wenn berechtigte Interessen der Fischereiindustrie in Konkurrenz zu anderen Tätigkeiten wie Bergbau, Schwerindustrie und Bau von Luxuswohngebieten stehen, sind eine höchst dynamische Definition der »lokalen Gemeinde« und Verbindungen zur regionalen und nationalen Ebene unbedingte Voraussetzungen für eine effiziente Verwaltung. Eine solche Definition könnte durch die demokratischen, repräsentativen Strukturen der lokalen Verwaltungen gegeben sein, die sich seit 1995 entwickeln.

> »In der Beteiligung der lokalen Gemeinden an der Bewirtschaftung von Meeren und Küsten muß man also ein System der vielschichtigen gemeinsamen Verwaltung sehen, das Staats-, Provinz- und Gemeinderegierungen miteinander verbindet. Es umfaßt auch Strukturen der ›Bürgergesellschaft‹ (Industrie, Gewerkschaften, nichtstaatlicher Bereich) unter dem Dach der lokalen Regierung und durch neue Bündnisse zwischen staatlichem Bereich und den Fischereifirmen/Genossenschaften, die den von der Apartheid benachteiligten Sektor repräsentieren.«[5]

Die Gesetzgebung wird man so abwandeln müssen, daß die Übertragung der Befugnisse auf lokale Behörden in Zusammenarbeit mit anderen Institutionen möglich ist: mit örtlichen Gremien, Foren, Genossenschaften zur Bewirtschaftung natürlicher Ressourcen, Stadtverwaltungen, Nichtregierungsorganisationen, Konzernen und Verbänden mit kollektiven Eigentumsrechten, wie sie sich heute in Südafrika entwickeln.

Beispiele für hochentwickelte Formen der gemeinsamen Verwaltung findet man in Lateinamerika, der Karibik, China, Norwegen, Australien, Kanada und auch im Südpazifik. In einigen Fällen, so beispielsweise in Norwegen, im Südpazifik und in Japan, hat die gemeinsame Verwaltung eine lange Geschichte. Um das Prinzip deutlich zu machen, mögen zwei besonders interessante Beispiele ausreichen: Belize in Mittelamerika und die autonome Region Nunavut in Kanada.

In Belize reicht die gemeinsame Verwaltung schon 75 Jahre weit zurück, und in dieser Zeit wurden die Fischbestände dort offenbar gerecht und nachhaltig bewirtschaftet. Das System gründet sich auf Fischereigenossenschaften; derzeit gibt es sieben solcher Organisationen, die jeweils ein bestimmtes geographisches Gebiet entlang der Küste des Landes bedienen.[6] Diese Genossenschaften besitzen gesetzlich garantierte Exklusivrechte für die Vermarktung,

Verarbeitung und Ausfuhr der Fischprodukte ihrer Mitglieder. Sie führen Grundlagen- und Industrieforschung durch, darunter auch die Sammlung von Daten über Fangmengen und Aufwand; sie sorgen für die Qualitätskontrolle der Meeresprodukte, bilden Fischer aus und stellen technische Mittel und Versicherungen bereit und vermitteln Kredite; außerdem legen sie für jedes Jahr die Quantität und Qualität der Meeresprodukte fest. Sie bestimmen auch darüber, wie die Gewinne zu verteilen sind. Die Rolle der Regierung beschränkt sich darauf, die erforderlichen gesetzlichen Rahmenbedingungen zum Schutz der Meeresumwelt zu schaffen. Außerdem setzt sie das Fischereigesetz um, auf dessen Grundlage die Fanglizenzen vergeben werden. Das Gesetz bestimmt, daß 25 Prozent aller von den Genossenschaften erwirtschafteten Gewinne nach Maßgabe ihrer Mitglieder für die Weiterentwicklung der Branche verwendet werden müssen.

Alle Genossenschaften sind sowohl im *Fisheries Advisory Board* als auch in der *Belize Fishermen's Cooperative Association* vertreten; beide Gremien geben politische Empfehlungen an den Landwirtschaftsminister, der für die Fischerei und die Durchsetzung der Vorschriften verantwortlich ist. Durch ihre aktive Beteiligung am *Fisheries Advisory Board* nehmen die Genossenschaften Einfluß auf politische Entscheidungen, die ihre Branche betreffen, und die Regierung verläßt sich mittlerweile auf die Zusammenarbeit, besonders was Informationen über den Zustand der Fischbestände betrifft.

Das *Nunavut Final Agreement*, das 1993 vom kanadischen Parlament ratifiziert wurde, sieht für Nunavut ein vollständiges System der gemeinsamen Verwaltung vor. In seinem Abschnitt 15.4.1. besagt die Konvention:

> »Das Nunavut Impact Review Board (NIRB), das Nunavut Water Board (NWB), die Nunavut Planning Commission (NPC) und das Nunavut Wildlife Management Board (NWMB) können gemeinsam als Nunavut Marine Council oder einzeln andere staatliche Behörden in Fragen des Meeres beraten oder ihnen Empfehlungen geben, und die Behörden werden diese Ratschläge und Empfehlungen bei Entscheidungen, welche den Meeresbereich betreffen, berücksichtigen.«

Alle in diesem Abschnitt genannten Körperschaften sind selbst nach dem Prinzip der gemeinsamen Verwaltung aufgebaut: Staat und Inuit sind in ihnen gleichberechtigt vertreten.[7] Bruce Gillies fügt hinzu: »In der Praxis sind Gremien wie der *Marine Council* auf Konsens ausgerichtet, und das bedeutet, daß ihre Empfehlungen sich durchsetzen.« Der Artikel 15 der Konvention erkennt an: »Es besteht die Notwendigkeit, die Inuit an allen Aspekten der Bewirtschaftung des arktischen Meeres einschließlich der Forschung zu beteiligen.« Die gemeinsame Verwaltung hat unter anderem auch die nützliche Folge, daß die Fischer stärker in die wissenschaftliche Forschung einbezogen werden, was ihnen eine breitere Informations- und Wissensgrundlage verschafft.[8]

> »Bevor durch die Übereinkommen zur Landverteilung sinnvolle Strukturen der gemeinsamen Verwaltung eingerichtet wurden, kam das traditionelle Wissen in der staatlichen Politik kaum zum Ausdruck. Heute, wo die indigene Bevölkerung in den Körperschaften der Verwaltung gleichberechtigt vertreten ist, gehen traditionelle Kenntnisse und Überzeugungen in Verwaltungsentscheidungen ein.«[9]

Auf der anderen Seite steht auf diese Weise die Wissenschaft den Gemeinschaften der Fischer zur Verfügung, so daß diese neben ihrem überlieferten Wissen neue Erkenntnisse der Forschung nutzen können.

Das gleiche gilt für die Technologie. Gemeinsame Verwaltung bietet die besten institutionellen Rahmenbedingungen für die Verschmelzung der einheimischen Traditionen und Technologien, die von der lokalen Gemeinschaft beigesteuert werden, und der Hochtechnologie, die meist von der Zentralregierung geliefert wird. Die Verschränkung von traditioneller Weisheit und Hochtechnologie (besonders Mikroelektronik und Gentechnik) zu einer *Ökotechnologie* ist ein wichtiger Beitrag zur nachhaltigen Entwicklung in Küstengebieten. Natürlich ist die gemeinsame Verwaltung kein Allheilmittel. Sie läßt sich nur begrenzt anwenden und wird nur möglich, wenn bereits eine recht hohe gesellschaftliche Entwicklung vorhanden ist. Sie setzt eine Infrastruktur voraus – Genossenschaften, Gemeinderäte in den Dörfern, organisierte Nutzergruppen usw. Arme Küstendörfer in armen Ländern besitzen eine solche Infrastruktur nicht, und sie in einer integrierten Küstenbewirtschaftung zu aktiven Partnern zu machen ist äußerst schwierig. Aber wenn die integrierte Küstenbewirtschaftung sie nicht einbezieht, ist sie weder integriert noch nachhaltig. Die Verbesserung der Lebensbedingungen in armen Küstendörfern ist auch unverzichtbar, wenn man die Abwanderung der Ärmsten in die Elendsviertel der küstennahen Riesenstädte und das weitere Wachstum dieser Metropolen verhindern will – Entwicklungen, die zur weiteren Schädigung der Umwelt an den Küsten führen und eine immer größere Zahl armer Menschen den Gefahren natürlicher oder von Menschen ausgelöster Katastrophen aussetzen. Es müssen Wege gefunden werden, um sowohl die Bewohner

armer Küstendörfer als auch die Einwohner der küstennahen Riesenstädte in die integrierte Küstenbewirtschaftung einzubeziehen.
Einen ausgezeichneten Anfang machte in den letzten Jahren die *S. M. Swa-*

Was ist gemeinsame Verwaltung?
Der Begriff »gemeinsame Verwaltung« (*co-management, joint management* oder *collaborative management*) bezeichnet:
alle Abmachungen zwischen Institutionen, in denen die Verantwortung für Ressourcenbewirtschaftung, Naturschutz und/oder wirtschaftliche Entwicklung zwischen Regierungen und Nutzergruppen aufgeteilt wird;
Verwaltungssysteme, in denen Nutzer und andere Interessengruppen aktiv an der Gestaltung, Anwendung und Durchsetzung von Verwaltungsvorschriften mitwirken;
eine Aufteilung der Entscheidungsbefugnis zwischen staatlichen Behörden und Betroffenen auf der Ebene der Gemeinden;
Verwaltungsentscheidungen auf der Grundlage gemeinsamer Informationen oder durch Beratungen mit Betroffenen und ihrer Beteiligung;
Zusammenführung der Systeme auf lokaler und staatlicher Ebene und/oder Abmachungen zwischen Institutionen, in denen Regierungen und andere Körperschaften – beispielsweise Ureinwohner, lokale Gruppen oder Branchen – formelle Abkommen treffen und darin ihre jeweiligen Rechte, Befugnisse und Verpflichtungen im Hinblick beispielsweise auf Umweltschutz und Ressourcenerschließung festlegen.

Quelle: National Round Table on the Environment and the Economy. Sustainable Strategies for the Oceans: A Co-Management Guide, 1998. Ottawa.

minathan Research Foundation in Indien mit den sogenannten *biovillages*: Diese Organisation wählte eine Reihe ländlicher Dörfer aus, deren Bewohner kein Land besaßen und äußerst arm waren, und verbesserte dort die Lebensbedingungen durch die Einführung von Ökotechnologie sowie durch neue Möglichkeiten zur gesellschaftlichen Organisation. Das *International Ocean Institute* erweiterte dieses Projekt auf Küsten- und Fischerdörfer, wo ebenfalls desolate Bedingungen herrschten. Bewirtschaftung des Trinkwassers, Entsalzung falsch behandelter Böden, Anbau salztoleranter Nutzpflanzen, verbesserte Verarbeitung von Fischen einschließlich der Vermeidung von Abfällen nach dem Fang, Recycling der Abfälle von Krabben, Schaffung neuer Arbeitsplätze durch Anpassung neuer Verfahren der Bioindustrie an die Maßstäbe von Dorf und Haushalt, Verbesserung der gesellschaftlichen Organisation und der verwalterischen Fähigkeiten – all das sind Ziele, die sich nicht kurz-

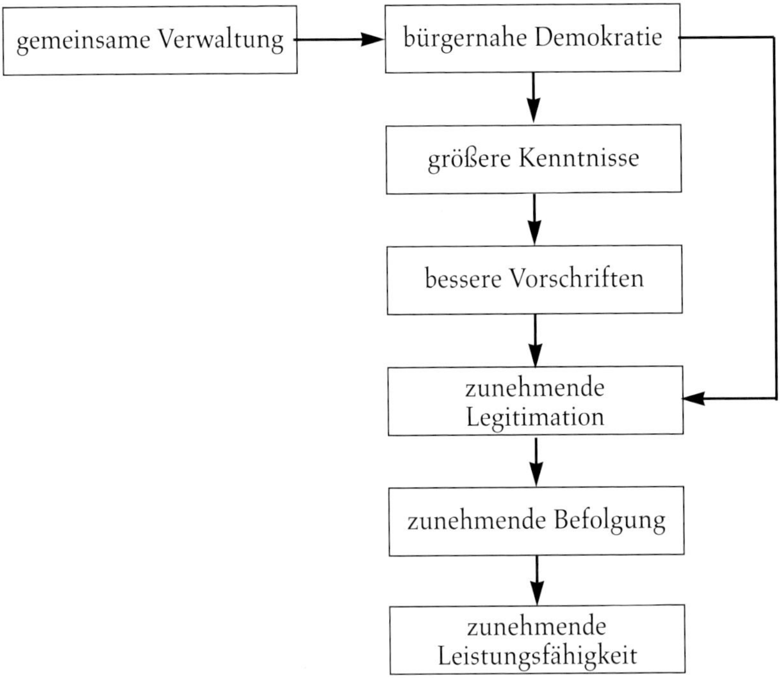

Abbildung 5.1:
Vorteile der gemeinsamen Verwaltung

Quelle: Svein Jentoft und Knut H. Mikalsen, loc. cit.

fristig erreichen lassen, aber von einem bestimmten Punkt an läßt sich der Prozeß durch gemeinsame Verwaltung beschleunigen.
In einem meiner früheren Bücher[10] habe ich versucht, einige allgemeine Merkmale eines institutionellen Rahmens für die Verwaltung der Ozeane auf der Ebene der Dörfer zu skizzieren. Er sollte durch nationale Gesetzgebung abgesichert werden, und ich möchte ihn hier auf den neuesten Stand bringen. Eine solche Gesetzgebung könnte folgendermaßen aussehen:

1. Der Gemeinderat eines Dorfes oder einer kleinen Stadt an der Küste wählt einen Rat für Marine Ressourcen, der aus Vertretern der Hafenbehörde, der Schiffseigner, der Fischereiverbände, der Meeresindustrie, der Tourismus-

behörde, der Forschungsinstitute, der Nichtregierungsorganisationen und der Verbraucherverbände besteht.

2. Der Rat für Marine Ressourcen berät über alle Fragen, die mit der nachhaltigen Entwicklung der Ressourcen in den Meeren, dem Schutz der Meeres- und Küstenumwelt sowie mit der Forschung und Ausbildung in Fragen der Ozeane zusammenhängen, und bereitet entsprechende Gesetzesvorlagen für den Gemeinderat vor.
3. Der Rat für Marine Ressourcen erarbeitet kurzfristige (ein Jahr) und mittelfristige (fünf Jahre) Pläne für die nachhaltige Entwicklung der Ressourcen und den Schutz der Meeresumwelt; diese Pläne werden über den Gemeinderat der Provinzregierung vorgelegt.
4. Der Rat für Marine Ressourcen ist verantwortlich für die lokale Umsetzung der Seerechtskonvention, des Kapitels 17 der *Agenda 21*, der mit den Meeren zusammenhängenden Teile der Konventionen über biologische Vielfalt und Klimaschutz, der Übereinkommen über grenzüberschreitende und weit wandernde Bestände der Hochsee, des globalen Aktionsprogramms zur Verhütung von Umweltverschmutzung durch landgebundene Tätigkeiten, des Programms für Randmeere und anderer Abkommen und Programme, die mit dem Ozean in Beziehung stehen.
5. Der Rat für Marine Ressourcen tagt, sooft es notwendig ist.
6. Die Gemeinden arbeiten über ihre Räte für Marine Ressourcen mit der Provinz, mit den Gemeinden benachbarter Provinzen und mit Gemeinden in Nachbarstaaten in allen Fragen zusammen, die ihr gemeinsames Ökosystem betreffen. Zu diesem Zweck werden geeignete Konferenzen auf der Ebene der Provinz sowie nationale und internationale Tagungen abgehalten.

Der Staat

Auch auf der Ebene der Nationalstaaten werden die Institutionen je nach der vorhandenen Infrastruktur unterschiedlich strukturiert sein, abhängig beispielsweise davon, ob es sich um einen Bundesstaat, eine Konföderation oder einen Zentralstaat handelt, ob es eine Demokratie, eine Monarchie oder eine Diktatur ist, ob der Staat klein oder groß ist, ob es sich um eine Insel oder einen Archipel handelt; außerdem hängt es vom wirtschaftlichen Entwicklungsstand, von der Kultur und anderen Dingen ab. Mindestens zwei Merkmale werden aber alle nationalen Maßnahmen im Zusammenhang mit dem Ozean gemeinsam haben: Es muß erstens effiziente Verbindungen zwischen dem

»Kreis« der Küstengemeinden und dem größeren »Kreis« der nationalen Regierung geben. In kleinen Ländern handelt es sich dabei um direkte Verbindungen, in größeren, aber auch in Bundesstaaten oder Konföderationen, wird es als Zwischenstufe einen weiteren »Kreis« geben: den der Provinzen, Staaten oder Bundesländer, die über wirksame Verknüpfungen sowohl mit den lokalen Gemeinden als auch mit der nationalen Regierung verbunden sind. Und zweitens muß es effektive Verbindungen zwischen allen Abteilungen oder Ministerien der Regierung geben, die auf diese oder jene Weise mit Fragen der Ozeane zu tun haben; das trifft eigentlich auf fast alle Abteilungen oder Ministerien zu:

- Das Außenministerium ist zuständig für rechtliche Fragen und internationale Verträge, aber auch für den internationalen Handel, die Hilfen an andere Länder und die Zusammenarbeit in Fragen der Ozeane.
- Das Umweltministerium ist verantwortlich für den Schutz der Meeresumwelt einschließlich der besonderen Schutzgebiete.
- Das Verkehrsministerium muß den Schiffsverkehr und die Häfen kontrollieren.
- Das Tourismusministerium kümmert sich um den Fremdenverkehr an den Küsten.
- Das Landwirtschaftsministerium ist in vielen Ländern auch für die Fischerei zuständig, in manchen anderen gibt es für diesen Bereich ein eigenständiges Ministerium oder eine Abteilung.
- Das Ministerium für Energie und Ressourcen, in manchen Ländern auch das Innenministerium, ist zuständig für die Öl- und Gasförderung vor den Küsten sowie für Mineralien und Metalle, die nicht als Brennstoffe dienen.
- Die Ministerien für Arbeit und Gesundheit befassen sich mit den Arbeitsbedingungen und hygienischen Verhältnissen auf Schiffen und Ölplattformen.
- Die Ministerien für Wissenschaft, Technik und Bildung sind von herausragender Bedeutung, denn sie müssen sich um den Aufbau der wissenschaftlich-technischen Infrastruktur bemühen, die eine unentbehrliche Voraussetzung für die Bewirtschaftung und Entwicklung der Ozeane darstellt.
- Das Justizministerium muß bei der friedlichen Beilegung von Streitigkeiten einbezogen werden.
- Das Verteidigungsministerium ist die vorgesetzte Behörde für Marine

und Küstenwache; außerdem ist es für die Überwachung und Durchsetzung der Sicherheit auf dem Meer verantwortlich.

Die mit dem Ozean zusammenhängenden Zuständigkeiten dieser Abteilungen und Ministerien überschneiden sich und geraten oft in Konflikt; die Schaffung der Rahmenbedingungen für eine einheitliche, integrierte Meerespolitik erfordert eine Zusammenarbeit der Ministerien, wie sie innerhalb der herkömmlichen, nach Fachgebieten aufgeteilten Struktur der öffentlichen Verwaltung nicht zu erreichen ist.
Manche Staaten – zum Beispiel Frankreich oder Indien – haben versucht, der neuen Herausforderung zu begegnen, indem sie ein Meeresministerium oder eine Abteilung für marine Entwicklung einrichteten; solche Versuche sind aber eigentlich bisher nirgendwo wirklich gelungen, denn die herkömmlichen Ministerien, die mit bestimmten Teilgebieten der Ozeanpolitik zu tun hatten, waren in keinem Land bereit, Terrain preiszugeben. In Frankreich löste man das Meeresministerium nach einer kurzen Versuchsphase wieder auf; in Indien beschränkte man die Funktionen der Abteilung für Meeresentwicklung auf Tätigkeiten, die nicht in den Zuständigkeitsbereich der traditionellen Ministerien fielen, wie beispielsweise die Entwicklung von Programmen für die Antarktisforschung und für die Mineraliengewinnung am Meeresboden. Alle anderen Meeresangelegenheiten blieben weiterhin im wesentlichen ohne Koordination.
Andere Staaten entwickelten die politische Integration durch interministerielle Gremien weiter, die von einer federführenden Behörde oder – häufiger – vom Regierungschef oder seinem Vertreter geleitet werden. Dieser Weg erscheint vielversprechender, aber er allein bietet noch keine Gewähr für »gemeinsame Verwaltung« oder für Input aus dem »Kreis der Dörfer«. Der vollständigste institutionelle Rahmen für eine integrierte Meeres- und Küstenbewirtschaftung, der mir bekannt ist, wurde in den Niederlanden für die Verwaltung des Teils der Nordsee geschaffen, für den dieses Land zuständig ist.
Das niederländische Modell gewährleistet eine umfassende Beteiligung und ein effizientes System für Entscheidungen, das staatliche Behörden, Forschungsinstitutionen und Interessengruppen miteinander verknüpft. Auf der politischen Ebene umfaßt es ein Ministergremium unter Leitung des Ministerpräsidenten. Beraten wird dieses Gremium von einer parlamentarischen Kommission für Meeresangelegenheiten und von einem nichtstaatlichen Beraterstab, in dem Industrie und Wissenschaft vertreten sind. Die Arbeit die-

ser beratenden Körperschaften wird durch das Verkehrsministerium koordiniert. Auf der Ebene der Behörden gibt es eine fachübergreifende Kommission, die aus leitenden Beamten aus dreizehn Abteilungen besteht und gewöhnlich von einem früheren Ministerpräsidenten geleitet wird. Sie hat die Aufgabe, die Arbeiten des Ministergremiums vorzubereiten. Die Entscheidungen des Ministergremiums werden einstimmig getroffen.
Die Niederlande sind kein sehr großes Land. Die Bewirtschaftung ihrer Küsten einschließlich der Deiche, die Überschwemmungen verhindern sollen, ist für die gesamte Nation von überragender Bedeutung. Den »Kreis der Dörfer« könnte man in den nichtstaatlichen Beraterstab einbeziehen (Abbildung 5. 2).
Ein anderes ausgezeichnetes Modell hat sich in Brasilien entwickelt. Der dortige nationale Plan zur Küstenbewirtschaftung wurde 1988 von der Interministeriellen Kommission für Marine Ressourcen ins Leben gerufen, einer staatlichen Behörde unter Vorsitz des Marineministers, der Vertreter von elf Bundesministerien angehören. Das Programm, das siebzehn an der Küste gelegene Bundesstaaten einbezieht, wird durch eine ausgefeilte institutionelle Struktur unterstützt, zu der staatliche Behörden der verschiedenen Ebenen, wissenschaftliche Institutionen und Nichtregierungsorganisationen gehören. Politisch und administrativ ist das Programm in drei Ebenen organisiert, die untereinander in Wechselbeziehung stehen. Ein Sekretariat der Interministeriellen Kommission sorgt für technische und finanzielle Unterstützung der Staaten sowie der regionalen und örtlichen Behörden; es fördert sie bei der Entwicklung und Verabschiedung eigener Bewirtschaftungspläne und bedient sich dazu eines Verfahrens, das von einer Koordinierungsgruppe aus Vertretern einer Reihe von Bundesbehörden entwickelt wurde. Die dritte Ebene im politisch-administrativen Prozeß ist die Beteiligung der örtlichen Regierungen und Gemeinden; sie liefern die Rückmeldung, die für die Umgestaltung der nationalen Prioritäten und Richtlinien notwendig ist.
Diese neuen Strukturen entwickeln sich nach wie vor weiter, verändern sich in ihren Einzelheiten und passen sich an lokale und nationale Notwendigkeiten und Bedingungen an.
Damit das System funktioniert, ist viel wirklich neuartige, fachübergreifende Ausbildung erforderlich. Letztlich wird ein neuer Typus von Beamten gebraucht, der nicht auf einen engen Bereich dieser oder jener Regierungsabteilung spezialisiert ist, sondern sich sowohl in den Natur- als auch in den Sozialwissenschaften sowie in allen großen Nutzungsbereichen der Ozeane zu Hause fühlt. Solche Personen müssen zum Personal aller beteiligten Mini-

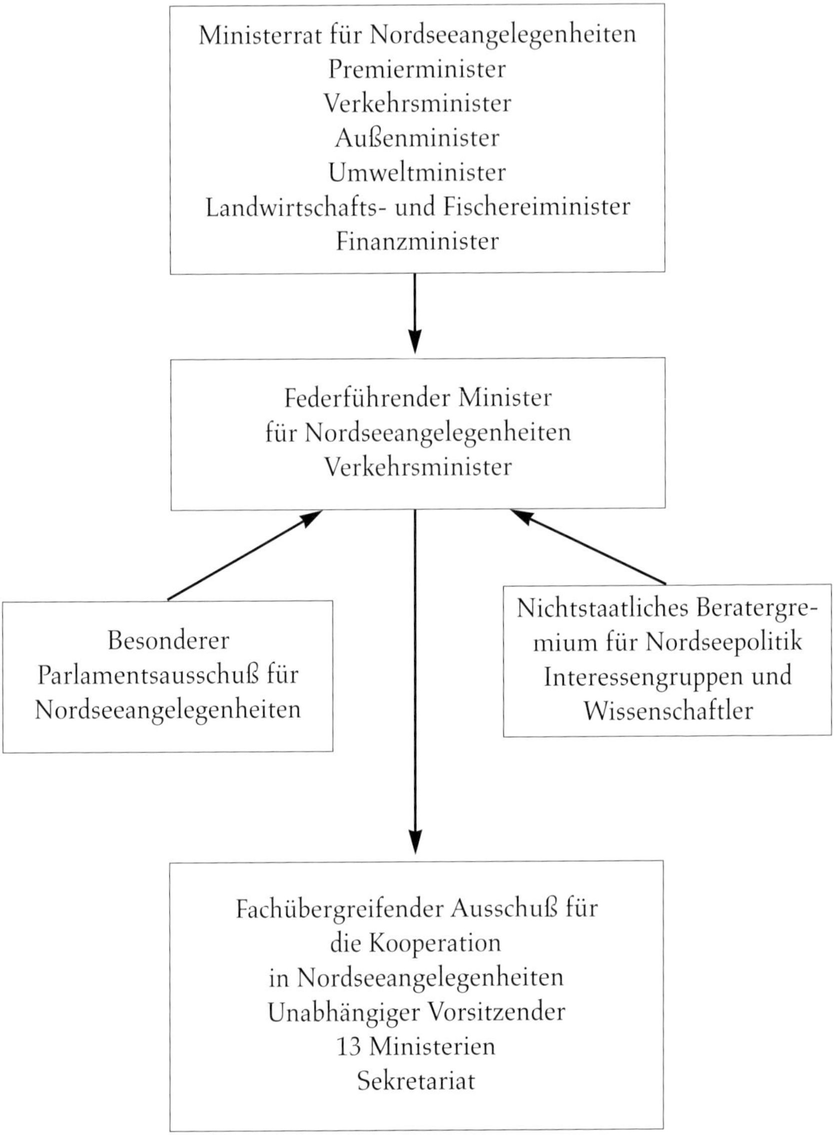

Abbildung 5.2:
Ein Modell für das nichtstaatliche Beratergremium

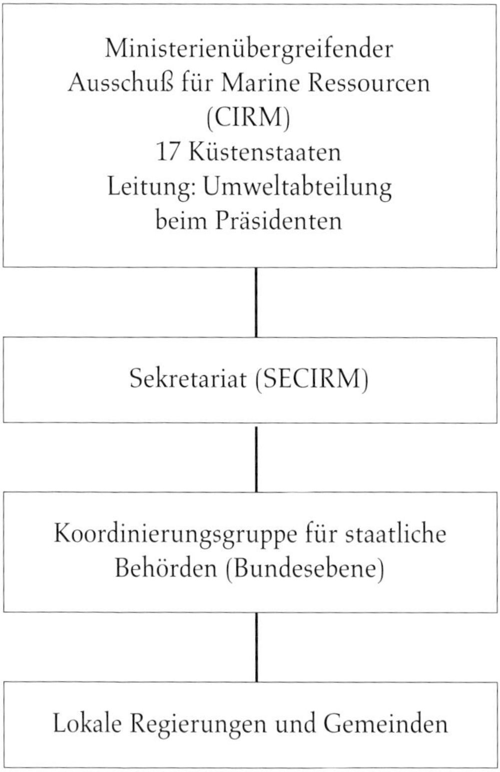

Abbildung 5.3:
Der nationale Plan zur Küstenverwaltung (PNGC) in Brasilien

sterien und Abteilungen gehören, damit eine effektive interministerielle Zusammenarbeit möglich wird.

Wenn man den immer größeren Kreis der Ozeane beobachtet, von der lokalen Ebene über die Provinz bis hin zum Nationalstaat und von dort bis zur regionalen und globalen Ebene, kristallisieren sich zwei Grundprinzipien heraus. Das erste möchte ich als Aurelio-Peccei-Axiom bezeichnen. Peccei erläuterte es auf einem Seminar, das er Ende der sechziger Jahre am *Center for the Study of Democratic Institutions* im kalifornischen Santa Barbara leitete. Es ist in den Archiven des Zentrums nachzulesen. Dieses Prinzip besagt, daß die

Planung im kleinsten Kreis, dem der Dörfer, kurzfristig am effektivsten sein wird. Langfristige Planungen im Kreis der Dörfer werden dagegen eher durch äußere Einflüsse beeinträchtigt. Je größer der Kreis ist, desto größer ist auch die Notwendigkeit langfristiger Planung. Im Kreis des Nationalstaats muß mittelfristig geplant werden – mindestens für fünf bis zehn Jahre. Die Planung für den Kreis der Region, die sich stärker an den Bedingungen des Ökosystems orientiert, muß noch längerfristig sein, und im globalen Kreis schließlich muß sie sich über sehr lange Zeiträume erstrecken und fünfzig oder hundert Jahre in die Zukunft blicken.

Das zweite Grundprinzip bezeichne ich als Jovan-Djordjevic-Axiom. Es wurde ungefähr zur gleichen Zeit und ebenfalls auf einem Seminar des *Center for the Study of Democratic Institutions* dargelegt, und zwar von Djordjevic, einem der großen Theoretiker aus der Tito-Kardelj-Ära, in der sich in Jugoslawien das System der Selbstverwaltung entwickelte. Dieses Prinzip lautet: Je länger die Planungsperiode ist, desto umfassender muß die Bevölkerung in die Planung einbezogen werden. Kurzfristige Planungen können von einer Regierung verordnet werden; betreffen sie jedoch Zeiträume, die länger sind als eine Wahlperiode, ist das nicht möglich. Politiker kommen und gehen, aber die Menschen bleiben. Je größer der Kreis und je länger die Planungsperiode ist, desto aktiver und intensiver müssen die Menschen den Planungsprozeß verstehen und daran mitwirken, und dieser darf nicht von oben nach unten, sondern er muß von unten nach oben organisiert sein.

Zur gleichen Zeit wurde am *Center for the Study of Democratic Institutions* übrigens auch das Projekt zur Vorgehensweise auf den Ozeanen geboren, aus dem *Pacem in Maribus* und das *International Ocean Institute* hervorgingen.

Die Region

Den umfassendsten Rahmen für die regionale Zusammenarbeit im Zusammenhang mit den Meeren bietet das *Regional Seas Programme*. Es wurde vom UNEP nach der Stockholmer Umweltkonferenz ins Leben gerufen und ist eine der großen Erfolgsgeschichten der Vereinten Nationen.

Zwangsläufig spiegelt sich darin aber die Aufteilung in Fachgebiete wider, die Anfang der siebziger Jahre noch üblich war. Die Konferenz von Stockholm hatte zur Folge, daß auf nationaler Ebene Fachministerien für die Umwelt eingerichtet wurden; auf regionaler Ebene führte sie zum *Regional Seas Programme* für den Umweltschutz, auf globaler zum UNEP als Programm, das nach Fachgebieten aufgeteilt ist.

Zwischen 1972 (Stockholm) und 1992 (Rio) gab es weltweit einen Wechsel von einer fachbezogenen zu einer umfassenden Denkweise, vom Umweltschutz zur nachhaltigen Entwicklung. Dieser Wandel hatte für die Institutionen eine Reihe von Auswirkungen, mit denen sich die Unterzeichner regionaler Übereinkommen, Protokolle und Aktionspläne heute auseinandersetzen müssen. Ein vielversprechender Anfang wurde 1995 gemacht, als man die Konvention und den Aktionsplan von Barcelona überarbeitete.

Die Aktualisierung und Neustrukturierung regionaler Meeresprogramme ist unbedingt notwendig, nicht nur um diese nützlichen Programme selbst zu retten und das Seerechtsübereinkommen umzusetzen, sondern auch zur Unterstützung aller nach dem Umweltgipfel beschlossenen Abkommen und Aktionsprogramme sowie zur Stärkung der regionalen Sicherheit, auch in den Bereichen von Wirtschaft und Umwelt. Für alle diese neuen Instrumente sind regionale Kooperation und Organisation ein unverzichtbares Element; das gilt für die Übereinkommen zum Klimaschutz und zur biologischen Vielfalt, für die *Agenda 21*, für den Barbados-Aktionsplan für Entwicklungsländer auf kleinen Inseln, für die Empfehlungen von Nordwijk für die integrierte Küstenbewirtschaftung, für die Konvention über grenzüberschreitende und weit wandernde Fischbestände, für den globalen Aktionsplan für den Schutz der Meeresumwelt vor landgestützten Aktivitäten und für die Agenden des Generalsekretärs für Frieden und Entwicklung.

Die Neustrukturierung der Regionalmeerprogramme muß nach den gleichen Prinzipien erfolgen, nach denen auch die nationale und lokale Verwaltung ihre Struktur erhält: Sie muß umfassend, widerspruchsfrei, fachübergreifend und bürgernah sein. Fehlt zwischen den »Kreisen« die Übereinstimmung, können sie nicht richtig in Wechselbeziehung treten, so daß die Regeln und Vorschriften auf nationaler und regionaler Ebene nicht mehr richtig zueinander passen.

Der Wechsel von der fachbezogenen zur umfassenden Denkweise, die neuen Aufgaben, die aus der Umsetzung des Kapitels 17 (und anderer) der *Agenda 21* erwachsen, die Abkommen über Klimaschutz und biologische Vielfalt, das globale Aktionsprogramm, aber auch die neue Betonung der integrierten Bewirtschaftung von Küsten und Ozeanen *erweitern eindeutig den Geltungsbereich der Abkommen*. Dieser Geltungsbereich muß jetzt die gesamte friedliche Nutzung der Regionalmeere einschließen, so unter anderem die Bewirtschaftung der Fischbestände, die Überwachung und Durchsetzung von Vorschriften, die Schiffahrt, die Förderung von Mineralien und Öl vor der Küste, Küstenbewirtschaftung, Tourismus, Hafenverwaltung und so weiter.

Das heißt nicht, daß das Regionalmeerprogramm des UNEP noch einmal das gleiche tun soll, was andere Organisationen wie FAO, IOC, UNDP und so weiter in der Region bereits leisten. Es bedeutet vielmehr, daß ein Rahmen geschaffen werden muß, in dem alle derartigen Organisationen, darunter auch regionale Entwicklungsbanken und die Regionalkommissionen der Vereinten Nationen sowie Wissenschaft, Industrie und Nichtregierungsorganisationen, zusammenarbeiten können.

Das UNEP hat bereits mit dem Aufbau eines solchen institutionellen Rahmens begonnen, um damit das globale Aktionsprogramm für den Schutz der Meeresumwelt vor landgestützten Aktivitäten umzusetzen.[11]

In diesem Projekt wird sogar mehrfach darauf hingewiesen, es diene dazu, »die Regionalmeerprogramme des UNEP wiederzubeleben, besonders durch Erleichterung geeigneter Tätigkeiten im Rahmen der regionalen Programme«.

Weiter heißt es in dem Projekt:

> »Die Zusammenarbeit des UNEP und seiner Partnerinstitutionen sowie einschlägiger globaler und regionaler Programme, Strukturen und Abkommen ist für die erfolgreiche Umsetzung des globalen Aktionsprogramms unentbehrlich. *Eine solche Zusammenarbeit wird gewährleisten, daß die Umsetzung des globalen Aktionsprogramms in einem größeren Zusammenhang erreicht wird, der unter anderem auch die Gesundheit der Menschen (WHO), die Produktivität der Küstengebiete (FAO), den Verlust der biologischen Vielfalt (CBD und andere), den Schutz vor Strahlung und die Überwachung der Umweltverschmutzung auf den Meeren (IAEA), die verzögerte Entwicklung und Armut (UNDP), die Veränderung demokratischer Prinzipien (UNCHS/Habitat), die abnehmende Sicherheit der Nahrungsversorgung (FAO/WFP), globale Veränderungen der Umwelt (IGP der ICSU), Naturschutz (WWF, IUCN) sowie die Überwachung der Umweltverschmutzung auf den Meeren und den Strahlenschutz (IAEA und andere) umfaßt.«* (Hervorhebung von mir; E. M. B.)

Weiterhin wird in dem Projekt die Einrichtung einer organisationsübergreifenden Lenkungsgruppe vorgeschlagen, die vom UNEP geleitet werden soll und regelmäßig zusammenkommt.

Das Projekt sah für 1997 insgesamt zehn regionale Arbeitstagungen vor. Wegen finanzieller Beschränkungen und anderer Hindernisse haben die meisten dieser Veranstaltungen bisher nicht stattgefunden, aber das sollte so bald wie möglich geschehen. Darüber hinaus sollte man ein derartiges Forum oder eine »regionale Ozeanversammlung«, die zu diesem Zweck vom UNEP geschaffen wird, institutionalisieren. Sie sollte an die Stelle der alle zwei Jahre stattfindenden Tagungen der Unterzeichnerstaaten des Regionalmeerabkommens treten, und ihr Aufgabenbereich sollte nicht auf das globale Aktionsprogramm beschränkt sein; sie sollte vielmehr das ganze Spektrum der mit Ozean und Küste zusammenhängenden Themen des regionalen »Kreises« behandeln und in den größeren, fachübergreifenden Zusammenhang der nachhaltigen Entwicklung stellen. Dazu gehören auch die Aufgabenbereiche der Partnerinstitutionen des UNEP wie Sicherheit der Nahrungsversorgung (FAO), Beseitigung der Armut (UNDP), wissenschaftliche Kooperation (IOC) und so weiter. Die Unterzeichnerstaaten des Abkommens von Barcelona haben eine solche Entwicklung bereits in Gang gesetzt. Wenn man auf der Grundlage aufbaut, die vom UNEP und den Unterzeichnerstaaten des Abkommens von Barcelona bereits gelegt wurde, und wenn man dann den institutionellen Rahmen der »Ozeanversammlung« für alle Regionalmeere verallgemeinert, kann man vorschlagen, den folgenden Artikel in ein überarbeitetes Regionalmeerabkommen aufzunehmen:

> »Die Unterzeichnerstaaten halten regelmäßig alle zwei Jahre Tagungen ab, und außerordentliche Tagungen finden auf Antrag des Koordinators eines Unterzeichnerstaates zu jedem als notwendig erachteten Zeitpunkt statt, sofern ein solcher Antrag von mindestens zwei Unterzeichnerstaaten befürwortet wird. An den Tagungen der Unterzeichnerstaaten nehmen auch fachkundige regionale und internationale Organisationen teil, darunter Organisationen für die regionale wirtschaftliche Integration, die regionalen Wirtschaftskommissionen der Vereinten Nationen, regionale Entwicklungsbanken und Nichtregierungsorganisationen (...).«

Eine solche »Ozeanversammlung« wird ein breites Tätigkeitsspektrum haben, das allerdings in den einzelnen Regionen unterschiedlich aussieht. Aber auch hier wird es Elemente geben, die allen gemeinsam sind.

Die integrierte Bewirtschaftung von Küsten und Ozeanen betrifft auf der Seite des Meeres die Ökosysteme innerhalb der ausschließlichen Wirtschaftszone und auf der Landseite das Gebiet bis zur Wasserscheide. Sie umfaßt zwangsläufig auch die Bewirtschaftung von Flüssen, die unter Umständen in Binnenstaaten entspringen. Deshalb ist es notwendig, daß auch die Binnenstaaten im Hinterland Mitglieder der Regionalmeerprogramme werden.

Zur integrierten Küstenbewirtschaftung gehört demnach zwangsläufig auch eine integrierte Bewirtschaftung des Wassers. Die Süßwasser- und Meerwassersysteme der Küstenzone stehen in enger Wechselbeziehung. Ein vielversprechender erster Schritt in die richtige Richtung ist die kürzlich erfolgte Neuorganisation der Abteilungen für integrierte Wasserbewirtschaftung in UNEP, UNDP, Weltbank und *Global Environment Facility* (GEF).
In den folgenden Abschnitten werde ich mich mit drei Neuentwicklungen befassen, die in diesem Stadium der regionalen Kooperation und Entwicklung überall unbedingt notwendig sind:

- technische Kooperation;
- Einrichtung regionaler Kommissionen für nachhaltige Entwicklung, welche die notwendige Verbindung zwischen regionalem und globalem »Kreis« herstellen;
- regionale Sicherheit.

Technische Kooperation

Sowohl das Seerechtsübereinkommen als auch alle nach dem UN-Umweltgipfel geschlossenen Konventionen, Abkommen und Programme erkennen an, daß technische Kooperation und die Weitergabe von Technologie von grundlegender Bedeutung sind, wenn die armen Länder ihre Aufgaben wahrnehmen und im Rahmen dieser neuen Instrumente in den Genuß ihrer Rechte kommen sollen. Diese Erkenntnis nimmt immer mehr zu und gewinnt an Durchsetzungskraft. Die Vorschriften der neuen Abkommen erlegen den Industrieländern größere Verpflichtungen auf als das Seerechtsübereinkommen. Das ist auch logisch: Mächtige Staaten mit mächtigen Flotten könnten zwar immer noch glauben, sie hätten die Herrschaft über die Meere, wenn sie die Regeln mißachten und schwache, nicht mit Schiffen ausgestattete Staaten an den Rand drängen. Aber es liegt auf der Hand, daß sie nicht mit der globalen Klimaveränderung, dem Ozonloch und dem Schwund der biologischen Vielfalt fertig werden, wenn zwei Drittel oder drei Viertel der Menschen auf der Erde dabei nicht mitmachen. Die neuen globalen Probleme haben den Entwicklungsländern ein Faustpfand in die Hand gegeben, das sie wirksam nutzen sollten.
Der Schwachpunkt des Systems ist die Tatsache, daß jede einzelne Konvention, jedes Abkommen und Programm eigene Vorschriften für technische

Kooperation und Technologietransfer enthält, weil jedes einzelne versucht, auf nationaler, regionaler und globaler Ebene eigene Maßnahmen festzulegen. Das ist natürlich eine gewaltige Verschwendung; sie bedeutet nicht Verdoppelung, sondern Vervielfachung des Aufwandes, besonders angesichts der Tatsache, daß im wesentlichen immer die gleiche Technologie beteiligt ist.
Wenn wir jetzt beobachten, daß umfassende Vorgehensweisen entstehen, in deren Rahmen alle neuen Instrumente im lokalen, nationalen und regionalen »Kreis« eingesetzt werden, liegt natürlich der Gedanke nahe, daß ein einziges System der technischen Zusammenarbeit den Notwendigkeiten aller Konventionen, Abkommen und Programme in einer Region dienen könnte. Wie man leicht erkennt, wäre das wesentlich kostensparender, und man könnte mit viel weniger weitaus mehr erreichen.
Wenn man ein solches System schaffen will, sollte man an einen zweiten grundlegenden Punkt denken, der häufig vergessen wird: Technologietransfer ist heute nicht mehr das gleiche wie früher. Das ergibt sich aus dem veränderten Wesen der heutigen Technologie. Auch Technologie ist heute nicht mehr das, was sie einmal war.
Die herkömmliche Technologie war »Hardware«, die man mit einem begrenzten Geschäftsvorgang von einem »Produzenten« zu einem »Nutzer« oder »Verbraucher« »transferieren« konnte. Die neue Technologie dagegen besteht aus Information, Wissen, Entwicklung; sie ist nicht Produkt, sondern Prozeß, und dieser Prozeß bezieht den Konsumenten ebenso ein wie den Produzenten, so daß beide zu dem werden, was Alvin Tofler als »Prosumenten« bezeichnet hat – mit tiefgreifenden Wirkungen auf den internationalen Handel und den Technologietransfer. Man kann Technologie heute nicht mehr »kaufen«, sondern man muß sie »lernen«. Jeder Transfer wird zu einer Art Joint-venture, das mit langfristigen Abmachungen über Ausbildung, Wartung, Reparatur, Aktualisierung usw. verbunden ist. Oder, wie Orio Giarini es formuliert hat: »Die Vorstellung, daß Produkte oder Technologie transferiert werden, muß deshalb immer stärker den ›Prosumenten‹-Prozessen der Zusammenarbeit und Integration Platz machen.«
Außerdem sollte man festhalten, daß Forschung und Entwicklung in der heutigen Technologie von gewaltiger Bedeutung sind. Forschung und Entwicklung sind die Grundlage technischer Neuerungen, und technische Neuerungen sind der Motor des Wirtschaftswachstums. Nach Ansicht mancher Fachleute (zum Beispiel des Nobelpreisträgers Robert M. Solow vom Massachusetts Institute of Technology) kann man aus den historischen Aufzeichnungen ablesen, daß in den USA bis zu 85 Prozent des Pro-Kopf-Wirtschafts-

wachstums auf Produktivitätssteigerungen oder technische Neuerungen zurückzuführen sind. Nur etwa 15 Prozent des Wachstums haben ihre Ursache in einem höheren Input.
Im Bereich der Hochtechnologie sind Forschung und Entwicklung jedoch äußerst kostspielig: Der Aufwand beläuft sich in jedem der technisch führenden Länder auf mehrere hundert Milliarden Dollar. Und sie sind nicht nur teuer, sondern auch riskant, besonders in den frühen Stadien. Die Wahrscheinlichkeit von Fehlschlägen liegt nach verschiedenen Schätzungen bei 7 bis 20 zu 1, vielleicht sogar bei 40 zu 1. Außerdem gibt es zu Beginn eine lange Durststrecke: Häufig dauert es viele Jahre, bevor das investierte Kapital eine Rendite erbringt. Und schließlich sind die Ergebnisse von Forschung und Entwicklung häufig nicht nur für die Firma nützlich, die sie in Gang gesetzt und bezahlt hat, sondern auch für andere Unternehmen. Mit anderen Worten: Häufig gibt es beträchtliche äußere Wirkungen, an deren Förderung ein Privatunternehmen kein Interesse hat.
Das alles führte zu Prozessen, durch die sich der Bereich von Forschung und Entwicklung in der Industrie grundlegend gewandelt hat; man konnte beobachten, wie Firmenkonsortien die Kosten für Forschung und Entwicklung teilten und senkten, so daß das Risiko in der Frühphase – der »präkompetitiven Phase«, wie man sie auch nennt – besser gestreut wird. Andererseits zeigte sich auch, daß zunächst die Banken und dann auch die Regierungen sich stärker an der Finanzierung derartiger Forschungs- und Entwicklungstätigkeiten beteiligten. Selbst in den Vereinigten Staaten, der Hochburg des privaten Unternehmertums, werden mehr als fünfzig Prozent von Forschung und Entwicklung durch die Regierung finanziert.
In den meisten Ländern reichen aber selbst diese gemeinsamen Investitionen von öffentlicher Hand und Privatwirtschaft nicht aus, um ihre technischen Entwicklungen international konkurrenzfähig zu machen. Deshalb entstand eine neue Form der internationalen öffentlich-privaten Zusammenarbeit – Musterbeispiele sind Systeme wie EUREKA und viele Dutzend andere. »Die Zunahme der internationalen, zwischen Firmen abgeschlossenen Abkommen über technische Zusammenarbeit stellt eine der wichtigsten neuen Entwicklungen in der ersten Hälfte der achtziger Jahre dar«, schreiben Margaret Sharp und Claire Shearman.[12] Durch die Aufteilung von Risiken und Kosten werden die Unternehmen in vielen Fällen ermutigt, mehr für Forschung und Entwicklung aufzuwenden, als sie es sonst tun würden.
EUREKA ist ein sehr einfaches Modell; es ist flexibel, dezentral und kostengünstig. Schon in den noch nicht einmal drei Anfangsjahren führte es dazu,

daß fünf Milliarden Dollar in Forschung und Entwicklung von Hochtechnologie gesteckt worden sind. Nachdem Firmengiganten wie Philips, Siemens und SGS Thomson ein Konsortium für Forschung und Entwicklung gegründet hatten, wurden über zwanzig Milliarden französische Franc investiert, die sich die drei Unternehmen sowie die Regierungen der Niederlande, Westdeutschlands, Frankreichs und Italiens im Rahmen von EUREKA teilten.
Der institutionelle Rahmen besteht im wesentlichen aus vier Elementen:

- In jedem beteiligten Land hat ein nationaler Koordinator die Aufgabe, Forschungs- und Entwicklungsprojekte aus zuvor festgelegten vorrangigen Gebieten der Hochtechnologie in Gang zu setzen, wobei die Beteiligten aus mindestens zwei Ländern kommen.
- Tagungen der nationalen Koordinatoren dienen dazu, unter solchen Projekten eine erste Auswahl zu treffen.
- Auf Konferenzen der Minister für Forschung und Technologie aus den Teilnehmerstaaten werden die Projekte endgültig ausgewählt.
- Ein kleines Koordinationszentrum organisiert die Tagungen auf beiden Ebenen.

Die ausgewählten EUREKA-Projekte werden zum Teil von den Wirtschaftsunternehmen finanziert, die sie vorgeschlagen haben, zum Teil aber auch von den Regierungen sowie von der Europäischen Union, soweit diese als Partner an einem Projekt beteiligt ist.
Diese neue Form der Zusammenarbeit zwischen öffentlichem und privatem Sektor auf nationaler und internationaler Ebene – und nicht »Privatisierung« – eröffnet die Möglichkeit, eine Synthese zwischen den zwangsläufig streng finanziellen, kurzfristigen Interessen der Privatwirtschaft und den umfassenden, langfristig angelegten sozialen und ökologischen Aufgaben des Staats zu finden.
Für Entwicklungsländer hat die gemeinsame Entwicklung der Technologie eine Reihe besonderer Vorteile. Erstens gehört automatisch auch *Ausbildung* dazu. Fachkräfte aus Entwicklungsländern, die für gemeinsame Forschungs- und Entwicklungsprojekte ausgewählt werden, lernen, indem sie ihren Beruf ausüben. Zweitens muß eine Technologie, die gemeinsam entwickelt wurde, später nicht für die Anwendung in Entwicklungsländern »angepaßt« werden, sondern sie ist von vornherein auf eine solche Anwendung ausgelegt. Drittens ergeben sich keine Schwierigkeiten mit dem »Recht auf geistiges Eigentum«. Eine Technologie, die gemeinsam entwickelt wurde, ist auch gemeinsames

Eigentum, und über die Handhabung solcher Rechte gibt es bereits eine umfangreiche Literatur. Die gemeinsame Entwicklung von Technologie wird dazu beitragen, den Begriff des »geistigen Eigentums« zu erweitern und offener zu gestalten, was ohnehin unvermeidlich ist.

Umwelt und Entwicklung

Das *International Ocean Institute* veröffentlichte 1987 den Vorschlag, ein *Mediterranean Centre for Research and Development in Marine Industrial Technologies* (MEDITECH) zu gründen.[13] Der Vorschlag wurde von der Regierung Maltas gebilligt und sowohl vom UNEP als auch von der UNIDO unterstützt. Das *International Ocean Institute* wurde mit einer Durchführbarkeitsstudie beauftragt, und diese wurde 1988 fertiggestellt.[14] Anschließend organisierte die UNIDO eine Expertentagung, die 1988 in Wien stattfand. Als Standort für das Zentrum boten sich mehrere Mittelmeerländer an, und nachdem in der Frage, wo die Zentrale oder das Sekretariat der Einrichtung sich befinden sollte, keine Einigung zu erzielen war, wurde nichts mehr unternommen.

Mittlerweile ist der Vorschlag überholt, denn es gibt eine Reihe von Regierungsabkommen über verschiedene Formen der technischen Kooperation im Mittelmeerraum und in anderen Regionen. Und was am wichtigsten ist: Er ist auch durch den UN-Umweltgipfel von 1992 und die nachfolgenden Abkommen, Konferenzen und Aktionspläne überholt. Sie alle unterstützten die Beweggründe und Prinzipien, die dem Vorschlag zugrunde liegen: Sie wiesen darauf hin, daß Technologietransfer in arme Länder absolut notwendig ist, wenn diese ihre Aufgaben bei der Umsetzung der neuen internationalen Instrumente wahrnehmen und zu einer nachhaltigen Entwicklung gelangen sollen.

Keine Konferenz und kein Abkommen aber erreichte genau das, was das *International Ocean Institute* mit seinem Vorschlag bezweckt hatte: einerseits gemeinsame Investitionen des öffentlichen und privaten Bereichs auf internationaler Ebene zu mobilisieren, um auf diese Weise Synergieeffekte zu erzielen, und andererseits die Maßnahmen der verschiedenen Konventionen so zu nutzen, daß sie sich gegenseitig verstärken, was ebenfalls in Synergieeffekten münden würde. Vielleicht ist es jetzt an der Zeit, sich das Projekt noch einmal anzusehen und es an die Notwendigkeiten des nächsten Jahrhunderts anzupassen.

Ein regionales System für die gemeinsame Technologieentwicklung im Rahmen eines wiederbelebten Regionalmeerprogramms sollte die Umsetzung folgender Dokumente einschließen:

- Seerechtskonvention (Teil IX über umschlossene und halbumschlossene Meere; Teil XIII und XIV über regionale Zusammenarbeit; Meeresforschung und Technologie, besonders Artikel 226 und 227 über regionale Zentren für die Förderung von Meeresforschung und Technologie);
- *Agenda 21*, Kapitel 17 über Meere und Ozeane sowie Kapitel 34 über Technologie;
- Konvention über biologische Vielfalt (Artikel 4);
- Klimaschutzabkommen (Artikel 5);
- Wiener Konvention über den Schutz der Ozonschicht und das Protokoll von Montreal über Substanzen, welche die Ozonschicht zerstören.[15]

Außerdem die Empfehlungen der Konferenz über integrierte Küstenbewirtschaftung von Nordwijk (1994), der globale Aktionsplan über landgebundene Schadstoffquellen (Washington, 1995) und das Implementierungsabkommen über grenzüberschreitende Fischbestände. Sie alle bedürfen der technischen Kooperation in einem weitgefaßten kulturellen, sozialen und ökologischen Zusammenhang.[16]

Pilotprojekte

Angesichts der großen Unterschiede, die zwischen den Regionen im Hinblick auf Bedürfnisse, Ressourcen und institutionelle Infrastruktur bestehen, schlage ich vor, zwei Pilotprojekte in Gang zu setzen: eines im Mittelmeerraum im Rahmen des Programms für Regionalmeere nach der überarbeiteten Konvention von Barcelona, das andere im Indischen Ozean. Die Grundlage sollte bei beiden das Prinzip sein, erstens Synergien zwischen öffentlichen und privaten Investitionen auf regionaler Ebene zu schaffen und zweitens die Forderungen aller Konventionen, Abkommen und Programme zu erfüllen. Dennoch werden in den verschiedenen Regionen zwangsläufig sehr unterschiedliche Prioritäten zu setzen sein. Im Mittelmeerraum wird das Schwergewicht stärker auf Industrietechnologie liegen, am Indischen Ozean dagegen wird die dörfliche Technologie im Vordergrund stehen. Das dürfte auch Auswirkungen auf die Art der Finanzierung haben: Am Mittelmeer wird sich der private Sektor stärker daran beteiligen als am Indischen Ozean.

Im Mittelmeerraum sollte man das Pilotprojekt als eine praktische, kostenspa-

rende Methode betrachten, durch die der Auftrag der *Mediterranean Commission for Sustainable Development* im Hinblick auf die technische Kooperation umgesetzt wird.
Es sollte ein *Netzwerk* oder *System* aufgebaut werden, das folgende Elemente umfaßt:

1. alle Unterzeichner der Konvention von Barcelona;
2. alle regionalen wissenschaftlich-technischen Zentren und Institutionen sowie alle internationalen wissenschaftlich-technischen Institutionen, die in der Region tätig sind.

Das System sollte durch vier Einrichtungen verwaltet werden:

1. nationale Koordinatoren und Vertreter der regionalen und internationalen wissenschaftlich-technischen Institutionen;
2. Treffen der nationalen Koordinatoren und der regionalen und internationalen Institutionen;
3. Treffen der Minister für Wissenschaft und Technologie;
4. das Koordinationszentrum.

Jeder Unterzeichnerstaat sollte einen nationalen Koordinator benennen:

1. In den Ländern der Europäischen Union kann der jeweilige EUROMAR-Koordinator zu diesem Zweck benannt werden.[17]
2. In den anderen Mitgliedsstaaten muß ein besonderer Koordinator bestimmt und an der am besten geeigneten nationalen wissenschaftlich-technischen Institution angesiedelt werden.

Die nationalen Koordinatoren haben die Aufgabe, Projekte aus dem öffentlichen Bereich und der Privatwirtschaft in Gang zu setzen. Damit ein Projekt gefördert werden kann, muß es folgende Anforderungen erfüllen:

1. Es muß in eine der technologischen Kategorien gehören, auf die sich die Unterzeichnerstaaten geeinigt haben. Das sind Aquakultur und Gentechnik, die Herstellung selektiver Gerätschaften für die Fischerei, Abfallrecycling, technische Methoden zur Wasser- und Abwasseraufbereitung, erneuerbare Energiequellen aus dem Meer wie die OTEC- oder Methanproduktion durch Tiefseemikroorganismen (Methanococcus, die sich später vielleicht auch in Laboratorien und Fabriken an Land züchten lassen), Erforschung von Hydraten usw. Die Liste ist in jeder Region auf die jeweiligen Notwendigkeiten abzustimmen.

2. Es müssen Partner aus mindestens zwei Ländern beteiligt sein, darunter mindestens ein Entwicklungsland.

Die nationalen Koordinatoren sowie die Vertreter der regionalen internationalen Institutionen sollten sich mindestens zweimal im Jahr treffen und unter den beantragten Projekten eine erste Auswahl treffen. Die Minister für Wissenschaft und Technologie (oder ihre Entsprechung) aus den Unterzeichnerstaaten treffen sich mindestens einmal im Jahr und wählen die Projekte endgültig aus. Diese Tagungen sollten im Rahmen der *Mediterranean Commission for Sustainable Development* stattfinden. Sie sollten eine der »oberen Ebenen« der Kommission darstellen, damit die richtige Verknüpfung zwischen gemeinsamer Entwicklung von Technologie und den Zielen von Nachhaltigkeit und Naturschutz gewährleistet ist, wie sie durch die verschiedenen Konventionen, Programme und Aktionspläne des Umweltgipfels angestrebt wird.

Die ausgewählten Projekte werden zur Hälfte von den Industrieunternehmen finanziert, die sie beantragt haben, zur anderen Hälfte durch Regierungen und regionale Finanzierungsbehörden. Damit wäre auf regionaler Ebene der gewünschte Synergieeffekt zwischen privaten und öffentlichen Investitionen gegeben. Der Anteil der Entwicklungsländer sollte (zum großen Teil, aber nicht unbedingt vollständig) durch internationale Finanzierungsinstitutionen gesichert werden. Indem die Industrieländer unter den Unterzeichnerstaaten zu dieser Finanzierung beitragen, erfüllen sie die Verpflichtung zur technischen Kooperation, die ihnen die Konventionen für biologische Vielfalt und Klimaschutz auferlegen, und gleichzeitig fördern sie die eigene Industrie.

Das Koordinierungszentrum sollte aus einer Kerneinheit bestehen, und andere Einheiten sollten je nach Notwendigkeiten und verfügbaren Mitteln hinzukommen oder entfallen.

1. Die Kerneinheit organisiert die Tagungen der nationalen Koordinatoren und der Vertreter regionaler und internationaler Institutionen. In Zusammenarbeit mit dem in Athen angesiedelten Koordinationszentrum für den Mittelmeer-Aktionsplan sollte sie weiterhin den besonderen, oberen Ebenen der *Mediterranean Commission for Sustainable Development* dienen, die unter den Projekten die endgültige Auswahl trifft.
2. So bald wie möglich sollte es eine zusätzliche Einheit für die Organisation von Ausbildungsprogrammen geben. Die Ausbildung sollte in allen Bereichen von Wissenschaft und Technologie erfolgen, die in den Projekten des Systems vertreten sind, und die Auszubildenden sollten soweit wie mög-

lich unmittelbar in die Projekte einbezogen werden. Außerdem sollten die Ausbildungsprogramme fachübergreifend angelegt sein, Verwaltung und Projektplanung einschließen und Grundkenntnisse über regionale Kooperation, Entwicklung und die neu entstehenden Formen der Verwaltung für die Ozeane vermitteln, denn diese stellen den größeren Rahmen dar, innerhalb dessen sich die technische Kooperation entwickeln muß. Die Ausbildungseinheit sollte mit vorhandenen Ausbildungsprogrammen und -institutionen zusammenarbeiten.

3. Eine juristische Einheit sollte sich am Entwurf der Verträge für Joint-ventures, der Weitergabe geistigen Eigentums und anderen rechtlichen Fragen beteiligen, die sich aus den Projekten ergeben.
4. Eine weitere Einheit sollte zuständig sein für die Verwaltung von Daten und Informationen sowie für die Zusammenarbeit mit Systemen der Technologiekooperation, die im Rahmen anderer Regionalmeerprogramme eingerichtet werden.

Die Einrichtung solcher Systeme für die gemeinsame Entwicklung von Technologie im Rahmen eines wiederbelebten Regionalmeerprogramms stünde vollständig im Einklang mit dem Programm für die weitere Umsetzung der *Agenda 21*, das auf der Sondersitzung der UN-Vollversammlung vom 23. bis 27. Juni 1997 verabschiedet worden ist.[18]

Regionale Kommissionen für nachhaltige Entwicklung

Daß regionale Kommissionen für nachhaltige Entwicklung eingerichtet werden, ist aus mehreren Gründen wünschenswert.
Der UN-Kommission für nachhaltige Entwicklung stehen nur sehr begrenzte Mittel zur Verfügung, und gleichzeitig hat sie sehr umfangreiche Aufgaben und Verpflichtungen bei der Umsetzung der *Agenda 21*. Könnte sie ihre Tätigkeit dezentralisieren und sich auf eine verstärkte Aktivität auf regionaler Ebene stützen, würde das ihre Effizienz erheblich steigern. Regionale Kommissionen mit geeigneten Verbindungen zur UN-Kommission würden dafür sorgen, daß regionale und globale Politik sowie die Politik der Regionen und Nationalstaaten im Hinblick auf die nachhaltige Entwicklung vereinbar sind.
Die Mittelmeerländer, die gleichzeitig auch Unterzeichnerstaaten des Abkommens von Barcelona sind, haben einen ersten kühnen Schritt zur Einrichtung einer solchen Kommission unternommen. Die Kommission wurde 1995 ins Leben gerufen, und zwar in Übereinstimmung mit der Empfehlung der Mini-

sterkonferenz von Tunis, die im November 1994 stattgefunden hatte. Ziel der Kommission ist es,

> »die wichtigsten ökonomischen, ökologischen und sozialen Probleme zu identifizieren und zu bewerten, die in der *Agenda MED 21* benannt wurden, den Tagungen der Unterzeichnerstaaten in dieser Hinsicht geeignete Vorschläge zu unterbreiten, die Wirksamkeit der Entscheidungen der Unterzeichnerstaaten im nachhinein zu bewerten und den Austausch von Informationen unter den Institutionen zu erleichtern, die Tätigkeiten im Zusammenhang mit der nachhaltigen Entwicklung des Mittelmeerraums umzusetzen; die Kooperation in der Region zu fördern und Grundlagen für staatenübergreifende Entscheidungsmöglichkeiten im Mittelmeerraum zu schaffen, die der Integration von Fragen der Umwelt und Entwicklung dienen«.

Daß die Umsetzung dieses begrifflichen Rahmens die Arbeit der UN-Kommission für nachhaltige Entwicklung erleichtert, liegt auf der Hand.

Die Zusammensetzung dieser Kommission ist ungewöhnlich und spiegelt eine neue Entwicklung wider, die ins nächste Jahrhundert weist. Das Gremium hat 36 Mitglieder. 21 von ihnen vertreten die Unterzeichnerstaaten des Abkommens von Barcelona. Die übrigen 15 sind Vertreter lokaler Behörden, sozioökonomischer Körperschaften und von Nichtregierungsorganisationen, die auf dem Gebiet des Umweltschutzes und der nachhaltigen Entwicklung arbeiten.

Jeder Unterzeichnerstaat des Abkommens von Barcelona ist durch einen hochrangigen Vertreter (insgesamt 21) repräsentiert, der je nach Bedarf von Stellvertretern und Beratern begleitet sein kann, damit die fachübergreifende Beteiligung der betroffenen ministeriellen Körperschaften der Unterzeichnerstaaten (zum Beispiel Ministerien für Umwelt, Tourismus, Wirtschaft, Entwicklung, Industrie, Finanzen, Energie usw.) gewährleistet ist.

Jede der drei Kategorien, die im Abschnitt C 5 der Begriffsbestimmungen erwähnt ist, nämlich lokale Behörden, sozioökonomische Körperschaften und Nichtregierungsorganisationen, ist mit fünf Vertretern (insgesamt 15) und einer ebenso großen Zahl von Stellvertretern repräsentiert, die von der Versammlung der Unterzeichnerstaaten gewählt werden. Wichtig ist: *Alle 36 Mitglieder sind gleichberechtigt an der Kommission beteiligt.*[19]

Besonders interessant ist der erste der drei hier zitierten Abschnitte: Er weicht von der Tradition des UNEP ab, wonach Staaten durch ihre Umweltminister vertreten werden. Es muß sich um einen »hochrangigen« Vertreter handeln, aber das kann jeder »hochrangige« Minister sein. Der Abschnitt unterstreicht die Notwendigkeit, daß die wichtigen ministeriellen Abteilungen fachübergreifend mitwirken müssen.

Der zweite Abschnitt ist von besonderem Interesse, weil er einerseits die notwendige Verbindung zu den Körperschaften an der örtlichen »Basis« herstellt, die die Vertreter nominieren. Die Wahl der Vertreter erfolgt aber nicht lokal, sondern bei den Tagungen aller Unterzeichnerstaaten; damit ist sichergestellt, daß die Kandidaten von international anerkanntem Rang sind, obwohl sie ihre Wurzeln in lokalen Körperschaften und Tätigkeiten haben.[20]

Am wichtigsten ist vielleicht der dritte Abschnitt. Er stellt Regierungen und Nichtregierungsorganisationen auf eine Stufe. Damit erkennt er die sich ständig wandelnde Beziehung zwischen Staaten und »Bürgergesellschaft« an, und er spiegelt die fortlaufende Veränderung des Souveränitätsbegriffs wider.

Die *Mediterranean Commission on Sustainable Development* (MCSD) nahm ihre Tätigkeit am 16. Dezember 1996 in Rabat auf. Ihre dreißig Mitglieder repräsentierten siebzehn Anrainerstaaten des Mittelmeers und die EU, drei lokale Behörden, drei sozioökonomische Körperschaften und fünf regionale Nichtregierungsorganisationen.

Auf der Tagung faßte die MCSD den Beschluß, Manager für bestimmte Aufgaben zu ernennen und Arbeitsgruppen zu bestimmten Fragen einzusetzen, die sich über einen festgelegten Zeitraum hinweg mit einer begrenzten Zahl von Themen befassen sollten. Zwei dieser Gruppen erhielten besondere Priorität: Die eine untersuchte die nachhaltige Bewirtschaftung der Küstenzonen, die andere beschäftigte sich mit der Bewirtschaftung der Wassernachfrage. Die erste wird von Marokko und dem MEDCITIES-System organisiert, die zweite von Marokko und Tunesien. Tunesien war 1994 der Schauplatz der Ministertagung gewesen, auf der man die Einrichtung der MCSD beschlossen und die *Agenda MED 21* verabschiedet hatte; damit waren diese wichtigen Themen der *Agenda 21* von Rio auf den Mittelmeerraum übertragen worden.

Nach einem Jahr werden Marokko und Tunesien die ersten strategischen und politischen Orientierungspunkte vorlegen. Andere Gruppen werden sich mit den nicht weniger dringenden großen Herausforderungen befassen, die Tourismus, freier Welthandel und Industrie für die nachhaltige Entwicklung darstellen.

Die Einrichtung der *Mediterranean Commission on Sustainable Development* war ein mutiger Schritt. Ihre Struktur und Funktionen sollten von den Unterzeichnerstaaten aller anderen Regionalmeerprogramme sorgfältig untersucht werden, vorzugsweise zuerst auf den Workshops, die vom UNEP bereits angekündigt wurden.

Regionale Sicherheit

Das Jahr 1998 war das Jahr der Meere. Es ist an der Zeit, festzustellen:

> »Nachhaltige Entwicklung hat drei Bestandteile, die zusammengeführt werden müssen: sozioökonomische Entwicklung; Schutz der Umwelt, in der die sozioökonomische Entwicklung stattfindet; sowie Frieden und Sicherheit, ohne die weder sozioökonomische Entwicklung noch Umweltschutz möglich ist.
> Sicherheit hat ebenfalls drei Bestandteile, die zusammengeführt werden müssen: politisch-militärische Sicherheit, das heißt Sicherheit im herkömmlichen Sinn, ökonomische Sicherheit und ökologische Sicherheit. Ohne die beiden letzten ist politisch-militärische Sicherheit nicht zu erreichen.«

Diese beiden Aussagen sind allgemein anerkannt. Für die Institutionen ergeben sich daraus natürlich Folgerungen, denen man bisher nicht genügend Aufmerksamkeit geschenkt hat. Auf lokaler und nationaler Ebene besteht kein Diskussionsbedarf. Der Staat ist grundsätzlich für alle drei Bestandteile der Sicherheit verantwortlich und hat mit seinen Institutionen auch die Infrastruktur, um sie umzusetzen.
Auf globaler Ebene lenkt inzwischen die *Agenda für den Frieden* des UN-Generalsekretärs die Aufmerksamkeit auf diese Frage. Außerdem betont die *Agenda*, wie wichtig regionale Kooperation ist, damit vorbeugende Diplomatie, Friedensschaffung, Friedenssicherung und Friedenskonsolidierung in der Konfliktfolgezeit verbessert werden. Zu den regionalen Organisationen, die in der Lage sind, an diesem Vorgang mitzuwirken,

> »könnten die vertraglich vereinbarten Organisationen gehören, unabhängig davon, ob sie vor oder nach der Gründung der Vereinten Nationen geschaffen wurden; weiterhin regionale Organisationen für gegenseitige Sicherheit und Verteidigung, Organisationen für die allgemeine regionale Entwicklung oder für die Zusammenarbeit bei bestimmten wirtschaftlichen Themen oder Funktionen, und Gruppen, die geschaffen wurden, um sich mit einer bestimmten, derzeit interessierenden politischen, wirtschaftlichen oder sozialen Frage zu befassen«.

Die Organisationen, die durch die Programme und Konventionen für Regionalmeere geschaffen wurden, gehören ganz offensichtlich in diese Kategorie. Weiter heißt es in der *Agenda*:

> »Nach der Charta obliegt dem Sicherheitsrat die Hauptverantwortung für die Wahrung des Weltfriedens und der internationalen Sicherheit, und dies wird auch in Zukunft der Fall sein; indessen könnten regionale Maßnahmen im Sinne einer Dezentralisierung, Delegierung und Zusammenarbeit bei den Bemühungen der Vereinten Nationen nicht nur die Belastung des Sicherheitsrats mindern, sondern auch zu einem stärkeren Gefühl der Partizipation, des Konsenses und der Demokratisierung in den internationalen Beziehungen beitragen.«

Die Regionalmeerprogramme haben jedoch diese Herausforderung und Gelegenheit bisher nicht wahrgenommen. Gemeinsame Überwachung und Durchsetzung werden im Südpazifik sowie in der östlichen Karibik bereits umgesetzt. Das ist ein Weg, um in Regionalmeeren die wirtschaftliche und ökologische Sicherheit zu verbessern. In Kapitel 4 habe ich auf den *Timor Gap Treaty* aufmerksam gemacht, durch den eine gemeinsame Entwicklungszone zwischen Indonesien und Australien vereinbart wurde; damit wurde ein institutioneller Rahmen geschaffen, in dem Ressourcenbewirtschaftung und Sicherheit auf dem Meer zusammengeführt werden können. Auf ähnliche Weise lassen sich auch die Strukturen nutzen, die sich im Lauf der Wiederbelebung der Regionalmeerprogramme entwickeln.
Das fachübergreifende, viele Ministerien einbeziehende Verfahren, das die Mittelmeerländer bereits bei der Zusammensetzung der *Mediterranean Commission on Sustainable Development* anwenden, sollte auch auf die Zusammensetzung des Büros ausgeweitet werden, das heißt auf die Exekutive des Regionalmeersystems. Derzeit besteht das Büro noch aus den Umweltministern, aber das entspricht nicht mehr dem Stand der Entwicklung. Dem Büro sollte ein »hochrangiger Minister« angehören, und dieser sollte in jedem Fall aus dem Ministerium stammen, das in den gerade behandelten Fragen für Entscheidungen zuständig ist. Muß also in einer Frage der Fischerei eine Entscheidung getroffen werden, sollten die Minister für Landwirtschaft/Fischerei in dem Büro vertreten sein und die erforderlichen Entscheidungen fällen. Steht ein Thema aus Wissenschaft und Technologie auf der Tagesordnung, sollten sich die Minister für Wissenschaft und Technologie damit befassen. Und wenn es um eine Frage der regionalen Sicherheit oder der friedlichen

Zusammenarbeit in der Schiffahrt geht, sollte das Büro aus den Verteidigungsministern bestehen. Ihnen sollten die Außenminister zur Seite stehen oder umgekehrt. Über geeignete Befehlswege und unter Leitung des UN-Generalsekretärs könnten sie im Fall bewaffneter Konflikte, die eine militärische Antwort erfordern, der Friedenserhaltung durch die Vereinten Nationen dienen. Auf diese Weise würden sie praktisch als »virtueller regionaler Sicherheitsrat« tätig werden.

Ein solches Konzept wurde von der Organisation Afrikanischer Staaten für Afrika vorgeschlagen. Noch nützlicher wäre seine Anwendung auf ein Regionalmeer wie beispielsweise das Mittelmeer, das ja für die Aufrechterhaltung des Friedens auf drei Kontinenten von Bedeutung ist. Gibt es keine bewaffneten Konflikte, könnte die regionale Zusammenarbeit der Flotten auf die gemeinsame Überwachung und Durchsetzung ausgeweitet werden, aber auch auf friedlich-humanitäre Tätigkeiten wie Such- und Rettungswesen, Katastrophenhilfe, gewässerkundliche Übersichtsuntersuchungen, Kartographie und andere Arten der Meeresforschung. Was die Institutionen angeht, handelt es sich dabei um eine einfache Erweiterung und Anpassung eines Prozesses, der bereits in Gang ist.

Nicht alle Regionalmeerprogramme werden sich mit der gleichen Geschwindigkeit in dieser Richtung entwickeln können. Unter Umständen stellen machtpolitische Konstellationen Hindernisse dar, die erst nach mehr oder weniger langer Zeit überwunden werden können. Aber es ist an der Zeit, das Thema für die Überlegungen des kommenden Jahrhunderts auf die Tagesordnung zu setzen.

Regionalmeere sollten, wenn irgend möglich, zu atomwaffenfreien Zonen erklärt werden. Das ist ein weiterer Weg, um ökologische und politisch-militärische Sicherheit zusammenzuführen, wobei gleichzeitig das neue, in Artikel 88 der Seerechtskonvention festgeschriebene Prinzip, die Hochsee ausschließlich friedlichen Zwecken vorzubehalten, interpretiert, weiterentwickelt und umgesetzt wird. Das umfaßt auch die ausschließlichen Wirtschaftszonen.[21] Vielversprechende Ansätze gibt es bereits mit der Erklärung über den Indischen Ozean als Zone des Friedens, dem Antarktisabkommen, dem Vertrag von Tlatelolco, mit dem in Lateinamerika eine atomwaffenfreie Zone (LANFZ) geschaffen wird – die auch auf die Karibik ausgedehnt werden sollte –, und dem Vertrag von Rarotonga mit seinen Zusatzprotokollen. Die Ostsee, die Arktis, das Mittelmeer, die Karibik, der Indische Ozean und die asiatischen Meere bieten ebenfalls gute Möglichkeiten, den Anwendungsbereich dieses Konzepts zu erweitern.[22]

Und schließlich könnte auch die *regionale Beilegung von Streitigkeiten* einen wichtigen Beitrag zur regionalen Sicherheit leisten. Zu diesem Zweck könnte man das System zur friedlichen Beilegung von Meinungsverschiedenheiten anwenden, das in Teil XV und in den Anhängen V bis VIII vorgeschrieben wird. Im Rahmen der Anhänge VII und VIII könnten regionale Schieds- und Sonderschiedsgerichte eingerichtet werden.
Regionalmeere könnten also für die Entwicklung des internationalen Rechts und der internationalen Organisationen im nächsten Jahrhundert eine höchst interessante, vielseitige Rolle spielen. Naturwissenschaftlich betrachtet, entsprechen sie ungefähr den »großen Ökosystemen«, die eine ideale Grundlage für die Bewirtschaftung der Meere bieten. Sie schaffen eine vom Umweltschutz motivierte Interessengemeinschaft der Küstenstaaten. Aber ökologische Überlegungen müssen heute in die Überlegungen über nachhaltige Entwicklung integriert werden.
Regionale Meere sind ein unentbehrliches Element der Verknüpfung zwischen der nationalen und globalen Ebene der Meerespolitik. Sie sind von grundlegender Bedeutung für die Umsetzung aller Konventionen, Abkommen und Programme des Umweltgipfels und seiner Folgekonferenzen sowie der UN-Seerechtskonvention.
In der Vorgehensweise gibt es dabei Überschneidungen mit landorientierten Organisationen. Im Hinblick auf das Mittelmeer entstehen zum Beispiel Überschneidungen mit der Europäischen Union, der Organisation Afrikanischer Staaten[23] und den UN-Regionalkommissionen für Europa, Afrika und Westasien mit ihren Entwicklungsbanken. Regionalmeere sind Brücken, welche die interkontinentale Planung und Politik erleichtern.
Die Wiederbelebung des Regionalmeerprogramms hat höchste Priorität. Unverzichtbare Bestandteile sind dabei die Einrichtung neuer Systeme der technologischen Zusammenarbeit, regionaler Kommissionen für nachhaltige Entwicklung und institutionalisierter Einrichtungen zur Integration der friedlichen Nutzung und der regionalen Sicherheit.

Der blaue Planet

Wir kommen jetzt zum größten Meereskreis, zur globalen Ebene. Es ist die Ebene der Vereinten Nationen, und *sie wird keine Macht ausüben, um den inneren Kreis zu zermalmen, sondern sie wird allem, was in ihr liegt, Stärke geben und daraus ihre Stärke beziehen.*
Auch hier können wir auf dem aufbauen, was bereits in Gang ist. Die Bau-

steine sind vorhanden. Notwendig ist jetzt die Vision einer architektonischen Gestaltung, in der alles zusammengesetzt wird. Dazu ist natürlich politischer Wille erforderlich. Der Aufbau eines institutionellen Rahmens für die globale Verwaltung der Ozeane kann als Modell für die Neustrukturierung der Vereinten Nationen im nächsten Jahrhundert dienen und ein Teil davon sein. Auf dieses Thema werde ich im letzten Kapitel zurückkommen.
Wenn man alle Komponenten zusammenfügen will, die ich in den vorangegangenen Abschnitten dieses Kapitels erörtert habe, sollte man vier Dinge in Erwägung ziehen:

1. die Einrichtung eines Forums (der »Ozeanversammlung«), in dem Staaten und nichtstaatliche Körperschaften die eng miteinander verbundenen Probleme des Meeresraums als Ganzes erörtern können;
2. die Abstimmung der Meerespolitik aller damit befaßten Behörden und Programme (der »zuständigen internationalen Organisationen«, auf die im Seerechtsübereinkommen immer wieder Bezug genommen wird);
3. die Neustrukturierung des Treuhandrats für die neue Aufgabe, die Entwicklung des Konzepts vom gemeinsamen Erbe zu beobachten, und
4. die Wiederbelebung der Internationalen Meeresbodenbehörde.

Politische Integration: die Ozeanversammlung

Als UNCLOS III 1982 mit der Verabschiedung und dem Beginn der Unterzeichnung der Seerechtskonvention zu Ende ging, war klar, daß es im System der Vereinten Nationen keine Körperschaft mehr gab, welche die eng miteinander verbundenen Probleme des Meeresraums als Ganzes hätte betrachten können. In den eineinhalb Jahrzehnten, die seither verstrichen sind, ist die Notwendigkeit einer solchen Körperschaft immer deutlicher zutage getreten. Das Problem ergibt sich aus einer Lücke im Übereinkommen selbst. Die Seerechtskonvention ist in dieser Hinsicht und auch in einigen anderen Punkten etwas Unfertiges, kein Produkt, sondern ein Prozeß. Im Gegensatz zu anderen Vertragswerken, die regelmäßige Tagungen der Unterzeichnerstaaten vorschreiben, damit die Verträge überprüft und gegebenenfalls geändert werden können, schränkt die Seerechtskonvention die Aufgaben derartiger Konferenzen stark ein: Nach der Gründungsphase dienen sie nur noch zur regelmäßigen Neuwahl der Richter am Internationalen Seegerichtshof, der Genehmigung des Etats dieser Institution und der Ergänzung ihrer Statuten. Die Aufgaben der Versammlung der Internationalen Meeresbodenbehörde, des

einzigen anderen Gremiums, dem alle Unterzeichnerstaaten angehören, beschränken sich natürlich auf Fragen des Meeresbodens.
Theoretisch gibt es drei Möglichkeiten, das Problem zu bewältigen:

1. Man könnte – anfangs vielleicht informell, später durch eine Ergänzung des Abkommens – den Aufgabenbereich für die Tagungen der Unterzeichnerstaaten erweitern, damit dort auch die Umsetzung des Abkommens überprüft und eine integrierte Meerespolitik formuliert wird.
2. Man könnte den Aufgabenbereich für die Versammlung der Internationalen Meeresbodenbehörde erweitern; einerseits werden nämlich Beratungen über den Mineralienabbau am Meeresboden in absehbarer Zukunft nicht sonderlich viel Zeit erfordern, andererseits sind aber »die Probleme des Meeresraums eng miteinander verbunden und müssen als Ganzes betrachtet werden«.
3. Man könnte der Generalversammlung der Vereinten Nationen die Aufgabe übertragen, in regelmäßigen Abständen alle miteinander verbundenen Probleme des Meeresraums zu prüfen und eine integrierte Meerespolitik zu schaffen.

Die ersten beiden Alternativen hätten den Vorteil, daß vorhandene und sonst zuwenig genutzte Körperschaften eine Funktion bekämen, für die sie gut geeignet sind. Der Nachteil wäre bei beiden, daß nicht alle Staaten Mitglied sind. Außerdem sollte man festhalten, daß »eng miteinander verbundene Probleme des Meeresraums« auch im Rahmen anderer nach dem Umweltgipfel begonnener Prozesse auftauchen, die wiederum andere Beteiligte haben. Die ersten beiden Alternativen eignen sich nicht für die Beschäftigung mit Wechselbeziehungen zwischen Prozessen, die auf unterschiedlichen Verträgen aufbauen, wie beispielsweise die Überschneidungen zwischen den Konventionen über biologische Vielfalt und Klimaschutz einerseits und dem Seerechtsübereinkommen andererseits.
Wie der Generalsekretär der Vereinten Nationen in seinem Bericht ausdrücklich betont[24], ist nur die Generalversammlung mit ihrer umfassenden Mitgliedschaft in der Lage, alle eng miteinander verbundenen Probleme des Meeresraums zu behandeln, auch diejenigen, die aus den Wechselbeziehungen zwischen den verschiedenen Verträgen und ihrer Umsetzung erwachsen. Der Nachteil besteht jedoch darin, daß die Generalversammlung diesen Problemen vermutlich nicht genügend Zeit widmen kann, denn sie würden mindestens jedes zweite Jahre mehrere Wochen erfordern.

Um dieses Problem zu lösen, sollte die Generalversammlung einen für alle Mitglieder zugänglichen Ausschuß einsetzen, der die notwendige Zeit aufwendet, um eine integrierte Meerespolitik zu schaffen. An den Sitzungen des Komitees – einer Art »Ozeanversammlung der Vereinten Nationen«, die alle zwei Jahre zusammentritt – sollten Vertreter der aufgewerteten Regionalmeerprogramme, der Fachbehörden des UN-Systems, deren Aufgabenbereich sich auf den Ozean erstreckt, und der Nichtregierungsorganisationen teilnehmen. Die abgestimmte Politik sollte von der *Division for Ocean Affairs and the Law of the Sea* (DOALOS) in Zusammenarbeit mit dem Komitee für nachhaltige Entwicklung vorbereitet werden.

Politische Integration: Fachbehörden und Programme

Im nationalen »Kreis« haben fast alle Ministerien auf diese oder jene Weise mit Meeresangelegenheiten zu tun, so daß Wege gefunden werden müssen, um ihre einander überschneidenden und häufig widersprechenden Vorgehensweisen in Einklang zu bringen und zusammenzuführen. Analog dazu sind auch fast alle Fachbehörden und Programme der Vereinten Nationen auf diese oder jene Weise mit Meeresangelegenheiten befaßt. Die *International Maritime Organization* (IMO), die *Intergovernmental Oceanographic Commission* (IOC) und die Internationale Meeresbodenbehörde (*International Seabed Authority*, ISBA)[25] befassen sich ausschließlich mit Meeresangelegenheiten (IMO mit Schiffahrt, IOC mit Meeresforschung, ISBA mit Rohstoffabbau am Meeresboden); die Aufgabenbereiche von UNESCO, FAO und UNEP sind weiter gefaßt, Meeresangelegenheiten gehören aber ebenfalls dazu (UNESCO für Meeresforschung, Kultur und Ausbildung; FAO für Fischerei und Aquakultur; UNEP für Regionalmeere und Meeresumwelt). Andere befassen sich ebenfalls mit den Ozeanen: die *World Meteorological Organization* (WMO) mit den Wechselbeziehungen zwischen Ozean und Atmosphäre und ihren Wirkungen; die *International Atomic Energy Agency* (IAEA) mit der radioaktiven Verseuchung der Meere; die *United Nations Industrial Development Organization* (UNIDO) mit industrieller Meerestechnologie; die Internationale Arbeitsorganisation (*International Labour Organization*, ILO) mit dem Arbeitsschutz auf See; die Weltgesundheitsorganisation (*World Health Organization*, WHO) mit Gesundheitsfragen, die mit den Meeren zusammenhängen, und so weiter.
Die Vereinten Nationen sind schon seit langem bestrebt, die Behörden und Programme kosteneffektiv zu gestalten, Überschneidungen zu beseitigen und

die Maßnahmen zu harmonisieren; diese Aufgaben wurden dem *Administrative Council on Coordination* (ACC) übertragen. Im Gefolge des Umweltgipfels richtete der Generalsekretär einen Unterausschuß des ACC ein, der sich gezielt mit den Maßnahmen und Tätigkeiten der Behörden und Programme befassen soll, die mit den Meeren zu tun haben. Das Sekretariat dieses Gremiums, das *ACC Subcommittee on Oceans and Coastal Areas,* befindet sich bei der IOC. Seine Ergebnisse waren bisher enttäuschend. Ob sich die Maßnahmen auf der Ebene der Sekretariate integrieren lassen, ist in der Tat zweifelhaft. Nur auf der Ebene der Generalversammlung kann der Rahmen für eine integrierte Meerespolitik geschaffen werden, und diese Politik soll dann zur Grundlage für die Arbeit des *ACC Subcommittee on Oceans and Coastal Areas* werden.
Will man nationale und internationale Institutionen vergleichen, könnte man in der »Ozeanversammlung« das Gegenstück zu einem nationalen Parlament sehen, das über die Politik bestimmt. Die Fachbehörden und Programme führen diese Politik dann aus wie die Ministerien und Abteilungen einer nationalen Regierung. Das *ACC Subcommittee* würde demnach wie ein interministerielles Komitee oder Gremium arbeiten, das sich mit den fachübergreifenden Aufgaben bei der Bewirtschaftung von Meeren und Küsten befaßt. Die Verbindungen zwischen aufgewerteten Regionalmeerprogrammen und den Entscheidungsprozessen der »Ozeanversammlung« müssen ebenso effizient sein wie die Verbindungen zwischen der Zentralregierung und den Regierungen der Bundesländer oder Provinzen in einem Bundesstaat.

Ein neuer Treuhandrat

Maltas Außenminister schlug in seiner Rede vor der Generalversammlung vor, dem *Trusteeship Council,* der seine Aufgabe der Entkolonialisierung praktisch beendet hat, eine neue große Aufgabe zu übertragen: Er solle über das Prinzip des gemeinsamen Erbes der Menschheit wachen – nicht nur im Hinblick auf den internationalen Meeresboden oder auf die Meere, sondern in Anwendung des Begriffes auf alle »globalen Gemeingüter« wie Atmosphäre, Weltraum und Antarktis. Genauer erläuterte er seinen Vorschlag in einer Rede auf dem Workshop »The United Nations: Second Generation«, der im Oktober 1994 unter der Schirmherrschaft des *International Ocean Institute,* der *Foundation for International Studies* und des maltesischen Außenministeriums in Malta stattfand. Das Konzept wurde auch von der *Commission on Global Governance* in ihrem Bericht *Our Global Neighbourhood* übernommen.

»Mittlerweile ist eine neue Notwendigkeit entstanden, die Treuhänderschaft über das globale Gemeingut im gemeinsamen Interesse der Menschheit einschließlich zukünftiger Generationen auszuüben. Zum globalen Gemeingut gehören die Atmosphäre, der Weltraum, die Meere jenseits der nationalen Hoheitsgewässer und die damit zusammenhängende Umwelt sowie die Lebenserhaltungssysteme, die zum Erhalt des menschlichen Lebens beitragen. Die neue globale Treuhänderschaft muß auch die Verantwortung umfassen, die jede Generation gegenüber zukünftigen Generationen tragen muß.«[26]

Im selben Jahr versuchte ich in meinem Buch *Ocean Governance and the United Nations*, den Vorschlag etwas detaillierter darzulegen. Ich regte an, der Rat solle wie bisher aus 53 Mitgliedern bestehen, die von der Generalversammlung auf der Grundlage einer ausgewogenen geographischen Vertretung gewählt werden. Die derzeitige Zusammensetzung, die von dem Zweck getragen war, die Entkolonialisierung zu beaufsichtigen, eignet sich nicht für die neuen Aufgaben.
Der neue Treuhandrat sollte folgende Aufgaben haben:

- Beurteilung von Berichten, die von Mitgliedern der Vereinten Nationen, den Fachbehörden und Programmen, der Internationalen Meeresbodenbehörde und geeigneten Nichtregierungsorganisationen vorgelegt werden;
- Annahme von Petitionen und ihre Prüfung in Abstimmung mit der betroffenen Behörde oder Institution und
- Organisation regelmäßiger Besichtigung von Gebieten, in denen der Verdacht auf Regelverletzungen besteht, und Einleitung geeigneter Maßnahmen in Übereinstimmung mit seinem Mandat.

Der Treuhandrat würde das Prinzip vom gemeinsamen Erbe der Menschheit verwalten. Er würde in Übereinstimmung mit dem Völkerrecht die Einhaltung dieses Prinzips im Meeresraum, im Weltraum, in der Atmosphäre und in der Antarktis überwachen und der Generalversammlung über jede Verletzung Bericht erstatten. Er würde über die weiter gefaßte Anwendung des Prinzips auf Themen von allgemeiner Bedeutung beraten, welche die umfassende Sicherheit, die nachhaltige Entwicklung und die Menschenwürde betreffen, und würde Empfehlungen für die zuständigen Behörden und Institutionen abgeben. Der Treuhandrat wäre das Gewissen der Vereinten Nationen und der Sachwalter zukünftiger Generationen.

Zwischen 1994 und 1997 schenkte man dem Vorschlag Maltas nicht die Aufmerksamkeit, die er verdiente – und das, obwohl die *Commission on Global Governance* mit ihren hochrangigen Mitgliedern sich dafür einsetzte. Der allgemeine Einwand lautete, das Vorhaben sei nicht praktikabel, weil es eine Ergänzung der Charta erfordere, über die keine Einigkeit zu erzielen sei. Außerdem sei nicht klar, welche Beziehung zwischen der *UN Commission on Sustainable Development* und dem neuen Treuhandrat bestehen solle, und es könne Überschneidungen bei den Zuständigkeiten geben. Und nicht zuletzt sehen die Vertreter des Status quo die Vorstellung, das Prinzip vom gemeinsamen Erbe von dem begrenzten Bereich der Mineralien am Meeresboden auf eine umfassendere Sphäre zu erweitern, mit Angst und Entsetzen.
Diese Situation änderte sich grundlegend, als UN-Generalsekretär Kofi Annan den Vorschlag zur allgemeinen Überraschung in seinem Bericht vom 14. Juli 1997 (Dokument A/51/950) an die 51. Generalversammlung der Vereinten Nationen aufgriff. In dem Bericht mit dem Titel »Erneuerung der Vereinten Nationen: ein Reformprogramm« schrieb er unter der Überschrift »Ein neues Konzept der Treuhänderschaft«:

> »84. Obwohl die Vereinten Nationen in erster Linie dazu geschaffen wurden, den Mitgliedstaaten zu dienen, sind sie darüber hinaus auch Ausdruck der höchsten Bestrebungen der Menschen – von Männern, Frauen und Kindern – in der ganzen Welt. In den einleitenden Worten der Charta sind es ja ›Wir, die Völker der Vereinten Nationen‹, deren feste Entschlossenheit, eine friedliche und gerechte Weltordnung herbeizuführen, bekundet wird. *Die Beziehungen zwischen den Vereinten Nationen und den Trägern der Zivilgesellschaft gewinnen in jedem großen Bereich der Agenda der Vereinten Nationen immer mehr an Bedeutung. Die globalen Gemeingüter sind derjenige Politikbereich, in dem diese Vermischung von Sektoren und Institutionen am weitesten fortgeschritten ist.*
> 85. Die Mitgliedstaaten scheinen sich für die Beibehaltung des Treuhandrats entschieden zu haben. Der Generalsekretär schlägt daher vor, *den Rat zu einem Forum umzugestalten, in dessen Rahmen die Mitgliedstaaten ihre kollektive treuhänderische Verantwortung für die weltweite Umwelt und gemeinsame Gebiete wie die Meere, die Atmosphäre und den Weltraum zum Schutz ihrer Unversehrtheit ausüben. Gleichzeitig sollte dieses Forum als Bindeglied zwischen den Vereinten Nationen und der Bürgergesellschaft bei der Auseinandersetzung mit*

diesen weltweiten Anliegen dienen, die eines aktiven Beitrags des öffentlichen Sektors, des privaten Sektors und der freiwilligen Verbände bedürfen.« (Hervorhebung von mir; E. M. B.)

Damit war der Vorschlag innerhalb von drei Jahren aus dem Bereich des Utopischen, das man getrost ignorieren kann, in den Bereich der Politik gelangt, und dort dürfte er auch bleiben. Im ersten Absatz stellt der Generalsekretär zu Recht fest, die globalen Gemeingüter seien »derjenige Politikbereich, in dem diese Vermischung von Sektoren und Institutionen am weitesten fortgeschritten ist«.

Mit »globalen Gemeingütern« kann er in diesem Zusammenhang nur die Meere meinen, denn nur in der entstehenden neuen Ordnung für Meere und Küsten spielt sich eine solche Entwicklung ab – und damit ist bestätigt, daß diese Vorgehensweise ein Vorbild für die neue internationale Ordnung des kommenden Jahrhunderts und ein Teil von ihr sein wird.

Der Generalsekretär vermied geflissentlich den umstrittenen Begriff »gemeinsames Erbe der Menschheit« und kleidete seinen Vorschlag in allgemeinere Begriffe – die weniger umstritten, weil weniger scharf definiert sind – wie »gemeinsame Gebiete« und »weltweites Anliegen«, aber sind Namen nicht Schall und Rauch?

Man könnte sich tatsächlich vorstellen, daß der Treuhandrat zu so etwas wie einem Senat kluger Menschen wird, der das entstehende Konzept vom gemeinsamen Erbe der Menschheit und seine Anwendung überwacht und überdenkt, um der Generalversammlung und besonders ihrem allen Mitgliedern zugänglichen Ausschuß zu berichten, der sich mit den Meeren sowie mit neu auftauchenden oder sich weiterentwickelnden Themen befaßt. Seine Beziehung zum Ausschuß oder zur »Ozeanversammlung« wäre eindeutig definiert: Die Aufgaben beider Gremien würden sich nicht »überschneiden«, so daß keine Anstrengungen doppelt unternommen werden. Die Generalversammlung oder ihr Ausschuß wäre die einzige Körperschaft, der alle Mitglieder der Vereinten Nationen angehören, und damit wäre sie auch das einzige Gremium, das eine umfassende, integrierte Meerespolitik schaffen könnten. Außerdem sollte sich die »Ozeanversammlung« auf die Behandlung von Fragen beschränken, die sich aus dem Seerechtsübereinkommen, den mit Meeres- und Küstenbewirtschaftung zusammenhängenden Teilen der Umweltgipfelkonventionen, -abkommen und -programme sowie aus den meerespolitischen Aktivitäten der Fachbehörden und geeigneten internationalen Organisationen ergeben. Ein solcher Aufgabenbereich ist wahrlich weit genug gefaßt. Der Treuhandrat dagegen mit seinem begrenzten Mitgliederkreis, dessen Aufgabenbereich jedoch weit über die Meere hinausgeht, würde sich in dem vom Umweltgipfel vorgegebenen größeren Zusammenhang mit Fragen befassen, die aus dem Konzept vom gemeinsamen Erbe der Menschheit resultieren.

Seine Beziehung zur UN-Kommission für nachhaltige Entwicklung ist ein wenig schwieriger zu definieren, denn wie ich in den vorangegangenen Kapiteln zu zeigen versucht habe, sind die Konzepte des gemeinsamen Erbes und der nachhaltigen Entwicklung nicht voneinander zu trennen. Deshalb muß die Beziehung nicht über die Inhalte, sondern über die jeweiligen Prozesse definiert werden. Die Kommission für nachhaltige Entwicklung ist ein Exekutivorgan, das für die Umsetzung der *Agenda 21* und der anderen Konventionen, Abkommen und Programme des Umweltgipfels verantwortlich ist – eine sehr weit gefaßte, praxisbezogene Aufgabe. Den Meeren konnte sie bisher keine ausreichende Aufmerksamkeit schenken. Sie hatte nicht die Zeit, sich mit der Weiterentwicklung des Prinzips vom gemeinsamen Erbe zu beschäftigen.

Der Treuhandrat wäre ein beratendes Gremium, und in dieser Funktion könnte er der Kommission für nachhaltige Entwicklung ebenso von Nutzen sein wie die »Ozeanversammlung«.

Die Internationale Meeresbodenbehörde

Der letzte neue Bestandteil im institutionellen Rahmen des globalen »Kreises« ist die Internationale Meeresbodenbehörde; ihre Grundlage ist Teil XI der Seerechtskonvention mit den Abwandlungen – oder Widersprüchen – des Implementierungsabkommens, das die Generalversammlung im Juli 1994 verabschiedet hat.

Die Internationale Meeresbodenbehörde wurde am 16. November 1994 in Jamaika eingerichtet. Ihre leitenden Gremien haben bisher vier Plenarsitzungen abgehalten (1995, 1996, 1997, 1998), die jeweils aus zwei Teilen bestanden.[27]

Die Behörde muß sich mit beträchtlichen Schwierigkeiten auseinandersetzen. Zum Teil liegt das an Schwächen in den Vorschriften des »Implementierungsabkommens«[28], zum Teil aber auch an historischen Veränderungen, welche die Zukunft des Rohstoffabbaus am Meeresboden betreffen; sie hätten bestimmte Veränderungen ohnehin unvermeidlich gemacht, sei es durch Interpretation und Weiterentwicklung des Abkommens oder durch Ergänzungen in Übereinstimmung mit den Vorschriften der Seerechtskonvention. Da ein Abbau der Manganknollen in den kommenden zwanzig Jahren voraussichtlich nicht stattfinden wird, stellt sich die Frage: Wozu überhaupt eine Meeresbodenbehörde? Es wird behauptet, man könne sie genausogut schließen. Diese Ansicht teile ich nicht. Nach meiner Überzeugung verkörpert die Meeresbodenbehörde als einzige Institution das Prinzip des gemeinsamen Erbes der Menschheit, und dieses Prinzip ist von grundlegender Bedeutung. Läßt man zu, daß die Behörde ein Fehlschlag wird und verschwindet, fällt das Prinzip vom gemeinsamen Erbe in einen körperlosen Zustand zurück. Der neue Treuhandrat wäre schwächer, wenn das Prinzip vom gemeinsamen Erbe in der praktischen Anwendung versagt. Wenn die Behörde dagegen existiert und Erfolg hat, ist sie ein Pilotexperiment für die umfassende Bewirtschaftung des gemeinsamen Erbes.

Der Umweltgipfel der Vereinten Nationen (UNCED) setzte mit *nachhaltiger Entwicklung* und *integrierter Bewirtschaftung von Küsten und Meeren* neue Schwerpunkte. Die nachhaltige Entwicklung mit ihren Bestandteilen – sozioökonomische Entwicklung, Umweltschutz, Gerechtigkeit innerhalb der Generationen und zwischen ihnen, Frieden – muß sich zwangsläufig auf das Konzept vom gemeinsamen Erbe der Menschheit stützen, das genau die gleichen Bestandteile umfaßt. Wenn man das Schwergewicht auf die integrierte Bewirtschaftung von Küsten und Meeren legt, wird das Konzept vom gemeinsamen Erbe aus dem Niemandsland des Meeresbodens herausgeholt, und sein Geltungsbereich erweitert sich auf die ganze Erde.

Darüber hinaus ist die Internationale Meeresbodenbehörde noch aus einem anderen Grund wichtig. Durch ihr Verschwinden entstünde eine Lücke unter den vorhandenen »zuständigen internationalen Organisationen«, die sich mit der friedlichen Nutzung des Meeresraums und seiner Ressourcen befassen. Die Internationale Meeresbodenbehörde ist die einzige weltweit tätige Organisation, die sich mit den nichtlebenden Ressourcen der Ozeane beschäftigt, und in dieser Funktion wird sie gebraucht. Damit sie aber ihre Aufgabe wirksam erfüllen kann, wird man sie aufgrund der Erfahrungen in den letzten zwanzig Jahren und mit Blick auf die kommenden Jahrzehnte auf veränderte Konzepte gründen müssen.

Das Implementierungsabkommen trat im Juli 1996 in Kraft, dreißig Tage nachdem die Niederlande es ratifiziert hatten. Seine vorläufigen Mitglieder – Staaten, die das Seerechtsübereinkommen nicht ratifiziert und noch nicht einmal unterzeichnet haben – konnten noch bis zum 16. November 1998 beitreten; seit diesem Datum gibt es keine »vorläufigen Mitglieder« mehr.[29] Durch ihren Austritt steht die komplizierte Frage, wer Mitglied des Rates sein soll, wieder auf der Tagesordnung. Außerdem endete die Finanzierung durch die Vereinten Nationen »mit Ablauf des Jahres, das auf das Jahr, in dem dieses Abkommen in Kraft tritt, folgt«, das heißt am 31. Dezember 1997.[30] Seither werden die Kosten für die Behörde von den Unterzeichnerstaaten getragen. Wenn diese Staaten Geld in die Behörde stecken, wollen sie die Gewähr haben, daß die Institution für die Staatengemeinschaft von Nutzen ist. Daß sie sofort ihren vollen Beitrag leisten, ist nicht zu erwarten. Tatsächlich war bereits bei der Sitzung der Behörde im Frühjahr 1998 von beträchtlichen Ausfällen die Rede. Wird dieses Problem nicht gelöst, wird der Finanzausschuß die Sitzungen der Leitungsgremien als »nicht kosteneffizient« erklären und aussetzen.[31] Dann könnte die Behörde in einen Winterschlaf verfallen, aus dem sie nicht mehr erwacht. Neue Konzepte sind also dringend erforderlich.

Auf zwei Entwicklungen sollte allerdings hingewiesen werden: Einerseits ist aus verschiedenen wirtschaftlichen, technischen, ökologischen und politischen Gründen nicht mit einem Abbau der Manganknollen zu rechnen. Andererseits hat sich das Interesse am Meeresboden durch neue Entdeckungen verlagert. Zusammen haben diese beiden Entwicklungen dazu geführt, daß große Abschnitte in Teil XI der Seerechtskonvention sowie das Implementierungsabkommen veraltet sind. Zu Teil XI, wie er in den siebziger Jahren konzipiert wurde, können wir auf keinen Fall zurückkehren. Für die Richtung, in der sich neue Konzepte entwickeln könnten, möchte ich im folgenden einige Vorschläge machen.

Territoriale Fragen

Artikel 134 legt fest: »Dieser Teil gilt für das Gebiet.« Das Gebiet ist definiert durch die Grenzen des äußeren Festlandsockels, wie er in Teil VI der Konvention beschrieben ist. Nach dem Inkrafttreten der Konvention (am 16. November 1994) haben die Staaten bis zu zehn Jahre lang Zeit, über die Grenzen ihres äußeren Festlandsockels zu entscheiden und die Daten der Kommission zur Begrenzung des Festlandsockels zu unterbreiten (Anhang II, Artikel 4). Nimmt man dann noch die Zeit hinzu, bis Übereinstimmung zwischen der Kommission und den Küstenstaaten erzielt ist, dann erkennt man, daß das Gebiet bis weit ins nächste Jahrhundert hinein keine festgelegten Grenzen haben wird. Auch für die Grenzen zwischen den Gebieten der Seerechtskonvention und des Antarktispakts gibt es keinerlei Definition. Diese Voraussetzungen machen es unrealistisch, sich allzu sehr auf das Territorialprinzip zu stützen.

Durch das Territorialprinzip wird es auch äußerst schwierig, beispielsweise den Artikel 150 (h) umzusetzen. Dieser Artikel schreibt vor, die Entwicklungsländer »vor nachteiligen Auswirkungen auf ihre Wirtschaft oder ihre Ausfuhreinnahmen zu schützen, die sich aus einem Rückgang des Preises des betroffenen Minerals oder der Ausfuhrmenge dieses Minerals ergeben, soweit ein solcher Rückgang auf Tätigkeiten im Gebiet zurückzuführen ist, wie in Artikel 151 vorgesehen«.[32]

Nachteilige Auswirkungen auf die landgestützte Wirtschaft in Entwicklungsländern lassen sich auf vielfältige Ursachen zurückführen, so auf die Produktion der gleichen Bodenschätze unter nationaler Hoheit sowie auf zyklische oder strukturelle Veränderungen in Nachfrage und Preisstruktur, die sich aus der Einführung neuer synthetischer Materialien, Recycling oder Miniaturisierung ergeben, alles Entwicklungen, die zu einem verminderten Rohstoffbedarf führen. Wie die langen Diskussionen in der ersten Sonderkommission der Vorbereitungskommission für den internationalen Meeresboden und dem Internationalen Seegerichtshof[33] gezeigt haben, läßt sich nur äußerst schwer oder geradezu unmöglich nachweisen, abgrenzen und quantitativ erfassen, in welchem Umfang ein solcher Rückgang auf »Tätigkeiten in dem Gebiet« zurückzuführen ist.

Die übermäßige Betonung des Territorialprinzips beeinträchtigte auch die Wirksamkeit der Vorschriften, die sich auf die Bewirtschaftung der lebenden Ressourcen beziehen. Die Abgrenzung zwischen der ausschließlichen Wirtschaftszone und der angrenzenden Hochsee erwies sich als Hindernis für eine vernünftige Bewirtschaftung der Fischbestände. Wenn grenzüberschreitende und weit wandernde Bestände auf der Hochsee überfischt werden, kann man sie in der ausschließlichen Wirtschaftszone nicht schützen. Nach dem 1995 verabschiedeten Implementierungsabkommen für die Vorschriften der UN-Seerechtskonvention vom 10. Dezember 1982, die sich auf den Schutz und die Bewirtschaftung grenzüberschreitender und weit wandernder Fischbestände beziehen, müssen Schutz- und Bewirtschaftungsmaßnahmen auf der Hochsee und den Gebieten unter nationaler Hoheit vereinbar sein.[34]

Auch zwischen den Rechten und Pflichten der Küstenstaaten auf dem Kontinentalsockel und den Rechten und Pflichten der Internationalen Meeresbodenbehörde im benachbarten Gebiet ist Vereinbarkeit notwendig. Diese Vereinbarkeit ist zwischen den Teilen VI (Kontinentalsockel) und XI (Gebiet) der Konvention nicht gegeben, und sie wird auch durch das Implementierungsabkommen nicht hergestellt. Im Zusammenhang mit bestimmten lebenden Ressourcen gibt es zum Beispiel eine Grauzone. Artikel 77 in Teil VI schreibt vor:

»Die in diesem Teil genannten natürlichen Ressourcen umfassen die mineralischen und sonstigen nichtlebenden Ressourcen des Meeresbodens und seines Untergrunds *sowie die zu den seßhaften Arten gehörenden Lebewesen, das heißt solche, die im nutzbaren Stadium entweder unbeweglich auf oder unter dem Meeresboden verbleiben oder sich nur in ständigem körperlichen Kontakt mit dem Meeresboden oder seinem Untergrund fortbewegen können.*« (Hervorhebung von mir; E. M. B.)

In Teil XI, Artikel 133, werden diese lebenden Ressourcen nicht erwähnt; dort sind Ressourcen definiert als »alle festen, flüssigen oder gasförmigen mineralischen Ressourcen *in situ*, die sich im Gebiet auf oder unter dem Meeresboden befinden, einschließlich polymetallischer Knollen«. Das ist leicht zu erklären: In den siebziger Jahren wußte man über die lebenden Ressourcen am Meeresboden nur sehr wenig.

Noch komplizierter wird die Angelegenheit, wenn man gewisse der Meeresbodenbehörde zugeteilte Aufgaben in Betracht zieht. Artikel 143 stattet die Behörde mit dem Recht aus, sowohl die wissenschaftliche Meeresforschung in dem Gebiet zu koordinieren als auch selbst unmittelbar solche Forschung zu betreiben. Die wissenschaftliche Meeresforschung in dem Gebiet beschränkt sich aber nicht auf nichtlebende Ressourcen, sondern wird mit Sicherheit auch die Tier- und Pflanzenwelt des Meeresbodens sowie die Suche nach biologischen Rohstoffen einschließen.

Artikel 145 verpflichtet die Behörde, »geeignete Regeln, Vorschriften und Verfahren« zu beschließen, »um unter anderem (...) *die natürlichen Ressourcen des Gebiets zu schützen und zu erhalten sowie Schäden für die Tiere und Pflanzen der Meeresumwelt zu vermeiden*« (Hervorhebung von mir; E. M. B.). Das sind eindeutig *Verwaltungsaufgaben.* Sie werden vom Implementierungsabkommen nicht berührt und bleiben weiterhin gültig. Damit stellen sie eine solide Grundlage dar, um die Zuständigkeit der Behörde auf die lebenden Ressourcen des Gebiets auszuweiten, diese in das gemeinsame Erbe der Menschheit einzubeziehen und die Vereinbarkeit der Vorgehensweisen auf dem Festlandsockel und im Gebiet sicherzustellen.

In Artikel 142 des Teils XI heißt es: »Die Tätigkeiten im Gebiet in bezug auf dort befindliche Vorkommen von Ressourcen, die beiderseits der Grenzen des Bereichs nationaler Hoheitsbefugnisse liegen, werden unter gebührender Berücksichtigung der Rechte und berechtigten Interessen des Küstenstaats ausgeübt, in dessen Bereich sich diese Vorkommen befinden.« Für solche Fälle schreibt der Artikel Konsultation, gegenseitige Information und Kooperation zwischen der Behörde und dem Küstenstaat vor. Bevor die Behörde

solche Ressourcen ausbeuten kann, ist die Zustimmung des Küstenstaats erforderlich.
Die Umsetzung des Artikels 142 setzt voraus, daß die territoriale Grenze zwischen dem Gebiet und dem Festlandsockel des Küstenstaats festgelegt ist – und das wird, wie bereits erwähnt, wahrscheinlich erst irgendwann im kommenden Jahrhundert der Fall sein.
Artikel 83 in Teil VI, der die Abgrenzung des Festlandsockels zwischen Staaten mit benachbarten oder gegenüberliegenden Küsten regelt, schreibt für den Fall, daß Uneinigkeit über den Grenzverlauf besteht, folgendes vor: »(...) bemühen sich die beteiligten Staaten nach besten Kräften und im Geist der Verständigung und Zusammenarbeit, vorläufige Vereinbarungen praktischer Art zu treffen und während dieser Übergangszeit die Erzielung der endgültigen Übereinkunft nicht zu gefährden oder zu verhindern. Diese Vereinbarungen lassen die endgültige Abgrenzung unberührt.«
Mit anderen Worten: Die Staaten werden aufgefordert, ihre Ansprüche »einzufrieren« und gemeinsame Verwaltungs- oder Entwicklungszonen zu schaffen, mit deren Hilfe sie die Erkundung und Ausbeutung der Ressourcen fortsetzen können. Diese Vorgehensweise erfreute sich, wie in Kapitel 4 erwähnt, in den letzten zwanzig Jahren großer Beliebtheit.
Es besteht kein Grund, das Konzept der gemeinsamen Verwaltungszonen auf Staaten mit benachbarten oder gegenüberliegenden Küsten zu beschränken. Ebenso kann man es auf das Verhältnis zwischen Küstenstaaten und der Internationalen Meeresbodenbehörde anwenden. Anstelle der äußerst kostspieligen, schwerfälligen und zeitaufwendigen Prozedur, mit der die Kommission zur Begrenzung des Festlandsockels ihre Abgrenzung vornimmt, könnte man sich auch ein anderes Verfahren ausmalen: Jenseits eines 300 Meilen breiten Festlandsockels werden die Ansprüche für den Fall der Entdeckung von Ressourcen »eingefroren«, und zwischen den Küstenstaaten oder den Staaten und der Internationalen Meeresbodenbehörde werden gemeinsame Verwaltungszonen eingerichtet. Eine solche Vereinbarung könnte sowohl für den Küstenstaat als auch für die Behörde von Nutzen sein. Es gibt keinen Grund, warum die Behörde sich nicht an Joint-ventures mit den Küstenstaaten beteiligen sollte – besonders wenn es sich dabei um Entwicklungsländer handelt und wenn diese es wünschen –, so daß die Erkundung und Ausbeutung der Ressourcen am Meeresboden in der ausschließlichen Wirtschaftszone vorangetrieben werden.
Solche Maßnahmen würden dazu dienen, die Hoheit der Behörde im nächsten Jahrhundert von territorialen Grenzen zu lösen und funktionell zu gestalten;

das würde ihre Funktion als verantwortliche UN-Institution für die Bewirtschaftung der nichtlebenden Ressourcen in den Meeren bestätigen.

Übermäßige Gewichtung der Manganknollen

Alle hier gemachten Aussagen stehen untereinander in mehr oder weniger direktem Zusammenhang und überschneiden sich. Auch die im folgenden Abschnitt angesprochenen Themen haben unmittelbar mit mindestens einer der Fragen zu tun, die im vorangegangenen und folgenden Abschnitt behandelt werden.

Wie allgemein bekannt ist, schenkte UNCLOS III den Ressourcen am Meeresboden mit Ausnahme der Manganknollen keine Beachtung. Offiziell wurde das damit gerechtfertigt, daß die Knollen angeblich die einzige Ressource seien, die unmittelbare Aussichten auf eine kommerzielle Ausbeutung eröffne. Andere Ressourcen am Meeresboden galten als reine Zukunftsmusik: Sie erforderten noch langfristige wissenschaftliche Erforschung und Erkundung. Von solchen Entwicklungen wußten die armen Länder nichts, denn die Industrieländer behielten ihr Wissen geflissentlich für sich. Erst Ende der siebziger Jahre sickerten auf den Konferenzen die ersten Informationen über Kobaltkrusten und polymetallische Sulfide durch. Jetzt glaubte man, es sei zu spät, um dieses Wissen noch in die Konvention aufzunehmen. Die Konvention definiert zwar »Ressourcen« als »alle festen, flüssigen oder gasförmigen mineralischen Ressourcen *in situ*, die sich im Gebiet auf oder unter dem Meeresboden befinden, einschließlich polymetallischer Knollen«; und Artikel 151.9 stattet die Behörde mit der Befugnis aus, »die Produktionsmenge der Mineralien aus dem Gebiet, die nicht aus polymetallischen Knollen stammen, zu geeigneten Bedingungen und nach geeigneten Methoden durch Vorschriften nach Artikel 161, Absatz 8 zu beschränken«.[35] Und Artikel 162.2 (o) (ii) schreibt auch vor:

> »Die Regeln, Vorschriften und Verfahren für die Erforschung und Ausbeutung anderer Ressourcen als polymetallischer Knollen werden innerhalb von drei Jahren nach dem Tag verabschiedet, an dem die Behörde von einem ihrer Mitglieder ersucht wurde, Regeln, Vorschriften und Verfahren für diese Ressourcen zu verabschieden. Alle Regeln, Vorschriften und Verfahren bleiben vorläufig in Kraft, bis sie von der Versammlung genehmigt oder vom Rat im Lichte etwaiger von der Versammlung geäußerter Meinungen geändert worden sind.«[36]

Für diese Einschränkung gab es zwei Gründe. Der erste waren tiefgreifende Meinungsverschiedenheiten zwischen Nord und Süd in dem ersten Ausschuß, der Teil XI ausarbeitete. Die Staaten aus dem Süden setzten sich ausnahmslos für eine Behörde mit umfassenden Befugnissen und eine weitgefaßte Interpretation des Begriffs »Tätigkeiten in dem Gebiet« ein. Der Norden dagegen versuchte, die Macht der Behörde zu beschränken. »Tätigkeiten in dem Gebiet« interpretierte er als »Abbau von Mangan in dem Gebiet« und sonst nichts. Durch Einbeziehung anderer, damit in Zusammenhang stehender Ressourcen oder Tätigkeiten hätte man die Macht der Behörde ausgeweitet, und dem widersetzten sich die Staaten aus dem Norden.
Gleichzeitig strebten die Staaten des Südens einen allgemeinen Rahmen an, innerhalb dessen man die Erkundung und Ausbeutung des gemeinsamen Erbes der Menschheit ordnen und verwalten könnte; der Norden bestand auf einer peinlich genauen Liste von Regeln und Vorschriften für Verwaltung und Finanzen: Sie war so detailliert, daß man sie nur auf diese eine Ressource anwenden konnte. Für andere Ressourcen würde man in der Zukunft neue Regeln und Vorschriften erlassen müssen. Daß besonders die Vereinigten Staaten so auf den Details beharrten, lag zum Teil an ihrem allgemeinen Mißtrauen gegenüber der Behörde, wo die Entscheidungen in den Händen einer Mehrheit aus Entwicklungsländern liegen würde. Man wollte nichts in das Gutdünken der Behörde stellen; jede Einzelheit mußte von vornherein als Gegenstand eines komplizierten Verfahrens von Vertragsregeln festgelegt und festgeschrieben sein. Durch diese Überfrachtung mit Details wurden andere Ressourcen den Überlegungen in Teil XI entzogen.
Wissenschaft und Erkundung entwickelten sich viel schneller weiter, als man es vorhergesehen hatte. Die übermäßige Betonung der Manganknollen war schon zu dem Zeitpunkt überholt, als man die Konvention verabschiedete. Im kommenden Jahrhundert wird sie sich selbst ad absurdum führen. Eine Internationale Meeresbodenbehörde, die sich auf Vorschriften für den Abbau von Manganknollen beschränkt, wird völlig sinnlos sein. Alle bedeutenden, den Meeresboden betreffenden Tätigkeiten würden dann an der Behörde vorbei von den Industriestaaten ausgeführt. Kein Staat wäre bereit, Geld in eine überholte bürokratische Einrichtung zu stecken. Man kann nur hoffen, daß sich möglichst bald eine oder mehrere Delegationen auf den Artikel 162, Absatz 2, Buchstabe o, Ziffer ii berufen und die Forderung erheben, Regeln und Vorschriften für andere Ressourcen am Meeresboden zu schaffen.
Auf der Sitzung im Frühjahr 1998 stellten einige Delegationen aus Entwicklungsländern neue Fragen nach anderen Ressourcen neben den Manganknol-

len. Sie forderten, der Generalsekretär solle einen Bericht über diese anderen Ressourcen vorlegen. Im August 1998 organisierte das *International Ocean Institute* in Zusammenarbeit mit der Regierung Jamaikas ein Seminar für die Delegierten über diese und andere Ressourcen; das Schwergewicht lag dabei besonders auf den Methanhydraten und den genetischen Ressourcen des Meeresbodens.

Das System der Beschlußfassung

Beschlußfassung war kein sonderlich wichtiges Thema für die Versammlung, die »als einziges Organ der Behörde, das aus allen Mitgliedern besteht, als oberstes Organ der Behörde gilt« (Artikel 160). Nach den Regeln aller UN-Institutionen und aufgrund des Prinzips der gleichberechtigten Souveränität der Staaten hat jedes Mitglied eine Stimme. Dieses Prinzip wurde im Implementierungsabkommen nicht in Frage gestellt. Schwerwiegende Schwierigkeiten warfen jedoch zwei miteinander verknüpfte Probleme auf: die Zusammensetzung und das Abstimmungsverfahren im Rat, dem mächtigsten Exekutivorgan der Behörde. Das Ergebnis neunjähriger Beratungen, das in Artikel 161 der Konvention[37] festgeschrieben wurde, spiegelt nicht das Streben nach einer effizienten Exekutive, sondern politische Kompromisse wider. Aber das Verfahren ist logisch und läßt sich umsetzen.
Das Implementierungsabkommen bedient sich weitgehend der gleichen Sprache wie Artikel 162, veränderte aber die Wahl- und Entscheidungsverfahren und machte sie so kompliziert, daß sie fast nicht mehr zu verstehen sind. Die Versammlung der Behörde, die 1995 und 1996 zwei zweiteilige Sitzungen abhielt, brauchte im Verlauf dieser zweijährigen Periode volle sechs Wochen und zusätzlich noch mehrere Tage der Konsultationen zwischen den Sitzungen, um das Verfahren abzuschließen. Jeder Arbeitstag der Versammlung kostet die Vereinten Nationen etwa 10 000 US-Dollar, und hinzu kommen noch die Aufwendungen der einzelnen Regierungen für die Entsendung der Delegierten – weitere 10 000 Dollar für jeden Delegierten während einer halben Arbeitssitzung.
Das Implementierungsabkommen schreibt in Abschnitt 3, Absatz 9 vor, jede der unter den Buchstaben a bis c genannten Interessengruppen als »Kammern« zu bezeichnen. Während nach dem ursprünglichen Text vier Mitglieder, die diese Interessengruppen jeweils repräsentieren, in den gesamten Rat gewählt werden sollten, haben wir jetzt drei Kammern mit jeweils vier Mitgliedern. Eine vierte Kammer besteht aus den sechs Mitgliedern, die nach dem

Buchstaben d zusammen mit den Entwicklungsländern unter e gewählt werden. Das führt zu einer recht großen Kammer der Entwicklungsländer, denn im vorliegenden Fall gehören 13 solche Länder der Gruppe e an, so daß die Kammer der Entwicklungsländer insgesamt 19 Mitglieder hat. Die große Mitgliederzahl dieser Kammer ist für die Entscheidungsfindung jedoch keineswegs von Vorteil. Ganz im Gegenteil: Das Abkommen schreibt nämlich in Abschnitt 3, Absatz 5 des Anhangs vor, daß der Rat Entscheidungen in Sachfragen mit Ausnahme solcher, für die die Konvention Einstimmigkeit vorschreibt, mit einer Mehrheit von zwei Dritteln seiner anwesenden und abstimmenden Mitglieder treffen muß, vorausgesetzt, solche Entscheidungen werden nicht von der Mehrheit in einer der beiden in Absatz 9 benannten Kammern abgelehnt. Das bedeutet, daß zwei beliebige Industrieländer, die in den Kammern a, b und c vertreten sind, jede Entscheidung des Rates blockieren können, während erst zehn Entwicklungsländer gemeinsam die gleiche Möglichkeit haben.
Bevor die Mitglieder des Rates gewählt werden können, muß die Versammlung Listen der Länder erstellen, welche die Kriterien der Staatengruppen nach den Buchstaben a bis d erfüllen. Jede dieser Staatengruppen wird im Rat durch diejenigen Mitglieder vertreten, die von der jeweiligen Gruppe benannt werden. Jede Gruppe darf nur so viele Kandidaten nominieren, wie es den Sitzen dieser Gruppe entspricht. Ist die Zahl potentieller Kandidaten in den einzelnen Gruppen größer als die Zahl der Sitze, die in den Kammern zu Verfügung stehen, wird allgemein das Rotationsprinzip angewandt. Zu bestimmen, wie dieses Prinzip eingesetzt wird, obliegt jeder Gruppe selbst.
Letztlich werden die Kammern also nicht von der Versammlung gewählt, sondern von den Staatengruppen, die für die einzelnen Kammern zugelassen sind und die Kandidaten nominieren. Die Versammlung muß dieser Selbstwahl nur noch ihren Segen geben.
Das ganze Verfahren, die Zusammensetzung des 36köpfigen Rates festzulegen, erwies sich als dreidimensionales Puzzlespiel. Auf drei Ebenen mußten außerordentlich schwierige Entscheidungen getroffen und zur Übereinstimmung gebracht werden. Die erste bestand darin, daß jede Interessengruppe eine eigene Liste mit vier beziehungsweise sechs Mitgliedern aufstellen und sich über das Rotationsverfahren einigen mußte – das heißt, manche Mitglieder wurden eigentlich nur für ein oder zwei Jahre gewählt und mußten dann einem anderen Mitglied ihrer Gruppe Platz machen. Zunächst sollte sich die Rotation über einen Zeitraum von zehn Jahren erstrecken, damit alle Kandidaten zum Zug kamen, aber dann wurde die Phase auf vier Jahre verkürzt;

allerdings gab es eine Ausnahme: Einer Delegation wurde eine Wiederwahl für vier Jahre im Jahr 2000 zugesichert – ein recht ungewöhnliches Verfahren. Der ganze Prozeß wurde etwa ein Jahr lang durch die unnachgiebige Haltung der Vereinigten Staaten blockiert (die kein Unterzeichnerstaat der Konvention waren, der Behörde aber als vorläufiges Mitglied angehörten): Sie wollten es nicht zulassen, daß sowohl Indien als auch China der Kammer der größten Investoren angehörten, obwohl beide die Kriterien erfüllten. Wären sie aber beide Mitglied der Kammer gewesen, hätten sie die gleichen Vetomöglichkeiten gehabt wie beispielsweise Frankreich und Deutschland, die beiden anderen in der Kammer b vertretenen Investoren. Indien beharrte unnachgiebig darauf, es habe ein Recht, in der Kammer zu sitzen. Am Ende stimmte Indien in einem Geist beispielhafter Kooperation zu, der Kammer nur zwei Jahre lang anzugehören und dann den Niederlanden Platz zu machen – unter dem Vorbehalt, daß Indien im Jahr 2000 für vier Jahre wiedergewählt wird.
Dann gab es ein Problem zwischen den Regionen: Wie sollte man die insgesamt 36 Sitze unter den 5 traditionellen Regionalgruppen (Afrika, Asien, Lateinamerika, osteuropäische Staaten, Westeuropa und andere) aufteilen? Nach langwierigen Verhandlungen kam man überein, Afrika solle 10 Sitze haben, Asien 9, Lateinamerika 7, Osteuropa 3 und Westeuropa sowie die anderen 8. Das machte jedoch insgesamt 37. Die schlaue Lösung für dieses Problem der politischen Arithmetik war ein »beweglicher Sitz«. Im Geist der gleichmäßigen Lastenverteilung würde jede Regionalgruppe während eines der ersten vier Jahre auf einen Sitz verzichten. Das betraf jedoch nicht die Gruppe der osteuropäischen Staaten, die ohnehin nur drei Sitze hatte. Die Gruppe aus Lateinamerika und der Karibik bot freiwillig an, im ersten Jahr auf einen Sitz zu verzichten; es folgten Westeuropa und andere im zweiten Jahr, Afrika im dritten und Asien im vierten.
Soviel zu den Verhandlungen zwischen den Regionen.

Innerhalb der einzelnen Regionalgruppen mußte man sich auf die Vorgehensweise bei der Rotation einigen, was wiederum zeitaufwendige Verhandlungen erforderte. Und schließlich mußten die Ergebnisse der Konsultationen innerhalb der Regionen und Interessengruppen zusammengefaßt und miteinander in Einklang gebracht werden.
Das Ergebnis, zu dem man am vorletzten Tag der dritten zweiwöchigen Arbeitssitzung der Versammlung gelangte, war in den Annalen der internationalen Verhandlungen einzigartig. Es bedurfte der unerschöpflichen Geduld

und der genialen Puzzlespielfähigkeiten des Versammlungspräsidenten und indonesischen Botschafters Djalal, um dieses Resultat zu erreichen. Darin befinden sich beispielsweise Vorschriften wie die folgende:

> »Um die neun der asiatischen Gruppe zugewiesenen Sitze beizubehalten, wenn Polen nach zwei Jahren den von Indonesien freigegebenen Sitz in der Gruppe C einnimmt, wird Indonesien den Sitz besetzen, den Polen in der Gruppe E frei macht, so daß Indonesien seine vierjährige Amtszeit vollständig ausüben kann, es sei denn, es könnte sich einen freien Sitz in der Gruppe C sichern.«[38]

Als die nervenaufreibende Wahl des Rates endlich vorüber war, herrschte allgemein ein Gefühl von Euphorie und Triumph. Sieht man über die quälende Vorgeschichte hinweg, könnte man tatsächlich zu der Schlußfolgerung gelangen, es handele sich um einen guten Rat mit ausgewogener Zusammensetzung. Hätte man das gleiche Ergebnis nicht auch mit einfacheren Mitteln erreichen können? War es notwendig, den Delegationen und dem Präsidenten diese Prozedur aufzuerlegen? Soll sich der ganze Ablauf wiederholen? Wenn man sich das Jahr 1998 und die Zukunft der Meeresbodenbehörde sowie ihrer Funktionen ansieht, erscheint es durchaus ratsam, die Vorschriften über die Zusammensetzung und Entscheidungsfindung des Rates zu überprüfen und zu überarbeiten, damit er effizient arbeiten kann. Dabei sollte man besonders eines berücksichtigen: Wenn sich das Tätigkeitsgebiet der Behörde von den Manganknollen auf andere Ressourcen des gemeinsamen Erbes der Menschheit erweitert, sind die in den Kammern A bis D vertretenen Interessengruppen möglicherweise weniger sinnvoll, als es in den letzten Jahrzehnten den Anschein hatte.

Wenn man bedenkt, welche gewaltigen Veränderungen eingetreten sind und welche Lehren gezogen wurden, scheint die derzeitige Zielsetzung der Behörde ein wenig unscharf. Ob und wann die Ausbeutung der Manganknollen wirklich beginnen wird, weiß niemand. Und ebensowenig ist klar, was die Behörde in der nicht abzusehenden Zeit tun soll, in der noch kein solcher Abbau stattfindet.

Um die Behörde auszurichten, um sie auf eine neue begriffliche Grundlage zu stellen und so für die Staatengemeinschaft nützlicher zu machen, könnte man drei Schritte unternehmen.

Zunächst sollte für die nächsten fünf Jahre ein sinnvoller Arbeitsplan aufgestellt werden. Im gegenwärtigen Rahmen und in Übereinstimmung mit den derzeitigen Tätigkeiten der Staaten sollte sich dieser Plan darauf konzentrieren, die menschlichen Ressourcen weiterzuentwickeln, die technische Kooperation voranzutreiben und langfristige ökologische Wirkungen sowie Möglichkeiten zur Verbesserung der biologischen Vielfalt zu untersuchen.

Die ersten Ausbildungsprogramme für Investoren sollten wiederaufgenommen und weiterentwickelt werden. Man sollte sie in die übrigen Ausbildungstätigkeiten innerhalb und außerhalb des UN-Systems integrieren.[39] Die *Division for Ocean Affairs and the Law of the Sea* (DOALOS) entwickelt in Zusammenarbeit mit dem *United Nations Development Programme* (UNDP) und dem *International Ocean Institute* eine Reihe von Programmen, in denen hochentwickelte Ausbildungsmethoden namens »Train-Sea-Coast« angewandt werden. Die Meeresbodenbehörde könnte sich an diesem Projekt beteiligen und einen Lehrplan für die Ausbeutung und Bewirtschaftung der Mineralien am Meeresboden entwickeln.

Mehrere Staaten befassen sich mit technischen Tests und Verbesserungen sowie mit Untersuchungen über die ökologischen Wirkungen dieser Technik. Die Behörde sollte Initiativen ergreifen, um an diesen Tätigkeiten mitzuwirken. Ein gemeinsames Projekt der Technologieentwicklung in Verbindung mit einer vier- oder fünfjährigen Umweltfolgenuntersuchung, die zusammen mit der Behörde durchgeführt und mit einem Ausbildungsprogramm verbunden werden, könnte für die nächsten Jahre zum Kernstück im Arbeitsplan der Behörde werden[40] und den Boden für die tiefergehenden, langfristigen Veränderungen bereiten, die notwendig sein werden.

Zweitens sollte, sobald solche internen Dinge abgehandelt sind, viel Zeit für eine allgemeine Diskussion über die Zukunft der Behörde vorgesehen werden. Daraus könnte ein unentbehrlicher Beitrag zu einer neuen Vision der Behörde werden, man könnte sie besser in Einklang mit neueren Entwicklungen bringen, beispielsweise mit den Konventionen zum Klimaschutz und zur biologischen Vielfalt, zu denen die Meeresbodenforschung wichtige Beiträge leisten könnte. In besonderen Hearings sollten die Delegationen auch die Gelegenheit haben, sich von Wissenschaftlern und Nichtregierungsorganisationen informieren zu lassen. Einen besonders nützlichen Beitrag zur Diskussion könnten die Nichtregierungsorganisationen leisten, besonders solche mit Fachkenntnissen über die ökologischen Folgen des Mineralienabbaus am Meeresboden und über die Wechselwirkungen zwischen den Verfahrensweisen der Behörde und denen, die in der Konvention über biologische Vielfalt festgelegt wurden.

Der dritte Schritt sollte darin bestehen, daß eine oder mehrere Delegationen die Initiative ergreifen, die in Artikel 162, Absatz 2, Buchstabe o, Ziffer ii vorgesehen ist und die Regeln für Ausbeutung und Produktion anderer Ressourcen als der Manganknollen betrifft; zuvor muß aber festgelegt werden, ob eine solche Forderung nach dem Implementierungsabkommen erhoben werden kann. Sollte die Antwort auf diese Frage negativ ausfallen, wird eine Neufassung des Paragraphen 15 im Anhang des Implementierungsabkommens zu einer dringlichen Angelegenheit – es sei denn, die Behörde wollte zulassen, daß sie für die wirkliche Nutzung des Gebiets und seiner Ressourcen, die das gemeinsame Erbe der Menschheit sind, keine Rolle mehr spielt.

Schlußfolgerungen

Die Analyse der derzeitigen Situation führt zu folgenden Empfehlungen:

A. Kurzfristige Empfehlungen (fünf Jahre)

1. Fortschreitende Auslegung und Entwicklung des Implementierungsabkommens, Anhang, Abschnitt I, Paragraph 5 (g), (h) und (i), mit der Formulierung, Verabschiedung und Umsetzung gemeinsamer Pläne für die wissenschaftliche Erkundung des Meeresbodens, gemeinsame Technologieentwicklung in Verbindung mit langfristiger Umweltfolgenabschätzung und die Entwicklung menschlicher Ressourcen (Ausbildung).
2. Zu diesem Zweck:
   (a) Fortsetzung/Weiterentwicklung des von der Vorbereitungskommission verabschiedeten Ausbildungsprogramms;
   (b) Wiederaufnahme des von der Vorbereitungskommission verabschiedeten Plans zur gemeinsamen Ausbeutung einer ersten Abbaustelle für das Unternehmen;
   (c) Berücksichtigung des Projekts zur Technologieentwicklung und langfristigen Umweltfolgenabschätzung, das von der Delegation der Bundesrepublik Deutschland vorgeschlagen wurde.
3. Entscheidung zur Formulierung von Regeln und Vorschriften nach Artikel 162, Absatz 2, Buchstabe o, Ziffer ii, welche die Erkundung und Ausbeutung anderer Ressourcen als der Manganknollen betreffen.
4. Wenn es gefordert wird, Joint-ventures mit Entwicklungsstaaten an den Küsten zur Ausbeutung mineralischer Ressourcen auf ihrem Festlandsockel.
5. Entscheidung, viel Zeit für eine allgemeine Diskussion über die Zukunft der Internationalen Meeresbodenbehörde vorzusehen.

B. Langfristige Empfehlungen (ab 2004, zehn Jahre nach dem Inkrafttreten der Konvention und der Einrichtung der Behörde)

Überprüfung und Überarbeitung des Teils XI und des Implementierungsabkommens. Ein mögliches Modell für die langfristige Neustrukturierung der Internationalen Meeresbodenbehörde findet sich im Anhang.

Obwohl die Behörde nicht zum System der Vereinten Nationen gehört – ein Punkt, über den in Zukunft wahrscheinlich ebenfalls neu nachzudenken ist –, muß sie eng mit diesem System verbunden sein. Die Wechselbeziehungen mit den Verfahrensweisen anderer Konventionen, beispielsweise der für Klimaschutz und biologische Vielfalt, müssen durch Kooperationsvereinbarungen angemessenen Ausdruck finden. Tier- und Pflanzenwelt der Tiefsee einschließlich der genetischen Ressourcen sind der gemeinsame Gegenstand der Zusammenarbeit zwischen der Behörde und der Organisation für biologische Vielfalt. Die Methanhydrate und ihre Wirkungen auf die Klimaveränderung bieten die Grundlage für die Zusammenarbeit mit der Organisation für Klimaschutz.

Das war ein langes Kapitel, und ich habe darin die entstehenden Strukturen einer Regierungsgewalt der Ozeane vom Dorf bis zur gesamten Erde nachgezeichnet. Es ist alles vorhanden – für diejenigen, die es sehen wollen, die sich der Übung unterziehen wollen, die ich auf den ersten Seiten des Buches beschrieben habe: alles verschwimmen zu lassen, um dann wieder scharf zu stellen und eine neue Dimension zu erkennen – die majestätischen Kreise der Meere, mit denen wir leben.

6. Empfehlungen und Schlußfolgerungen

In diesem Kapitel möchte ich die Empfehlungen, die ich im Buch gegeben habe, zusammenfassen; außerdem möchte ich abschließend untersuchen, wie sich die Weiterentwicklung der Ordnungspolitik für die Meere auf das übrige System und die globale *problématique* als Ganzes auswirkt.

Natürliche und auf Menschen zurückgehende Ursachen sorgen gemeinsam dafür, daß unsere Zeit des Jahrtausendwechsels vielerlei zugleich ist:

- ein Zeitalter des Übergangs,
- ein Informationszeitalter und
- ein Zeitalter der Unsicherheit.

Im *Übergang* befindet sich unsere natürliche Umwelt ebenso wie unser soziales, wirtschaftliches und politisches Umfeld. Eine Klimaveränderung verändert die physische Landkarte des Globus. Gleichzeitig wird die gesellschaftlich-politische Landkarte durcheinandergewirbelt: Das Zeitalter der Nationalstaaten geht ebenso zu Ende wie ein halbes Jahrtausend der europäischen Vorherrschaft.
Information vermehrt unsere Kenntnisse, unsere Wissenschaft, unsere Technologie; aber je mehr wir wissen, desto besser wissen wir, wie wenig wir wissen.
Deshalb lassen Übergang und Information eine *Unsicherheit* entstehen, die man mit einem Gefühl der Ehrfurcht für die letzten Geheimnisse des Daseins anerkennen muß; man kann sie aber mit mehr und besserer Information, Risikomanagement und dem Vorsorgeprinzip unter Kontrolle halten.
Selbst im Dunkel unseres Unwissens um die Meere bemerken wir ihre Wechselbeziehungen mit der Atmosphäre, die im wesentlichen über die Klimaveränderung und die neue physische Landkarte des nächsten Jahrtausends entscheiden werden. Wir erkennen das, was der Generalsekretär der Vereinten Nationen so formulierte: »Die globalen Gemeingüter sind der Bereich der Politik, in dem diese Vermischung der Fachgebiete und Institutionen am wei-

testen fortgeschritten ist.« Meerespolitik und das allmählich entstehende System einer Ordnungspolitik für die Ozeane spielen für die Neugestaltung der gesellschaftlich-politischen Landkarte eine Führungsrolle. Physikalisch betrachtet, sind die Meere entscheidend für Dämpfung und Ausgleich von Temperatur und Klima. Für Gesellschaft und Politik dürfte das aus den Meeren geborene Prinzip vom gemeinsamen Erbe der Menschheit im kommenden Jahrhundert die gleiche Aufgabe erfüllen.
Entsprechend der Kapitelreihenfolge in dem vorliegenden Buch gebe ich deshalb folgende Empfehlungen ab.

Ozeanische Perspektiven: Physis

Es sollten große Anstrengungen und umfangreiche Mittel darauf verwendet werden, die Meeresforschung und -technologie und die Erforschung und Überwachung der Vorgänge in den Ozeanen durch globale Einrichtungen wie das GOOS zu fördern. Besonders die Versicherungsbranche und ganz allgemein die Privatwirtschaft sollten zu finanziellen Beiträgen aufgefordert werden, die später systematisch in Form einer Meeresentwicklungssteuer erhoben werden könnten.

Ozeanische Perspektiven: Kultur

Das Jahr der Meere gab Anlaß zu zahlreichen Äußerungen und Feiern in Kultur, Wissenschaft und Bildung. Dabei zeigte sich der Ozean im Licht vieler Kulturkreise und Weltanschauungen. Häufig blieben das aber Einzelfälle, die den meisten Menschen verschlossen sind.
Von der UNESCO sollte man fordern, daß sie dieses Material sichtet, sammelt und zu einem abendfüllenden Film mit dem Titel »Die Ozeane und das 21. Jahrhundert« zusammenstellt. Diesen Film, der sich der neuesten Kinotechnologie mit Breit- oder Mehrfachprojektionsflächen und dreidimensionalen Effekten bedient, sollte man auf der ganzen Welt in Filmtheatern, im Fernsehen und besonders in Schulen zeigen, um allgemein ein größeres Bewußtsein dafür zu schaffen, wie wichtig die Meere für unser Leben und zukünftige Generationen sind.

Ozeanische Perspektiven: Wirtschaft

Der bereits in Gang befindliche Wandel unseres Wirtschaftssystems wird tiefgreifende Auswirkungen haben.
Das neue System, das aus dem Meer mit seiner ausgleichenden Wirkung hervorgeht, und sein Prinzip des gemeinsamen Erbes der Menschheit werden sich auf die Notwendigkeiten des Informationszeitalters und das Ende der europäischen Vorherrschaft einstellen müssen. Es muß auf die eine oder andere Weise folgende Konzepte verkörpern:

1. Ganzheitlicher Ansatz
Wirtschaft hat soziale, politische, ökologische, kulturelle und ethische Dimensionen. Der Mensch muß im Mittelpunkt stehen. Ihr Ziel ist das Wohlergehen aller.

2. Dezentralisierung, gemeinsame Verwaltung auf der Grundlage der Gemeinden
Die Auswirkungen der Hochtechnologie sowie die Prinzipien und Methoden des modernen Managements stimmen mit den Vorstellungen und Idealen der nicht vom Westen geprägten Weltanschauungen überein: Betont werden der Gemeinsinn und eine dezentralisierte Sozialökonomie, wie sie sich im Gandhiismus verkörpert. Dazu gehören:

- Schonung der Ressourcen durch größere Disziplin der Verbraucher, Einsparung von Energie sowie bessere Organisation von Produktion und Verteilung;
- Verminderung der Konsumstandards durch »freiwillige Einfachheit« und Selbstbeschränkung;
- Akzeptanz für die Idee, materiellen durch immateriellen Konsum zu ersetzen: weniger Güter und mehr Dienstleistungen oder geringerer Zeitaufwand für marktorientierte wirtschaftliche Tätigkeiten, dafür aber mehr Zeit für nicht wirtschaftlich geprägte Aktivitäten und/oder in kleinem Maßstab ökologisch unschädliche materielle Produktion zum Eigenverbrauch;
- Verminderung der Nachfrage nach innerstädtischem Verkehr durch Umgestaltung der Städte;
- Verminderung des Transports von Rohstoffen und Gütern über große Entfernungen durch bessere Integration der lokalen und regionalen Wirtschaft.

3. Gerechtigkeit

Das Ziel der Wirtschaft ist nicht der größtmögliche Nutzen für die größtmögliche Zahl von Menschen – was bedeuten könnte, daß es 51 Prozent der Bevölkerung freisteht, die übrigen 49 auszubeuten –, sondern das Wohlergehen aller. Unausgesprochen steckt darin die Grundvoraussetzung, daß alle Menschen die gleiche Würde haben und das Leben und Wohlergehen aller gleichermaßen zu respektieren sind. Auf die Wirtschaftspolitik übertragen, ergibt sich daraus, daß die Erfüllung der materiellen Grundbedürfnisse (Wasser, Nahrung, Wohnung, Gesundheit, Bildung) aller Menschen oberste Priorität haben muß.

4. Geistiges Eigentum

Das Recht auf geistiges Eigentum wird man unter Umständen im wirtschaftlichen Zusammenhang des Informationszeitalters und der nachhaltigen Entwicklung überprüfen und überarbeiten müssen.

5. Unsicherheit

Entscheidungen der Sozial- und Wirtschaftspolitik wird man im Licht der Unsicherheit treffen müssen, die das System von seinem Wesen her beinhaltet. Vermindern – allerdings nicht ausschalten – läßt sich die Unsicherheit durch das Vorsorgeprinzip und neue Konzepte des Risikomanagements, wie sie zur Zeit von Fachleuten der Versicherungswirtschaft entwickelt werden. Sie läßt sich weiter vermindern, wenn man die mit verbesserten wissenschaftlich-technischen Methoden gewonnenen Erkenntnisse mit jenen verbindet, die sich in einem auf Gemeinden beruhenden System der gemeinsamen Verwaltung durch alte Weisheiten und Erfahrungen ergeben.

6. Arbeit

Arbeit ist als Ausdruck der Persönlichkeitsentwicklung und -erfüllung ein grundlegendes Menschenrecht. Die Theorien der postindustriellen Gesellschaft und die Ideale anderer Kulturen unterscheiden übereinstimmend zwischen *Arbeit* und *Erwerbstätigkeit* und weisen dabei auf die große Bedeutung des *Dienens* hin. Dazu gehören:

– für alle Menschen eine garantierte bezahlte Mindestbeschäftigung, die zur Befriedigung der grundlegenden Lebensbedürfnisse – Wohnung, Nahrung, Gesundheit und Bildung – ausreicht;

- für die freie Zeit, die durch eine solche Teilzeitbeschäftigung bleibt, selbständige Beschäftigung und »freies Unternehmertum« zur Steigerung des Einkommens und zur Schaffung von Ersparnissen;
- eine Phase im Leben, die dem unbezahlten Dienst an der Gemeinschaft gewidmet ist, das gemeinsame Erbe stärkt und der Gemeinschaft zurückgibt, was sie in früheren Lebensstadien zur Verfügung gestellt hat;
- Verwirklichung solcher Prinzipien auf der Ebene der örtlichen Gemeinden und auf der Grundlage der gemeinsamen Verwaltung.

7. Wohlstand

Reichtum und Wohlergehen sind eine Kombination aus natürlichen (physischen und biologischen), von Menschen gemachten (kulturelle Mittel sowie Güter und Dienstleistungen) und monetären Phänomenen; in dieser ganzheitlichen Sichtweise spiegeln sich unsere sozialen, wirtschaftlichen und ökologischen Dimensionen wider. Der Wohlstand besteht nicht aus dem Fluß von Gütern und Dienstleistungen, sondern aus den Vorräten. Er muß mit Indikatoren für die menschliche Entwicklung gemessen werden; dazu gehören wirtschaftliche, soziale, kulturelle, ethische und ökologische Indikatoren:

- besonders sind Indikatoren für nicht vermarktete und nicht vermarktbare Güter und Dienstleistungen erforderlich;
- nicht entlohnte Arbeit, das heißt Arbeit ohne Gegenleistung und Arbeit, deren Gegenleistung nicht in Geld besteht, muß ebenfalls berücksichtigt werden;
- die Wertminderung, das heißt die Kosten der von Menschen verursachten Umweltverschmutzung und übermäßigen Ausbeutung der Ressourcen, ist in die Rechnung einzubeziehen;
- die inneren Unsicherheiten komplexer Systeme sind zu berücksichtigen;
- Indikatoren für Verletzlichkeit und solche, die in einen Rahmen der Wahrscheinlichkeit eingebettet sind, sollten systematisch entwickelt werden.

8. Wert

Der Wert von Gütern ist nicht ihr »Tauschwert« (»Marktwert«), sondern ihr »Nutzungswert«. Je länger der Wert durch bezahlten oder unbezahlten Input in Form von Dienstleistungen wie Ausbildung, Instandhaltung, Reparatur, Neuaufbau, Recycling und Entsorgung erhalten bleibt, desto größer ist er.

9. Eigentum

Die Meere und ihre Ressourcen sind das gemeinsame Erbe der Menschheit.

- Unter »Ressourcen« sind nichtlebende, lebende und genetische Ressourcen zu verstehen.
- Unabhängig davon, ob sie sich im Bereich nationaler Hoheitsbefugnisse, auf der Hochsee oder im Gebiet des internationalen Meeresbodens befinden, müssen sie nachhaltig bewirtschaftet werden, wobei die Bedürfnisse zukünftiger Generationen zu berücksichtigen sind; dabei sind besonders die Bedürfnisse armer Länder und armer Menschen zu beachten, wobei das Ziel in der Ausrottung der Armut besteht. Die Ressourcen sind ausschließlich friedlichen Zwecken vorbehalten, denn Frieden und Sicherheit sind Grundvoraussetzungen für die nachhaltige Entwicklung.

Das Prinzip des gemeinsamen Erbes der Menschheit ist also die Grundlage der nachhaltigen Entwicklung, und zwar nicht nur im Hinblick auf die Meere, sondern weltweit. In Übereinstimmung mit der Mehrzahl der menschlichen Kulturkreise muß seine Anwendung vom Reichtum der Ozeane auf den Reichtum im allgemeinen erweitert werden: Die Meere sind nicht das »Eigentum« der Menschen, ob individuell oder kollektiv, sondern sie müssen treuhänderisch verwaltet werden, wobei die Kooperation zwischen der Bürgergesellschaft und den Institutionen der Regierungsgewalt auf lokaler, nationaler, regionaler und globaler Ebene die Grundlage bildet.

10. Nationale/internationale Einnahmen

Die Besteuerung sollte in Übereinstimmung mit dem Umfang der jeweils benötigten Dienstleistungen zwischen den Ebenen der Regierungsverwaltung – Gemeinde, Nationalstaat, Region und ganze Erde – aufgeteilt werden.

Nach und nach sollte jede kommerzielle Nutzung der globalen Gemeingüter mit einer Entwicklungssteuer belegt werden, und dabei sollte man mit den Meeren beginnen.

Eine Steuer könnte auch auf Tätigkeiten erhoben werden, die zu einer Wertminderung führen; das steht im Einklang mit der ethischen Forderung, den Handel mit Waffen, Drogen usw. zu verbieten.

11. Ein anpassungsfähiges nichtlineares Netzwerk

Die große Richtung der Wirtschaft wird durch die Wechselwirkungen zwischen vielen Einzeleinheiten (Menschen) bestimmt. Die Tätigkeit jeder dieser Einheiten hängt von Zustand und den Tätigkeiten einer unbegrenzten Zahl anderer Einheiten ab; das führt zwangsläufig zu einem System der mehrfachen Gleichgewichte, so daß es unmöglich wird, einzelne Zustände für die Zukunft vorauszusagen: Die Einheiten sind nicht hierarchisch angeordnet, und es steht ihnen frei, einen eigenen Weg zum Ziel zu verfolgen. Es gibt nur ein Ziel, aber viele Wege.

Auf diesem Weg sollte man zu einer Wirtschaft gelangen, die folgende Eigenschaften hat:

- Sie ist flexibel, anpassungsfähig und kreativ.
- Sie beutet nicht aus, so daß Güter und Einkommen gerecht verteilt werden.
- Sie steht im Einklang mit der natürlichen Umwelt.
- Sie reguliert sich selbst, was zur Beschränkung unnötigen Konsums führt.
- Sie ist kulturell bestimmt.

12. Gewaltlosigkeit

Das sozioökonomische System für die nachhaltige Entwicklung gründet sich auf Gewaltlosigkeit; sie wird auf Eigentum, Produktion, Konsum, Arbeit, Verteilung und die Reform der Wirtschaftssysteme angewandt: Sämtliche Streitigkeiten werden durch die dafür vorgesehenen Mechanismen auf allen Ebenen der Verwaltung friedlich beigelegt.

Ozeanische Perspektiven: Recht

Der Durchbruch zur Welt des nächsten Jahrhunderts wird sich auf dem Weg einer weiterentwickelten Rechtsordnung abspielen. Das Seerechtsübereinkommen der Vereinten Nationen und seine Wechselbeziehungen mit den Konventionen, Abkommen und Programmen, die aus dem UN-Umweltgipfel hervorgegangen sind, haben einen grundlegenden Wandlungsprozeß in Gang gesetzt.

In diesen neuen juristischen Instrumenten sollte man einen einzigen Prozeß sehen, der ein einziges dynamisches System hervorbringt. Ihre Überschneidungen sollte man als gemeinsame Grundlage für gemeinsames Handeln nut-

zen, und zwar so, daß sie einander verstärken und dazu beitragen, eine bessere Welt für das nächste Jahrhundert aufzubauen.
Damit das System weiterhin dynamisch bleibt und sich an die sich schnell wandelnde Welt anpassen kann, sollten die Tagungen der Unterzeichnerstaaten der Seerechtskonvention ein breiteres Aufgabengebiet erhalten, und bei jeder zweiten derartigen Konferenz, das heißt alle sechs Jahre, sollte die Konvention einschließlich des Teils XI und des Implementierungsabkommens neu überprüft werden.
Der Begriff der Souveränität muß mit den Erfordernissen des Informationszeitalters und der nachhaltigen Entwicklung in Einklang gebracht werden.
Damit Frieden und Kooperation gestärkt werden, sollte man die territorialen Grenzen auf den Meeren – sowohl die zwischen Staaten mit benachbarten oder gegenüberliegenden Küsten als auch die zwischen Staaten und internationalen Gebieten – den stärker funktionsbezogenen gemeinsamen Entwicklungs- oder Verwaltungszonen unterordnen, in denen Ressourcenbewirtschaftung und Sicherheitsmanagement zusammengefaßt werden.
Regionalmeere sollten letztlich in einem neuen Konzept als gemeinsame Verwaltungszonen mit vielfachen Aufgaben betrachtet werden, wobei der umfassende Aufgabenbereich der Verwaltung die lebenden und nichtlebenden Ressourcen ebenso umfaßt wie Verkehr und Kommunikation, wissenschaftlich-technische Zusammenarbeit, Küstenverwaltung, Tourismus, Umweltschutz und die Sicherheit der Region.

Ozeanische Perspektiven: die Institutionen

Zur Umsetzung juristischer Instrumente sind Institutionen erforderlich. Die meisten derartigen Einrichtungen, die zur Verwirklichung der neuen Rechtsordnung für die Meere gebraucht werden, gibt es bereits. Sie müssen also nicht neu geschaffen werden, aber man muß sie in die Lage versetzen, die Aufgaben zu erfüllen, die ihnen durch die neuen Gesetze und Vorschriften zuwachsen. Die folgenden Empfehlungen gründen sich auf den vorhandenen und entstehenden institutionellen Rahmen, das heißt auf die Leitlinien, die vom UN-Umweltgipfel und den nachfolgenden Konventionen, Abkommen und Programmen vorgegeben wurden, und betrachten sie im Licht der Vision Gandhis vom majestätischen Kreis der Meere; sie beginnen auf der Ebene des Dorfes und folgen dann dem Weg durch die immer größeren Kreise von Nation, Region und dem blauen Planeten als Ganzem.

Das Dorf

Der Gemeinderat eines Dorfes oder einer kleinen Stadt an der Küste wählt einen Rat für Marine Ressourcen, der aus Vertretern der Hafenbehörde, der Schiffseigner, der Fischereiverbände, der Meeresindustrie, der Tourismusbehörde, der Forschungsinstitute, der Nichtregierungsorganisationen und der Verbraucherverbände besteht.

Der Rat für Marine Ressourcen berät über alle Fragen, die mit der nachhaltigen Entwicklung der Ressourcen in den Meeren, dem Schutz der Meeres- und Küstenumwelt sowie mit der Forschung und Ausbildung in Fragen der Ozeane zusammenhängen, und bereitet entsprechende Gesetzesvorlagen für den Gemeinderat vor.

Der Rat für Marine Ressourcen erarbeitet kurzfristige (ein Jahr) und mittelfristige (fünf Jahre) Pläne für die nachhaltige Entwicklung der Ressourcen und den Schutz der Meeresumwelt; diese Pläne werden über den Gemeinderat der Provinzregierung vorgelegt.

Der Rat für Marine Ressourcen ist verantwortlich für die lokale Umsetzung der Seerechtskonvention, des Kapitels 17 der *Agenda*, der mit den Meeren zusammenhängenden Teile der Konventionen über biologische Vielfalt und Klimaschutz, der Konvention über grenzüberschreitende und weit wandernde Bestände der Hochsee, des globalen Aktionsprogramms zur Verhütung von Umweltverschmutzung durch landgebundene Tätigkeiten, des Programms für Randmeere und anderer Abkommen und Programme, die mit dem Ozean in Beziehung stehen.

Der Rat für Marine Ressourcen tagt, sooft es notwendig ist.

Die Gemeinden arbeiten über ihre Räte für Marine Ressourcen mit der Provinz, mit den Gemeinden benachbarter Provinzen und mit Gemeinden in Nachbarstaaten in allen Fragen zusammen, die ihr gemeinsames Ökosystem betreffen. Zu diesem Zweck werden geeignete Konferenzen auf der Ebene der Provinz sowie nationale und internationale Tagungen abgehalten.

Der Nationalstaat

Im Staatenkreis sollte für die Verwaltung der Meere ein System umfassender Beteiligung und effizienter Beschlußfassung geschaffen werden, in dem Regierung, Forschungsinstitute und Interessengruppen zusammenarbeiten.

Auf politischer Ebene sollte es ein Ministergremium geben, vorzugsweise unter Leitung des Ministerpräsidenten.

Das Gremium sollte einerseits von einem Parlamentsausschuß für Meeresangelegenheiten beraten werden, andererseits aber auch von einem nicht regie-

rungsgebundenen Beraterstab, in dem Industrie und Wissenschaft sowie die Räte für Marine Ressourcen der Gemeinden und Nichtregierungsorganisationen vertreten sind.
Die Arbeit dieser Beratergremien sollte durch den Minister koordiniert werden, in dessen Aufgabenbereich der größte Teil der Meeresangelegenheiten fällt.
Auf Behördenebene sollte es eine fachübergreifende Kommission geben; in ihr sollten leitende Beamte aller Abteilungen vertreten sein, die auf diese oder jene Weise mit Meeresangelegenheiten zu tun haben: Den Vorsitz könnte ein früherer Premierminister innehaben. Diese Kommission hätte die Aufgabe, die Arbeit des Ministergremiums vorzubereiten.

Die Region

Die Aktualisierung und Neustrukturierung des Programms für Regionalmeere ist unbedingt notwendig, nicht nur um dieses nützliche Programm selbst zu retten und nicht nur um die Seerechtskonvention umzusetzen, sondern auch zur Verwirklichung aller anderen Konventionen und Aktionsprogramme, die aus dem Umweltgipfel erwachsen sind, sowie zur Stärkung der regionalen Sicherheit einschließlich der Sicherheit von Wirtschaft und Umwelt. Alle von UNCLOS und Umweltgipfel geschaffenen Instrumente verlangen als entscheidendes Element die regionale Kooperation und Organisation und verlassen sich darauf.
Zur Wiederbelebung des Programms für Regionalmeere werden vier Schritte empfohlen:

Einrichtung regionaler »Ozeanversammlungen«

Die vom UNEP initiierten regionalen Tagungen zur Umsetzung des globalen Aktionsprogramms zur Verhütung der Umweltverschmutzung durch landgestützte Tätigkeiten sollten zu einer festen Einrichtung gemacht werden, und man sollte ihren Aufgabenbereich so erweitern, daß er alle Bestandteile der integrierten Bewirtschaftung von Meer und Küste im Kreis der Region umfaßt. Diese Veranstaltungen sollten an die Stelle der alle zwei Jahre abgehaltenen Tagungen der Unterzeichnerstaaten der Regionalmeerkonventionen treten; teilnehmen sollten auch die zuständigen regionalen und internationalen Organisationen, darunter die regionalen Organisationen für wirtschaftliche Integration, die regionalen Wirtschaftskommissionen der Vereinten Nationen, die regionalen Entwicklungsbanken und Nichtregierungsorganisationen.

Einrichtung von Systemen zur regionalen technischen Kooperation, die den Bedürfnissen aller aus dem Umweltgipfel erwachsenen Konventionen, Abkommen und Programme genügen

Zum erweiterten Aufgabenbereich der Regionalmeerkonventionen muß auch die Einrichtung regionaler Systeme zur technischen Kooperation gehören. Das Seerechtsübereinkommen schreibt in seinen Artikeln 276 und 277 die Einrichtung regionaler Zentren für Technologieentwicklung und -transfer vor (bei denen es sich in Übereinstimmung mit der derzeitigen Entwicklung um regionale Systeme handeln könnte).

1. Solche Systeme sollten auf den am weitesten entwickelten Konzepten der technologischen Entwicklung aufbauen und auf regionaler Ebene zur Synergie privater und staatlicher Investitionen führen.
2. Sie sollten so konzipiert und strukturiert werden, daß sie den Erfordernissen der Seerechtskonvention ebenso dienen wie allen aus dem Umweltgipfel erwachsenen Konventionen und Programmen.
3. Aus den Konventionen und Aktionsplänen selbst läßt sich eine Liste der Technologien ableiten, die mit oberster Priorität zu entwickeln und zu transferieren (das heißt, »gemeinsam zu entwickeln«) sind. Dazu gehören Aquakultur und Gentechnik, die Produktion selektiverer Fischereigeräte, Abfallrecycling, Technologien zur Wasser- und Abwasseraufbereitung sowie Forschung und Entwicklung zur Gewinnung erneuerbarer Energie wie OTEC oder Methanhydrate aus dem Meer. Diese Liste wäre für jede Region nach den jeweiligen Notwendigkeiten abzuwandeln.

Einrichtung regionaler Kommissionen für nachhaltige Entwicklung

Um die Effizienz der UN-Kommission für nachhaltige Entwicklung zu stärken und sie enger an die Kreise der Regionen, der Nationalstaaten und Gemeinden zu binden, sollten im Rahmen der Regionalmeerprogramme regionale Kommissionen für nachhaltige Entwicklung eingerichtet werden.
Nach dem mutigen Vorbild, das die Unterzeichner des Abkommens von Barcelona mit ihrer Pioniertat gaben, sollten diese Kommissionen breit fachübergreifend besetzt sein, wobei die Bereiche von Regierungen und Nichtregierungsorganisationen den gleichen Rang haben.
Die Regierungen sollten durch Fachminister für diejenigen Themen vertreten sein, bei denen eine Entscheidung ansteht. Im Nichtregierungsbereich sollten örtliche Behörden, sozioökonomische Akteure und Nichtregierungsorganisationen beteiligt werden.

Damit solche Systeme funktionieren, ist es unentbehrlich, daß nationale und regionale Gesetze, Vorschriften und Verwaltungspläne sich nicht widersprechen. Das erfordert geeignete Verbindungen zwischen nationalen und regionalen Entscheidungsprozessen. Ebenso notwendig sind solche Verbindungen zwischen den Regionen und der globalen Ebene der Vereinten Nationen (UN-Kommission für nachhaltige Entwicklung, Generalversammlung).

Einrichtung regionaler Systeme für die Sicherheit der Menschen
Nachhaltige Entwicklung hat drei Bestandteile, die zusammengeführt werden müssen: sozioökonomische Entwicklung, Schutz der Umwelt, in der die sozioökonomische Entwicklung stattfindet; sowie Frieden und Sicherheit, ohne die weder sozioökonomische Entwicklung noch Umweltschutz möglich sind.
Sicherheit hat ebenfalls drei Bestandteile, die zusammengeführt werden müssen: politisch-militärische Sicherheit, das heißt Sicherheit im herkömmlichen Sinn, ökonomische Sicherheit und ökologische Sicherheit. Ohne die beiden letzten ist politisch-militärische Sicherheit nicht zu erreichen oder aufrechtzuerhalten.
Diese beiden Aussagen sind allgemein anerkannt. Daß sich daraus Folgen für die Institutionen ergeben, liegt auf der Hand, und diese Folgen gilt es zu analysieren.
Der interdisziplinäre Ansatz, für den die Unterzeichner des Abkommens von Barcelona mit der Zusammensetzung der *Mediterranean Commission on Sustainable Development* Pionierarbeiten geleistet haben, sollte auf die Zusammensetzung der Behörden oder Exekutivorgane ausgeweitet werden. Diese sollten jeweils mit den Fachministern für das Thema besetzt werden, über das Entscheidungen getroffen werden müssen. Hat das Thema mit der Sicherheit der Region zu tun, sollten die Verteidigungs- und/oder Außenminister dabei mitwirken.
Bei bewaffneten Konflikten, die eine militärische Antwort erfordern, sollten sie den Zwecken der UN-Friedensmissionen dienen, und zwar durch geeignete Befehlsstrukturen, die dem Generalsekretär der Vereinten Nationen unterstehen. Besteht kein bewaffneter Konflikt, sollte sich die regionale Kooperation der Flotten auf gemeinsame Überwachung und Durchsetzung erweitern, aber auch auf friedliche humanitäre Tätigkeiten wie Such- und Rettungswesen, Katastrophenhilfe oder Meeresforschung mit hydrologischen Untersuchungen, Kartierung und anderem. Was die Institutionen betrifft, handelt es sich dabei um eine einfache Erweiterung und Anpassung eines Prozesses, der bereits in Gang ist.

Der blaue Planet
Für den globalen Kreis der Vereinten Nationen empfehle ich vier Schritte, um die gesamte Struktur vom Dorf über den Nationalstaat und die Region bis hin zum ganzen Planeten in Einklang zu bringen und zu integrieren, so daß sie umfassend, widerspruchsfrei, fachübergreifend und bürgernah wird.

Die »Ozeanversammlung«
Die Generalversammlung sollte einen allgemeinen Ausschuß einsetzen, der sich die Zeit nimmt, eine integrierte Meerespolitik zu entwickeln. An den Sitzungen dieses Ausschusses sollten Vertreter der aufgewerteten Regionalmeerprogramme, der Fachbehörden des UN-Systems mit meeresbezogenen Aufgaben und des Nichtregierungsbereichs angehören; er sollte eine Art »Ozeanversammlung der Vereinten Nationen« sein, die in jedem zweiten Jahr tagt. Ihre integrierte Politik sollte von DOALOS in Zusammenarbeit mit der Kommission für nachhaltige Entwicklung vorbereitet werden.

Die zuständigen internationalen Organisationen: politische Integration
Wenn man nationale und internationale Institutionen vergleichen will, kann man in der »Ozeanversammlung« das Gegenstück zu einem nationalen Parlament sehen, das über die Politik bestimmt. Die Fachbehörden und -programme führen diese Politik aus wie die Ministerien und Behörden einer nationalen Regierung. Die Unterkommission des ACC entspricht dann einem interministeriellen Komitee oder Gremium, das für die fachübergreifenden Aufgaben der Verwaltung von Meeren und Küsten zuständig ist. Die Verbindungen zwischen den verbesserten Regionalmeerprogrammen und den Entscheidungsprozessen der »Ozeanversammlung« müssen ebenso effizient sein wie die Verknüpfung zwischen der Zentralregierung und den Regierungen der Einzelstaaten/Provinzen in einem Bundesstaat.

Ein neugestalteter Treuhandrat
Ausgehend von der Initiative Maltas und in Übereinstimmung mit dem Bericht des UN-Generalsekretärs an die 51. Generalversammlung (Dokument A/51/950) sollte dem Treuhandrat, der sein Mandat der Entkolonialisierung beendet hat, eine neue Aufgabe übertragen werden: der Schutz des gemeinsamen Erbes und der gemeinsamen Interessen der Menschheit.
Der Rat sollte wie bisher aus 53 Mitgliedern bestehen. Sie sollten von der Generalversammlung unter dem Gesichtspunkt einer gerechten geographischen Vertretung gewählt werden.

Der Treuhandrat hätte folgende Aufgaben:

- Er berät über die Berichte von Mitgliedern der Vereinten Nationen, von den Fachbehörden und -programmen, aber auch von der Internationalen Meeresbodenbehörde und den zuständigen Nichtregierungsorganisationen.
- Er nimmt Petitionen an und prüft sie in Abstimmung mit der betroffenen Behörde oder Institution.
- Er sorgt für die regelmäßige Besichtigung von Stellen, an denen der Verdacht einer Übertretung besteht, und ergreift in Übereinstimmung mit seiner Aufgabenstellung geeignete Maßnahmen.

Der Treuhandrat verwaltet den Grundsatz des gemeinsamen Erbes der Menschheit. Er überwacht in Übereinstimmung mit dem Völkerrecht die Einhaltung des Grundsatzes im Meeresraum, im Weltraum, in der Atmosphäre und in der Antarktis und berichtet der Generalversammlung über Verletzungen. Er prüft, inwieweit sich dieser Grundsatz umfassender auf Themen von allgemeinem Interesse anwenden läßt, welche die umfassende Sicherheit, die nachhaltige Entwicklung und die Menschenwürde betreffen, und unterbreitet den zuständigen Behörden und Institutionen entsprechende Empfehlungen. Der Treuhandrat sollte als Gewissen der Vereinten Nationen und Vertreter zukünftiger Generationen handeln.

Die Internationale Meeresbodenbehörde

Damit die Behörde für die internationale Gemeinschaft von Nutzen ist, sind kurzfristige Initiativen erforderlich. Dazu gehören:

1. weitere Interpretation und Entwicklung des Implementierungsabkommens, Anhang, Abschnitt I, Paragraph 5 (g), (h) und (i), mit dem Ziel, gemeinsame Pläne für die wissenschaftliche Erkundung des Meeresbodens, gemeinsame technische Entwicklung in Verbindung mit langfristiger Umweltfolgenabschätzung und der Entwicklung menschlicher Ressourcen (Ausbildung) zu formulieren, zu verabschieden und umzusetzen;
2. die Entscheidung, nach Artikel 162, Absatz 2, Buchstabe o, Ziffer ii Regeln und Vorschriften für die Erkundung und Ausbeutung anderer Ressourcen als der Manganknollen zu schaffen;
3. sofern es gewünscht wird, Joint-ventures mit Entwicklungsländern an den Küsten zur Ausbeutung mineralischer Ressourcen auf ihrem Kontinentalsockel;

4. die Entscheidung, viel Zeit für eine allgemeine Diskussion über die Zukunft der Internationalen Meeresbodenbehörde vorzusehen.

Die langfristigen Überlegungen sollten auf einer Überprüfungskonferenz diskutiert werden, die von der Tagung der Unterzeichnerstaaten im Jahr 2003 eingesetzt wird. Dort könnten unter anderem folgende Punkte erörtert werden:

- Zusammensetzung und Abstimmungsverfahren im Rat der Behörde;
- Status der lebenden Ressourcen einschließlich der genetischen Ressourcen des Meeresbodens und darunter;
- Grenzen zwischen dem Gebiet und den Küstenstaaten sowie zwischen dem Gebiet und dem Geltungsbereich des Antarktispaktes einschließlich der Möglichkeit, sie durch gemeinsame Entwicklungszonen zu ersetzen.

Zusammenfassung

So sieht das System aus, das wir vom Meeresboden aufsteigen sehen: Zunächst wird das Prinzip vom gemeinsamen Erbe der Menschheit auf die Ozeane angewandt, dann auf die Küsten und schließlich auf die ganze Welt – in immer größeren Kreisen spiegelt sich die Majestät der Meere wider, mit denen wir leben.

Die Verwaltung der Ozeane hat während der letzten dreißig Jahre sicher einen Systemwechsel durchgemacht, dessen Entwicklung immer noch anhält: Es ist ein Prozeß, der sich ständig fortsetzt und nie zu Ende ist.

Jede Veränderung, die einen Teil eines Systems betrifft, beeinflußt auch das System als Ganzes. Da die Verwaltung der Ozeane und der Kontinente zu demselben System gehören, wird die Weiterentwicklung der Ordnungspolitik auf den Ozeanen sich zwangsläufig in einem dialektischen Prozeß auf das Gesamtsystem auswirken. Dabei wirkt die Ordnungspolitik auf den Kontinenten in der Regel *bremsend*. Wenn sich die Verwaltung der Ozeane dennoch mit verblüffender Geschwindigkeit weiterentwickelt hat, wird sie ihrerseits dazu beitragen, die Veränderungen an Land auf lokaler, nationaler, regionaler und globaler Ebene zu *beschleunigen* – »Ebenen« sind es, vom Land aus gesehen, »Kreise« aus der Sicht der Meere.

Alle »Kreise« oder »Ebenen« sind in einer gewissen Weise gegenseitige Spiegelbilder. Wechseln nationale Regierungen von einem »fachlichen« zu einem »fachübergreifenden« Ansatz, werden die Vereinten Nationen das gleiche tun. Gibt es bei den nationalen Regierungen einen Trend zur Dezentralisierung, der auf dem Subsidiaritätsprinzip aufbaut, so gilt das gleiche auch für die Vereinten Nationen. Entwickelt sich eine neue Beziehung zwischen Regierungen und »Bürgergesellschaft«, so wird sich auch das im »Kreis« der Vereinten Nationen widerspiegeln – oder umgekehrt. Zu jedem Zeitpunkt wird ein »Kreis« ein wenig weiter vorn liegen, und ein anderer wird zurückfallen, aber solche Unterschiede werden sich langfristig ausgleichen.

Derzeit scheint sich die Entwicklung auf der lokalen Ebene zu beschleunigen, während die Nationalstaaten unbeweglich sind. In ihren »vermeintlichen Interessen« spiegeln sich vielfach vergangene Zeiten wider. Der »Kreis« der Vereinten Nationen ist eindeutig in Bewegung, wird aber durch die starren Fronten der Nationalstaaten gebremst.

Die größten Bewegungen werden wir während der kommenden zehn Jahre beim »Kreis« der Region beobachten, denn dort gibt es die wenigsten starren Strukturen, und gleichzeitig besteht hier zur Zeit sowohl der größte Bedarf für neue Konzepte und Maßnahmen als auch die größte Aufgeschlossenheit dafür. In diesem Bereich sind nach meiner Überzeugung Durchbrüche möglich, deren Wirkungen auch auf alle anderen Kreise ausstrahlen.

Die neu entstehenden Systeme, die in diesem Buch beschrieben werden, sind eine Antwort nicht nur auf die Erfordernisse der Meere, sondern auch auf die Bedürfnisse der ganzen Welt. Mehr Selbstbestimmung für kulturelle, sprachliche und religiöse Gemeinschaften sowie stärkere übernationale und regionale Bindungen – das sind Entwicklungen, die uns an Land und auf den Meeren über die derzeitige Krise der Souveränität hinwegbringen sollten. Die nachhaltige Entwicklung wird in ihren verwickelten Wechselbeziehungen zur Sicherheit der Menschen neue Strukturen für den Ozean und für die weltweite Ordnungspolitik schaffen. Die Integration von nachhaltiger Entwicklung und Sicherheit auf der Ebene der Regionen wird letztlich auf die Strukturen und Funktionen des Sicherheitsrats zurückwirken, der noch auf der politischen Landkarte der Welt vor fünfzig Jahren beruht, einer Welt, die es nicht mehr gibt. Es geht nicht darum, daß die Zusammensetzung des Sicherheitsrats überholt ist: Überholt ist vielmehr der Begriff von Sicherheit, der ihm zugrunde liegt. In den Strukturen und Funktionen eines Sicherheitsrats für das nächste Jahrhundert wird sich das neue Sicherheitskonzept widerspiegeln müssen, das neben politischer auch wirtschaftliche und ökologische Sicherheit umfaßt, und was sich bei der Ordnungspolitik für die Ozeane – dem führenden Bereich – abspielt, wird hier seine Auswirkungen haben.

Wenn Staaten die Verpflichtung anerkennen, Streitigkeiten auf den Meeren friedlich beizulegen, wie sie es mit dem Inkrafttreten der Seerechtskonvention getan haben, dann werden sie dazu auch in dem Rahmen der globalen Ordnungspolitik in der Lage sein, der sich im System der Vereinten Nationen entwickelt.

Und schließlich ist die »ökologische Weltanschauung«, deren Entwicklung durch die wirtschaftlich-ökologische Krise und das Ende der europäischen Vorherrschaft gefördert wurde und die in unserer Beziehung zu den Meeren am weitesten entwickelt ist, in ihrem Wesen universeller Natur. Die darwinistische Lehre, zu der konkurrenzorientierte Märkte und Klassenkampf ebenso gehören wie die Tragödie des Gemeineigentums und die Rettungsbootmentalität, wird mit dem Eurozentrismus untergehen.

»Ökologie« wurde vor hundert Jahren in den Steppen Sibiriens geboren, die Europa und Asien verbinden. Dort entdeckte Kropotkin, daß Kooperation und gegenseitige Unterstützung bei wilden Tieren ein Faktor der Evolution sind. Ob ihn das zu optimistischeren Ansichten über die Menschheit und die Möglichkeit einer auf freiwilliger Kooperation und gegenseitiger Hilfe beruhenden Gesellschaftsordnung veranlaßte oder ob er seine Gesellschaftstheorie und sein Wertesystem auf die Natur projizierte und deshalb sah, was er sehen wollte, spielt keine Rolle. Ursache und Wirkung sind eine Rückkopplungsschleife.

Vor dem Hintergrund der neu entstehenden ökologischen Weltanschauung, unseres neuen Respekts vor der Natur und unserer Erkenntnis, daß alle biologischen Arten für die Vielfalt des Lebens wichtig sind, werden wir eine soziale, wirtschaftliche und politische Ordnung aufbauen, in der sich diese Weltanschauung und ihre Werte widerspiegeln. Oder vielleicht entscheiden wir uns auch für diese Weltanschauung, weil wir erkannt haben, daß keine andere unser menschliches Universum retten kann. Den Respekt, den wir voreinander empfinden, werden wir auch vor allen anderen Lebewesen haben. Respekt vor dem Leben schließt beides ein. Frieden und Einklang mit der Natur werden Frieden und Einklang unter den Menschen verstärken.

Anhang

Eine Internationale Meeresbodenbehörde für das 21. Jahrhundert

Teil XI
Das Gebiet

Abschnitt 1. Allgemeine Bestimmungen

Artikel 133
Begriffsbestimmungen

Im Sinne dieses Teiles

(a) bedeutet »Ressourcen« alle festen, flüssigen oder gasförmigen mineralischen Ressourcen *in situ*, die sich im Gebiet auf oder unter dem Meeresboden befinden, einschließlich polymetallischer Knollen und Sulfiden, Kobaltkrusten, Hydraten und Kohlenwasserstoffen;

(b) die zu den seßhaften Arten gehörenden Lebewesen, das heißt solche, die im nutzbaren Stadium entweder unbeweglich auf oder unter dem Meeresboden verbleiben oder sich nur in ständigem körperlichen Kontakt mit dem Meeresboden oder seinem Untergrund fortbewegen können;

(c) genetische Ressourcen einschließlich der thermophilen Bakterien des Meeresbodens.

Artikel 134
Geltungsbereich dieses Teils

1. Dieser Teil gilt für die Verwaltung und Entwicklung der mineralischen Ressourcen in den Meeren einschließlich des Gebietes und seiner Ressourcen.
2. Dieser Artikel berührt nicht die Festlegung der äußeren Grenzen des Festlandsockels nach Teil VI oder die Gültigkeit von Übereinkünften betreffend die Abgrenzung zwischen Staaten mit gegenüberliegenden oder aneinander angrenzenden Küsten.

Artikel 135
Rechtsstatus der Gewässer und des Luftraums über dem Gebiet

Weder dieser Teil noch die aufgrund seiner Bestimmungen gewährten oder ausgeübten Rechte berühren den Rechtsstatus der Gewässer über dem Gebiet oder des Luftraums über ihnen.

Abschnitt 2. Für das Gebiet geltende Grundsätze

Artikel 136
Gemeinsames Erbe der Menschheit

Das Gebiet und seine Ressourcen sind das gemeinsame Erbe der Menschheit.

Artikel 137
Nichtaneignungsfähigkeit des gemeinsamen Erbes der Menschheit

1. Kein Staat darf über einen Teil des Gebiets oder seiner Ressourcen Souveränität oder souveräne Rechte beanspruchen oder ausüben; ebensowenig darf sich ein Staat oder eine natürliche oder juristische Person einen Teil des Gebiets oder seiner Ressourcen aneignen. Weder eine solche Beanspruchung oder Ausübung von Souveränität oder souveränen Rechten noch eine solche Aneignung wird anerkannt.
2. Alle Rechte an den Ressourcen des Gebiets stehen der gesamten Menschheit zu, in deren Namen die Behörde handelt.
3. Ein Staat oder eine natürliche oder juristische Person kann Rechte in bezug auf die aus dem Gebiet gewonnenen Mineralien nur in Übereinstimmung mit diesem Teil beanspruchen, erwerben oder ausüben. Auf andere Weise beanspruchte, erworbene oder ausgeübte Rechte werden nicht anerkannt.

Artikel 138
Nutzen für die Menschheit

1. Die Tätigkeiten im Gebiet werden, wie in diesem Teil ausdrücklich vorgesehen, zum Nutzen der gesamten Menschheit ausgeübt, ungeachtet der geographischen Lage der Staaten als Küsten- oder Binnenstaaten und unter besonderer Berücksichtigung der Interessen und Bedürfnisse der Entwicklungsstaaten und der Völker, die noch nicht die volle Unabhängigkeit oder einen sonstigen von den Vereinten Nationen in Übereinstimmung mit der Resolution 1514 und anderen einschlägigen Resolutionen der Generalversammlung anerkannten Status der Selbstregierung erlangt haben.
2. Die Behörde sorgt mit Hilfe geeigneter Mechanismen auf der Grundlage der Nichtdiskriminierung für die gerechte Verteilung der finanziellen und der sonstigen wirtschaftlichen Vorteile, die aus Tätigkeiten im Gebiet stammen.

Artikel 139
Nutzung des Gebiets ausschließlich für friedliche Zwecke

Das Gebiet steht allen Staaten, sowohl Küsten- als auch Binnenstaaten, ohne Diskriminierung und unbeschadet der sonstigen Bestimmungen dieses Teiles für eine ausschließlich friedlichen Zwecken dienende Nutzung offen.

Artikel 140
Schutz der Meeresumwelt

Hinsichtlich der Tätigkeiten im Gebiet werden in Übereinstimmung mit diesem Übereinkommen und mit anderen Übereinkommen wie dem Rahmenabkommen über Klimaschutz, dem Abkommen über biologische Vielfalt und dem Abkommen über Regionalmeere die notwendigen Maßnahmen ergriffen, um die Meeresumwelt vor schädlichen Auswirkungen, die sich aus diesen Tätigkeiten ergeben können, wirksam zu schützen. Zu diesem Zweck beschließt die Behörde geeignete Regeln, Vorschriften und Verfahren, um unter anderem

(a) die Verschmutzung und sonstige Gefahren für die Meeresumwelt, einschließlich der Küste, sowie Störungen des ökologischen Gleichgewichts der Meeresumwelt zu verhüten, zu verringern und zu überwachen, wobei insbesondere auf die Notwendigkeit zu achten ist, die Meeresumwelt vor schädlichen Auswirkungen von Tätigkeiten wie Bohrungen, Baggerarbeiten, Ausgrabungen, Abfallbeseitigung, Errichtung, Betrieb oder Unterhaltung von Anlagen, Rohrleitungen und sonstigen mit diesen Tätigkeiten im Zusammenhang stehenden Geräten zu schützen;
(b) die natürlichen Ressourcen des Gebiets zu schützen und zu erhalten sowie Schäden für die Tiere und Pflanzen der Meeresumwelt zu vermeiden und die biologische Vielfalt zu erhalten.

Artikel 141
Wissenschaftliche Meeresforschung

1. Die wissenschaftliche Meeresforschung im Gebiet wird in Übereinstimmung mit Teil XIII für ausschließlich friedliche Zwecke und zum Nutzen der gesamten Menschheit durchgeführt.
2. Die Behörde kann wissenschaftliche Meeresforschung in bezug auf das Gebiet und seine Ressourcen durchführen und zu diesem Zweck geeignete Vereinbarungen mit Institutionen treffen. Sie kann außerdem zu diesem Zweck Verträge schließen und mit den zuständigen internationalen Organisationen zusammenarbeiten wie der Zwischenstaatlichen Ozeanographischen Kommission der UNESCO oder den Regionalen Zentren für die Förderung der Meeresforschung und -technologie, die in Übereinstimmung mit den Artikeln 226 und 227 dieses Abkommens eingerichtet werden.
3. Die Behörde fördert und ermutigt die Durchführung wissenschaftlicher Meeresforschung im Gebiet; sie verbreitet die verfügbaren Ergebnisse dieser Forschungen und Analysen, insbesondere in den Entwicklungsländern.

4. Die Vertragsstaaten können wissenschaftliche Meeresforschung im Gebiet durchführen. Sie fördern die internationale Zusammenarbeit bei der wissenschaftlichen Meeresforschung im Gebiet,
   (a) indem sie sich an internationalen Programmen beteiligen und die Zusammenarbeit bei der wissenschaftlichen Meeresforschung durch Personal verschiedener Länder und der Behörde ermutigen;
   (b) indem sie dafür sorgen, daß durch die Behörde oder gegebenenfalls durch sonstige internationale Organisationen Programme zum Nutzen der Entwicklungsstaaten und der technisch weniger entwickelten Staaten ausgearbeitet werden, um
      i) deren Forschungspotential zu stärken;
      ii) deren Personal und das Personal der Behörde im Bereich der Technik und Anwendung der Forschung zu schulen;
      iii) den Einsatz deren befähigten Personals bei der Forschung im Gebiet zu fördern;
   (c) indem sie die verfügbaren Ergebnisse der Forschungen und Analysen über die Behörde oder gegebenenfalls auf anderem internationalem Weg wirksam verbreiten.

Artikel 142
Weitergabe von Technologie

1. Die Behörde ergreift Maßnahmen in Übereinstimmung mit diesem Übereinkommen, um
   (a) wissenschaftliche Kenntnisse und ökologisch nachhaltige Technologie betreffend die Erkundung und Ausbeutung des Meeresbodens zu erwerben und
   (b) die Weitergabe dieser Technologie und wissenschaftlichen Kenntnisse an Entwicklungsstaaten zu fördern und zu ermutigen, damit alle Vertragsstaaten daraus Nutzen ziehen können.

Artikel 143
Allgemeines Verhalten der Staaten in bezug auf das Gebiet

Das allgemeine Verhalten der Staaten in bezug auf das Gebiet muß im Interesse der Erhaltung von Frieden und Sicherheit sowie der Förderung der internationalen Zusammenarbeit und gegenseitigen Verständigung den Bestimmungen dieses Teiles, den in der Charta der Vereinten Nationen niedergelegten Grundsätzen und den sonstigen Regeln des Völkerrechts entsprechen.

Artikel 144
Verantwortlichkeit für die Einhaltung des Übereinkommens und Haftung für Schäden

1. Die Vertragsstaaten sind verpflichtet, sicherzustellen, daß die im Gebiet ausgeübten Tätigkeiten in Übereinstimmung mit diesem Teil durchgeführt werden, gleich-

viel ob es sich um Tätigkeiten dieser Staaten selbst oder um die ihrer staatlichen Unternehmen oder natürlicher oder juristischer Personen handelt, welche die Staatsangehörigkeit von Vertragsstaaten besitzen oder tatsächlich der Kontrolle dieser Staaten oder ihrer Staatsangehörigen unterliegen. Internationale Organisationen, die Tätigkeiten im Gebiet ausüben, sind in gleicher Weise verantwortlich.

2. Unbeschadet der Regeln des Völkerrechts haftet ein Vertragsstaat oder eine internationale Organisation für einen Schaden, der auf das Versäumnis zurückzuführen ist, die ihnen aus diesem Teil erwachsenden Verantwortlichkeiten zu erfüllen; Vertragsstaaten oder internationale Organisationen, die gemeinsam handeln, haften gesamtschuldnerisch. Ein Vertragsstaat haftet jedoch nicht für einen Schaden, der durch Nichteinhaltung dieses Teiles durch eine von ihm befürwortete Person verursacht wurde, sofern der Vertragsstaat alle notwendigen und angemessenen Maßnahmen ergriffen hat, um die wirksame Einhaltung zu gewährleisten.
3. Vertragsstaaten, die Mitglied internationaler Organisationen sind, ergreifen angemessene Maßnahmen, um die Anwendung dieses Artikels in bezug auf diese Organisationen sicherzustellen.

Artikel 145
Rechte und berechtigte Interessen der Küstenstaaten

1. Die Tätigkeiten im Gebiet in bezug auf dort befindliche Vorkommen von Ressourcen, die beiderseits der Grenzen des Bereichs nationaler Hoheitsbefugnisse liegen, werden unter gebührender Berücksichtigung der Rechte und berechtigten Interessen des Küstenstaats ausgeübt, in dessen Bereich sich diese Vorkommen befinden.
2. Um eine Beeinträchtigung solcher Rechte und Interessen zu vermeiden, werden mit dem betreffenden Staat Konsultationen einschließlich vorheriger Benachrichtigungen durchgeführt. In Fällen, in denen Tätigkeiten im Gebiet zur Ausbeutung von Ressourcen führen können, die sich im Bereich nationaler Hoheitsbefugnisse befinden, ist die vorherige Zustimmung des betreffenden Küstenstaats erforderlich.
3. In der Regel wird die Einrichtung gemeinsamer Entwicklungszonen oder gemeinsamer Verwaltungszonen in bezug auf solche Vorkommen von Ressourcen ermutigt, die im Bereich von 300 bis 400 Seemeilen liegen, gemessen von der Basislinie, von der auch die Hoheitsgewässer des Küstenstaats gemessen werden.
4. Dieser Teil und die aufgrund desselben gewährten oder ausgeübten Rechte berühren nicht das Recht der Küstenstaaten, die gegebenenfalls notwendigen, mit Teil XII übereinstimmenden Maßnahmen zur Verhütung, Verringerung oder Beseitigung einer ernsten und unmittelbar bevorstehenden Gefahr zu ergreifen, die ihre Küste oder damit zusammenhängende Interessen bedroht und durch vorhandene oder drohende Verschmutzung oder durch sonstige gefährliche Vorfälle entsteht, die sich aus Tätigkeiten im Gebiet ergeben oder durch sie verursacht werden.

Artikel 146
Gemeinsame Unternehmungen der Behörde und des Küstenstaates

Auf Begehren eines Küstenstaates kann die Behörde sich im Rahmen eines Vertrages oder einer gemeinsamen Unternehmung an der Erkundung und Ausbeutung der mineralischen Ressourcen in der ausschließlichen Wirtschaftszone dieses Staates beteiligen.

Artikel 147
Schutz des menschlichen Lebens

Hinsichtlich der Tätigkeiten im Gebiet sind die notwendigen Maßnahmen zu ergreifen, um den wirksamen Schutz des menschlichen Lebens zu gewährleisten. Zu diesem Zweck beschließt die Behörde geeignete Regeln, Vorschriften und Verfahren, um das bestehende Völkerrecht, wie es in den einschlägigen Verträgen niedergelegt ist, zu ergänzen.

Artikel 148
Vereinbarkeit der Tätigkeiten im Gebiet mit anderen Tätigkeiten in der Meeresumwelt

1. Bei Tätigkeiten im Gebiet ist auf andere Tätigkeiten in der Meeresumwelt in angemessener Weise Rücksicht zu nehmen.
2. Die für Tätigkeiten im Gebiet benutzten Anlagen müssen folgenden Bedingungen genügen:
   (a) Die Anlagen werden nur in Übereinstimmung mit diesem Teil und vorbehaltlich der Regeln, Vorschriften und Verfahren der Behörde errichtet, aufgestellt und entfernt. Ihre Errichtung, Aufstellung und Entfernung sind ordnungsgemäß bekanntzumachen, und es sind fest angebrachte Warneinrichtungen zu unterhalten, die auf das Vorhandensein der Anlagen hinweisen;
   (b) die Anlagen dürfen weder dort errichtet werden, wo die Benutzung anerkannter und für die internationale Schiffahrt wichtiger Schiffahrtswege behindert werden kann, noch in Gebieten, in denen intensive Fischerei betrieben wird;
   (c) um die Anlagen werden Sicherheitszonen mit entsprechenden Markierungen eingerichtet, um die Sicherheit sowohl der Schiffahrt als auch der Anlagen zu gewährleisten. Form und Lage dieser Sicherheitszonen dürfen nicht so beschaffen sein, daß sie einen Gürtel bilden, der den rechtmäßigen Zugang der Schiffe zu besonderen Meereszonen oder die Schiffahrt auf internationalen Schiffahrtswegen behindert;
   (d) die Anlagen werden für ausschließlich friedliche Zwecke genutzt;
   (e) die Anlagen haben nicht den Status von Inseln. Sie haben kein eigenes Küstenmeer, und ihr Vorhandensein hat keinen Einfluß auf die Abgrenzung des Küstenmeers, der ausschließlichen Wirtschaftszone oder des Festlandsockels.
3. Bei anderen Tätigkeiten in der Meeresumwelt ist auf die Tätigkeiten im Gebiet in angemessener Weise Rücksicht zu nehmen.

Artikel 149
Teilnahme von Entwicklungsstaaten an Tätigkeiten im Gebiet

Es wird eine wirksame Teilnahme der Entwicklungsstaaten an Tätigkeiten im Gebiet gefördert, wie in diesem Teil ausdrücklich vorgesehen, wobei deren besondere Interessen und Bedürfnisse und vor allem das besondere Bedürfnis der Binnenstaaten, der geographisch benachteiligten Staaten und der kleinen Entwicklungsstaaten auf Inseln unter ihnen zu berücksichtigen sind, die sich aus ihrer nachteiligen Lage ergebenden Hindernisse zu überwinden.

Artikel 150
Archäologische und historische Gegenstände

Alle im Gebiet gefundenen Gegenstände archäologischer oder historischer Art werden zum Nutzen der gesamten Menschheit bewahrt oder verwendet, wobei die Vorzugsrechte des Ursprungsstaats oder -lands, des Staates des kulturellen Ursprungs oder des Staates des historischen oder archäologischen Ursprungs besonders zu beachten sind.

Abschnitt 3. Erschließung der Ressourcen im Gebiet

Artikel 151
Leitsätze für Tätigkeiten beim Abbau am Tiefseemeeresboden

1. Die Leitsätze für die Produktion am Meeresboden gründen sich auf das Prinzip des gemeinsamen Erbes der Menschheit, wie es in den Artikeln 137–140 definiert wird.
2. Die Leitsätze für die Produktion haben das Ziel der nachhaltigen Entwicklung und schließen Umweltfolgenabschätzung, die Verwendung umweltfreundlicher Technologie und die Erhaltung der biologischen Vielfalt ein.
3. Die Leitsätze für die Produktion stehen in Übereinstimmung mit dem internationalen Handelsrecht und den einschlägigen Regeln und Vorschriften, die von der Welthandelsorganisation verabschiedet wurden.
4. Die Leitsätze für die Produktion fördern nicht die Konkurrenz, sondern die Zusammenarbeit im Meeresraum und sorgen für eine möglichst stark internationalisierte, ökologische, nachhaltige Entwicklung der Technologie. Die Behörde bedient sich der Unterstützung durch die Global Environment Facility und die Industriestaaten, die in Übereinstimmung mit ihren Verpflichtungen nach dem Übereinkommen über Klimaschutz (Artikel 4) und dem Übereinkommen über biologische Vielfalt (Artikel 25) handeln.
5. Auf der Grundlage des Gleichheitsgrundsatzes, der sich aus dem Begriff des gemeinsamen Erbes der Menschheit ergibt, und in dem Bestreben, zur Ausrottung der Armut beizutragen, was zum Erreichen einer nachhaltigen Entwicklung unentbehrlich ist, sucht die Behörde die Unterstützung durch internationale Finanzinsti-

tutionen und Industriestaaten, um den Entwicklungsstaaten bei der Diversifizierung ihrer Industrie zu helfen und ihre Abhängigkeit vom Export von Waren zu vermindern, deren Preise zurückgehen oder zusammenbrechen können, entweder durch Tätigkeiten im Gebiet oder in Bereichen unter nationaler Hoheit oder aber durch strukturelle Veränderungen in der Nachfrage nach solchen Waren, wie sie durch die Entwicklung synthetischer Werkstoffe, Recycling, Miniaturisierung und andere Aspekte der neuen Phase der industriellen Revolution entstehen können, deren Teil der Abbau am Meeresboden ist.

Artikel 152
Wahrnehmung der Befugnisse und Aufgaben der Behörde

1. Die Behörde vermeidet jede Diskriminierung bei der Wahrnehmung ihrer Befugnisse und Aufgaben, einschließlich der Gewährung von Möglichkeiten zur Ausübung von Tätigkeiten, die im Zusammenhang mit der Erforschung und Ausbeutung des Meeresbodens stehen.
2. Dessenungeachtet ist die in diesem Teil ausdrücklich vorgesehene besondere Berücksichtigung der Entwicklungsstaaten, vor allem der Binnenstaaten, der geographisch benachteiligten Staaten und der kleinen Entwicklungsstaaten auf Inseln, zulässig.

Artikel 153
System der Erforschung und Ausbeutung

1. Die Tätigkeiten im Gebiet werden von der Behörde im Namen der gesamten Menschheit in Übereinstimmung mit diesem Artikel und mit den sonstigen einschlägigen Bestimmungen dieses Teiles und der einschlägigen Anlagen sowie mit den Regeln, Vorschriften und Verfahren der Behörde organisiert, ausgeübt und überwacht.
2. Wissenschaftliche Zusammenarbeit, Forschung und Entwicklung sowie Erforschung und Ausbeutung der Ressourcen werden durch das Unternehmen durchgeführt, das in Übereinstimmung mit Abschnitt 4 dieses Teils das ausführende Organ der Behörde darstellt.

Artikel 154
Regelmäßige Überprüfungskonferenzen

1. Teil XI des Übereinkommens wird von den Vertragsstaaten im Rahmen der Überprüfung des gesamten Übereinkommens geprüft und überarbeitet.
2. Der Aufgabenbereich der Tagungen der Vertragsstaaten wird entsprechend erweitert.
3. Ergänzungen, die von einer Überprüfungskonferenz verabschiedet werden, berühren nicht die Rechte, die durch vorhandene Verträge und Übereinkommen erlangt wurden.

Abschnitt 4. Die Behörde
Unterabschnitt A. Allgemeine Bestimmungen

Artikel 155
Errichtung der Behörde

1. Hiermit wird die Internationale Meeresbodenbehörde errichtet, die in Übereinstimmung mit diesem Teil tätig wird.
2. Alle Vertragsstaaten sind *ipso facto* Mitglieder der Behörde.
3. Beobachter auf der Dritten Seerechtskonferenz der Vereinten Nationen, welche die Schlußakte unterzeichnet haben, aber nicht in Artikel 305, Absatz 1, Buchstabe c, d, e oder f bezeichnet sind, haben das Recht, an den Arbeiten der Behörde in Übereinstimmung mit deren Regeln, Vorschriften und Verfahren als Beobachter teilzunehmen.
4. Die Behörde hat ihren Sitz in Jamaika.
5. Die Behörde kann regionale Zentren oder Büros errichten, die sie zur Wahrnehmung ihrer Aufgaben für notwendig hält.

Artikel 156
Charakter und wesentliche Grundsätze der Behörde

1. Die Behörde ist die Organisation, durch welche die Vertragsstaaten in Übereinstimmung mit diesem Teil die Tätigkeiten im Gebiet organisieren und überwachen, insbesondere im Hinblick auf die Verstärkung der wissenschaftlichen Forschung am Meeresboden, die Förderung der internationalen Zusammenarbeit im Hinblick auf die Erforschung und Entwicklung von Technologie für den Meeresboden, die Erschließung der Ressourcen des Gebiets sowie den Schutz der Umwelt und der biologischen Vielfalt am Meeresboden.
2. Die Befugnisse und Aufgaben der Behörde sind diejenigen, die ihr durch dieses Übereinkommen ausdrücklich übertragen sind. Sie hat die mit dem Übereinkommen im Einklang stehenden Nebenbefugnisse, die mit der Wahrnehmung dieser Befugnisse und Aufgaben in bezug auf Tätigkeiten im Gebiet und mit der Zusammenarbeit mit den Vertragsstaaten zusammenhängen und dafür erforderlich sind.
3. Die Behörde stützt sich auf die Grundsätze des gemeinsamen Erbes der Menschheit, der nachhaltigen Entwicklung und der souveränen Gleichheit aller ihrer Mitglieder.
4. Alle Mitglieder der Behörde erfüllen die von ihnen in Übereinstimmung mit diesem Teil übernommenen Verpflichtungen nach Treu und Glauben, damit jedem von ihnen die Rechte und Vorteile aus ihrer Mitgliedschaft gewährleistet werden.

Artikel 157
Organe der Behörde

1. Als Hauptorgane der Behörde werden hiermit eine Versammlung, ein Rat und ein Sekretariat gebildet.

2. Als ausführendes Organ der Behörde wird hiermit das System der Unternehmen gegründet.
3. In Übereinstimmung mit diesem Teil können die für notwendig befundenen Nebenorgane gebildet werden.
4. Jedes Hauptorgan der Behörde und das System der Unternehmen sind für die Wahrnehmung der ihnen übertragenen Befugnisse und Aufgaben verantwortlich. Bei der Wahrnehmung dieser Befugnisse und Aufgaben vermeidet jedes Organ Handlungen, welche die Wahrnehmung der besonderen Befugnisse und Aufgaben, die einem anderen Organ übertragen wurden, beeinträchtigen oder verhindern könnten.

Unterabschnitt B. Die Versammlung

Artikel 158
Zusammensetzung, Verfahren und Abstimmung

1. Die Versammlung besteht aus allen Mitgliedern der Behörde. Jedes Mitglied hat einen Vertreter in der Versammlung, den Stellvertreter und Berater begleiten können.
2. Die Versammlung tritt zu ordentlichen Jahrestagungen sowie zu Sondertagungen zusammen, die von ihr beschlossen oder vom Generalsekretär auf Ersuchen des Rates oder der Mehrheit der Mitglieder der Behörde einberufen werden.
3. Die Tagungen finden am Sitz der Behörde statt, sofern die Versammlung nichts anderes beschließt.
4. Die Versammlung gibt sich eine Geschäftsordnung. Zu Beginn jeder ordentlichen Tagung wählt sie ihren Präsidenten und sonstige erforderliche Amtsträger. Sie bleiben so lange im Amt, bis auf der nächsten ordentlichen Tagung ein neuer Präsident und andere Amtsträger gewählt werden.
5. Die Versammlung ist beschlußfähig, wenn die Mehrheit ihrer Mitglieder anwesend ist.
6. Jedes Mitglied der Versammlung hat eine Stimme.
7. Beschlüsse über Verfahrensfragen, einschließlich der Beschlüsse, Sondertagungen der Versammlung einzuberufen, bedürfen der Mehrheit der anwesenden und abstimmenden Mitglieder.
8. Beschlüsse über Sachfragen bedürfen einer Zweidrittelmehrheit der anwesenden und abstimmenden Mitglieder, wobei diese Mehrheit eine Mehrheit der an der Tagung teilnehmenden Mitglieder einschließen muß. Ist strittig, ob es sich um eine Sachfrage handelt, so wird diese Frage als Sachfrage behandelt, sofern nicht die Versammlung mit der für Beschlüsse über Sachfragen erforderlichen Mehrheit etwas anderes beschließt.
9. Wird eine Sachfrage erstmalig zur Abstimmung gestellt, so kann der Präsident den Beschluß darüber, ob über diese Frage abgestimmt werden soll, um höchstens fünf Kalendertage verschieben; er ist dazu verpflichtet, wenn mindestens ein Fünftel der Mitglieder der Versammlung darum ersucht. Diese Regel darf auf dieselbe Frage

nur einmal angewendet werden; ihre Anwendung darf nicht dazu führen, daß die Frage über das Ende der Tagung hinaus verschoben wird.

10. Liegt dem Präsidenten ein von mindestens einem Viertel der Mitglieder der Behörde unterstützter schriftlicher Antrag auf Einholung eines Gutachtens darüber vor, ob ein der Versammlung in einer Angelegenheit vorliegender Vorschlag mit diesem Übereinkommen vereinbar ist, so ersucht die Versammlung die Kammer für Meeresbodenstreitigkeiten des Internationalen Seegerichtshofs um ein Gutachten dazu und vertagt die Abstimmung über diesen Vorschlag, bis ein Gutachten der Kammer eingegangen ist. Geht das Gutachten nicht vor der letzten Woche der Tagung ein, auf der es angefordert wurde, so beschließt die Versammlung, wann sie zur Abstimmung über den vertagten Vorschlag zusammentreten wird.

Artikel 159
Befugnisse und Aufgaben

1. Die Versammlung als einziges Organ der Behörde, das aus allen Mitgliedern besteht, gilt als oberstes Organ der Behörde, dem gegenüber die anderen Hauptorgane, wie in diesem Übereinkommen ausdrücklich vorgesehen, rechenschaftspflichtig sind. Die Versammlung ist befugt, im Einklang mit den diesbezüglichen Bestimmungen des Übereinkommens allgemeine Leitsätze zu allen Fragen oder Angelegenheiten aufzustellen, die in die Zuständigkeit der Behörde fallen.
2. Die Versammlung hat außerdem folgende Befugnisse und Aufgaben:
   (a) die Mitglieder des Rates in Übereinstimmung mit Artikel 160 zu wählen;
   (b) den Generalsekretär aus den vom Rat vorgeschlagenen Kandidaten zu wählen;
   (c) auf Empfehlung des Rates die Hälfte der Mitglieder des Verwaltungsrats der einzelnen Unternehmen zu wählen; dieselben Angehörigen des Verwaltungsrates können den Verwaltungsräten mehrerer Unternehmen angehören;
   (d) die Nebenorgane zu bilden, die sie zur Wahrnehmung ihrer Aufgaben in Übereinstimmung mit diesem Teil für notwendig hält. Bei der Zusammensetzung dieser Nebenorgane ist dem Grundsatz der gerechten geographischen Verteilung der Sitze, den besonderen Interessen gebührend Rechnung zu tragen;
   (e) die vom Rat eingebrachten finanziellen Regelungen, Vorschriften und Verfahren zu verabschieden;
   (f) die Beiträge der Mitglieder zum Verwaltungshaushalt der Behörde zu berechnen entsprechend einem vereinbarten Berechnungsschlüssel, dem der für den ordentlichen Haushalt der Vereinten Nationen angewandte Schlüssel zugrunde liegt, bis die Behörde über ausreichende Einnahmen aus anderen Quellen zur Bestreitung ihrer Verwaltungskosten verfügt;
   (g) festzulegen, in welchem Umfang die Behörde befugt ist, Darlehen aufzunehmen;
   (h) im Einklang mit diesem Übereinkommen und den Regeln, Vorschriften und Verfahren der Behörde über die gerechte Verteilung der finanziellen und der sonstigen wirtschaftlichen Vorteile zu entscheiden, die aus Tätigkeiten im Gebiet stammen;

(i) den vom Rat vorgelegten Entwurf des jährlichen Haushalts der Behörde zu prüfen und zu genehmigen;
(j) die regelmäßigen Berichte des Rates und des Unternehmens sowie die vom Rat oder von jedem anderen Organ der Behörde angeforderten Sonderberichte zu prüfen;
(k) Untersuchungen einzuleiten und Empfehlungen zu geben zur Förderung der internationalen Zusammenarbeit bei Tätigkeiten im Gebiet und die fortschreitende Entwicklung und Kodifizierung des Völkerrechts in diesem Bereich zu fördern;
(l) Probleme allgemeiner Art, die sich im Zusammenhang mit Tätigkeiten im Gebiet, insbesondere für Entwicklungsstaaten, ergeben, sowie solche Probleme zu prüfen, die sich für landgestützte Produzenten sowie für Staaten im Zusammenhang mit Tätigkeiten im Gebiet aufgrund ihrer geographischen Lage, insbesondere für Binnenstaaten, geographisch benachteiligte Staaten und kleine Entwicklungsstaaten auf Inseln, ergeben, und entsprechende Empfehlungen zu geben;
(m) die Ausübung der Rechte und Vorrechte aus der Mitgliedschaft nach Artikel 185 zu suspendieren;
(n) Fragen oder Angelegenheiten innerhalb des Zuständigkeitsbereichs der Behörde zu erörtern und entsprechend der Befugnis und Aufgabenverteilung unter den Organen der Behörde zu entscheiden, welches dieser Organe sich mit Fragen oder Angelegenheiten befassen soll, die nicht ausdrücklich einem bestimmten Organ übertragen sind.

Unterabschnitt C. Der Rat

Artikel 160
Zusammensetzung, Verfahren und Abstimmung

1. Der Rat besteht aus 36 Mitgliedern der Behörde, die von der Versammlung nach dem Grundsatz einer gerechten geographischen Verteilung der Sitze gewählt werden.
2. Bei der Wahl der Mitglieder des Rates gewährleistet die Versammlung, daß
   (a) Binnenstaaten, geographisch benachteiligte kleine Entwicklungsstaaten auf Inseln und die am wenigsten entwickelten Staaten in einem Umfang vertreten sind, der ihrer Vertretung in der Versammlung in angemessener Weise entspricht;
   (b) jede regionale Gruppe (Afrika, Asien, Osteuropa, Lateinamerika und Karibik, Westeuropa und andere) eine Liste mit der doppelten Anzahl der Kandidaten aufstellt, die auf jede Gruppe entfällt. Aus diesen Listen wählt die gesamte Versammlung 36 Mitglieder.
3. Die Wahlen finden auf ordentlichen Tagungen der Versammlung statt. Jedes Mitglied des Rates wird für vier Jahre gewählt.

4. Die Mitglieder des Rates können wiedergewählt werden; allerdings ist eine Rotation in der Mitgliedschaft erwünscht.
5. Der Rat amtiert am Sitz der Behörde; er tritt so oft zusammen, wie die Geschäfte der Behörde es erfordern, mindestens jedoch dreimal jährlich.
6. Der Rat ist beschlußfähig, wenn die Mehrheit seiner Mitglieder anwesend ist.
7. Jedes Mitglied des Rates hat eine Stimme.
8. (a) Beschlüsse über Verfahrensfragen bedürfen der Mehrheit der anwesenden und abstimmenden Mitglieder.
   (b) Beschlüsse über Sachfragen bedürfen einer Zweidrittelmehrheit der anwesenden und abstimmenden Mitglieder, wobei diese Mehrheit eine Mehrheit der Mitglieder des Rates einschließen muß.
   (c) Beschlüsse werden in der Regel durch Konsens gefaßt. Auf Abstimmungen wird nur zurückgegriffen, wenn alle Mittel zum Erreichen eines Konsenses erschöpft sind.
   (d) Im Sinne des Buchstabens c bedeutet »Konsens« das Fehlen jedes förmlichen Einspruchs. Innerhalb von 14 Tagen nach Unterbreitung eines Vorschlags beim Rat stellt der Präsident des Rates fest, ob gegen die Annahme des Vorschlags förmlicher Einspruch erhoben wird. Stellt der Präsident fest, daß ein solcher Einspruch erhoben wird, so setzt und beruft er innerhalb von drei Tagen, nachdem er die Feststellung getroffen hat, einen aus höchstens neun Mitgliedern des Rates bestehenden Vergleichsausschuß ein, dessen Vorsitz er selbst wahrnimmt, um die Meinungsverschiedenheiten zu beseitigen und einen Vorschlag auszuarbeiten, der durch Konsens angenommen werden kann. Der Ausschuß führt seine Arbeit zügig durch und erstattet dem Rat innerhalb von 14 Tagen nach seiner Einsetzung Bericht. Ist es dem Ausschuß nicht möglich, einen Vorschlag zu empfehlen, der durch Konsens angenommen werden kann, so legt er in seinem Bericht die Gründe für den Einspruch gegen den Vorschlag dar.
9. Der Rat legt ein Verfahren fest, wonach ein Mitglied der Behörde, das nicht im Rat vertreten ist, einen Vertreter zur Teilnahme an einer Sitzung des Rates entsenden kann, wenn dieses Mitglied darum ersucht oder wenn eine Angelegenheit erörtert wird, die das Mitglied besonders betrifft. Der Vertreter ist berechtigt, ohne Stimmrecht an den Beratungen teilzunehmen.

Artikel 161
Befugnisse und Aufgaben

1. Der Rat ist das ausführende Organ der Behörde. Er ist befugt, im Einklang mit diesem Übereinkommen und den von der Versammlung aufgestellten allgemeinen Leitsätzen die von der Behörde zu befolgenden besonderen Leitsätze zu allen Fragen oder Angelegenheiten aufzustellen, die in die Zuständigkeit der Behörde fallen.
2. Außerdem soll der Rat
   (a) die Durchführung der Bestimmungen dieses Teiles in bezug auf alle Fragen und Angelegenheiten überwachen und koordinieren, die in die Zuständigkeit

der Behörde fallen, und die Versammlung auf Fälle der Nichteinhaltung aufmerksam machen;
(b) der Versammlung eine Liste der Kandidaten für die Wahl des Generalsekretärs vorschlagen;
(c) der Versammlung Kandidaten für die Wahl der Mitglieder des Rats für gemeinsame Vorhaben im System der Unternehmen empfehlen;
(d) gegebenenfalls und unter gebührender Beachtung von Wirtschaftlichkeit und Leistungsfähigkeit die Nebenorgane bilden, die er zur Wahrnehmung seiner Aufgaben in Übereinstimmung mit diesem Teil für notwendig hält.
(e) sich eine Geschäftsordnung geben, in der er auch das Verfahren für die Ernennung seines Präsidenten festlegt;
(f) im Namen der Behörde im Rahmen seiner Zuständigkeit und vorbehaltlich der Genehmigung durch die Versammlung Übereinkünfte mit den Vereinten Nationen oder anderen internationalen Organisationen schließen;
(g) die Berichte des Systems der Unternehmen prüfen und sie mit seinen Empfehlungen der Versammlung vorlegen;
(h) der Versammlung Jahresberichte und die von ihr gegebenenfalls angeforderten Sonderberichte unterbreiten;
(i) in Übereinstimmung mit Artikel 170 Richtlinien für das System der Unternehmen erlassen;
(j) Arbeitspläne bestätigen. Der Rat behandelt jeden Arbeitsplan innerhalb von 60 Tagen nach dessen Vorlage;
(k) der Versammlung Empfehlungen geben hinsichtlich der Hilfen für Entwicklungsstaaten mit landgestützter Produktion, die durch verminderte Einkünfte für aus dem Meer gewonnene Waren besonders betroffen sind;
(l) (i) der Versammlung Regeln, Vorschriften und Verfahren für eine gerechte Verteilung der finanziellen und der sonstigen wirtschaftlichen Vorteile empfehlen, die aus der Nutzung der Ressourcen am Meeresboden stammen, sowie für die Zahlungen und Leistungen nach Artikel 82 dieses Übereinkommens;
ii) der Versammlung Regeln, Vorschriften und Verfahren für die Erforschung und Ausbeutung anderer Ressourcen als polymetallischer Knollen vorschlagen. Die Regeln, Vorschriften und Verfahren für die Erforschung und Ausbeutung solcher Ressourcen werden innerhalb von drei Jahren nach dem Tag verabschiedet, an dem die Behörde von einem ihrer Mitglieder ersucht wurde, Regeln, Vorschriften und Verfahren für diese Ressourcen zu verabschieden. Alle Regeln, Vorschriften und Verfahren bleiben vorläufig in Kraft, bis sie von der Versammlung genehmigt oder vom Rat im Lichte etwaiger von der Versammlung geäußerter Meinungen geändert worden sind;
(m) der Versammlung den Entwurf des jährlichen Haushalts der Behörde zur Genehmigung vorlegen;
(n) der Versammlung Empfehlungen geben über die Suspendierung der Ausübung der Rechte und Vorrechte aus der Mitgliedschaft nach Artikel 185;
(o) im Namen der Behörde in Fällen der Nichteinhaltung Verfahren vor der Kammer für Meeresbodenstreitigkeiten einleiten;

(p) der Versammlung die Entscheidung mitteilen, die von der nach Buchstabe u angerufenen Kammer für Meeresbodenstreitigkeiten getroffen wurde, und die von ihm für notwendig gehaltenen Empfehlungen über zu ergreifende Maßnahmen geben;
(q) Anordnungen für Notfälle erlassen, darunter gegebenenfalls Anordnungen zur Unterbrechung oder Änderung von Arbeiten, um schwere Schäden für die Meeresumwelt und ihre lebenden Ressourcen zu verhüten, die durch Tätigkeiten im Gebiet verursacht werden können;
(r) bestimmte Felder von der Ausbeutung ausschließen, wenn ernsthafte Gründe für die Annahme bestehen, daß daraus schwere Schäden für die Meeresumwelt und die biologische Vielfalt entstehen könnten;
(s) geeignete Einrichtungen zur Leitung und Kontrolle eines Stabes von Inspektoren schaffen, welche die Tätigkeiten im Gebiet überwachen, um festzustellen, ob dieser Teil, die Regeln, Vorschriften und Verfahren der Behörde sowie die Bedingungen der mit der Behörde geschlossenen Verträge und der Vorbehalt, das Gebiet ausschließlich zu friedlichen Zwecken zu nutzen, eingehalten werden;
(t) der Versammlung Empfehlungen geben hinsichtlich der Leitsätze zu jeder Frage oder Angelegenheit, die in die Zuständigkeit der Behörde fällt.

Artikel 162
Organe des Rates

1. Hiermit werden folgende Organe des Rates gebildet:
   (a) eine Kommission für Wissenschaft und Technologie;
   (b) eine Kommission für rechtliche und wirtschaftliche Planung;
   (c) eine Finanzkommission.
2. Jede Kommission setzt sich aus 15 Mitgliedern zusammen, die vom Rat aus den von den Vertragsstaaten vorgeschlagenen Kandidaten gewählt werden. Der Rat kann jedoch erforderlichenfalls beschließen, jede Kommission unter gebührender Beachtung von Wirtschaftlichkeit und Leistungsfähigkeit zu vergrößern.
3. Um die wirksame Wahrnehmung der Aufgaben der Kommissionen zu gewährleisten, benennen die Vertragsstaaten Kandidaten, die ein Höchstmaß an fachlicher Eignung und Ehrenhaftigkeit sowie Fähigkeiten auf den entsprechenden Gebieten besitzen.
4. Bei der Wahl der Mitglieder der Kommissionen ist der Notwendigkeit einer gerechten geographischen Verteilung gebührend Rechnung zu tragen.
5. Jeder Vertragsstaat darf nur einen Kandidaten für dieselbe Kommission vorschlagen. Keine Person darf in mehr als eine Kommission gewählt werden.
6. Die Mitglieder der Kommissionen werden für die Dauer von fünf Jahren gewählt. Sie können für eine weitere Amtszeit wiedergewählt werden.
7. Wenn ein Mitglied einer Kommission vor Ablauf seiner Amtszeit stirbt, dienstunfähig wird oder zurücktritt, wählt der Rat ein Mitglied, das derselben geographischen Region angehört, für die verbleibende Amtszeit seines Vorgängers.

8. Die Mitglieder der Kommissionen dürfen an einer Tätigkeit im Zusammenhang mit der Erforschung und Ausbeutung im Gebiet nicht finanziell beteiligt sein. Vorbehaltlich ihrer Verpflichtungen gegenüber den Kommissionen, in denen sie tätig sind, dürfen sie, selbst nach Beendigung ihrer Aufgaben, keine Wirtschaftsgeheimnisse, keine rechtlich geschützten Daten, die an die Behörde weitergegeben wurden, und keine sonstigen vertraulichen Informationen preisgeben, die aufgrund ihrer Aufgaben im Dienst der Behörde zu ihrer Kenntnis gelangt sind.
9. Jede Kommission nimmt ihre Aufgaben in Übereinstimmung mit den vom Rat beschlossenen Grundsätzen und Richtlinien wahr.
10. Jede Kommission erarbeitet die für die wirksame Wahrnehmung ihrer Aufgaben notwendigen Regeln und Vorschriften und legt sie dem Rat zur Genehmigung vor.
11. Die Verfahren zur Beschlußfassung in den Kommissionen werden in den Regeln, Vorschriften und Verfahren der Behörde festgelegt. Den an den Rat gerichteten Empfehlungen wird erforderlichenfalls eine Zusammenfassung der in der Kommission aufgetretenen Meinungsverschiedenheiten beigefügt.
12. Jede Kommission amtiert in der Regel am Sitz der Behörde und tritt so oft zusammen, wie es für die wirksame Wahrnehmung ihrer Aufgaben erforderlich ist.
13. Bei der Wahrnehmung ihrer Aufgaben kann jede Kommission gegebenenfalls eine andere Kommission, ein zuständiges Organ der Vereinten Nationen oder ihrer Sonderorganisationen oder jede internationale Organisation, die für die betreffende Sachfrage zuständig ist, konsultieren.

Artikel 163
Die Kommission für Wissenschaft und Technologie

1. Hiermit wird eine Kommission zur Abgabe wissenschaftlicher, technischer und technologischer Gutachten eingesetzt, welche die Versammlung, den Rat und gegebenenfalls deren andere Nebenorgane zu gegebener Zeit in bezug auf die Durchführung dieses Teils berät. Diese Kommission ist fachübergreifend. Sie umfaßt Regierungsvertreter, die in ihrem jeweiligen Zuständigkeitsgebiet fachlich befähigt sind. Sie berichtet dem Rat und über den Rat der Versammlung regelmäßig über alle Aspekte ihrer Arbeit.
2. Die Kommission untersteht der Behörde und soll im Einklang mit den von dieser festgelegten Leitlinien sowie auf ihr Ersuchen
   (a) wissenschaftliche und technische Beurteilungen des Zustands der biologischen Vielfalt vorlegen;
   (b) wissenschaftliche und technische Beurteilungen der Auswirkungen der nach diesem Übereinkommen ergriffenen verschiedenartigen Maßnahmen ausarbeiten;
   (c) innovative, leistungsfähige und dem Stand der Technik entsprechende Technologien und Know-how im Zusammenhang mit der nachhaltigen Nutzung der Ressourcen im Gebiet und der Erhaltung der biologischen Vielfalt bestimmen und Möglichkeiten zur Förderung der Entwicklung solcher Technologien oder zu ihrer Weitergabe aufzeigen;

(d) Gutachten zu wissenschaftlichen Programmen und zur internationalen Zusammenarbeit bei der Forschung und Entwicklung im Zusammenhang mit der nachhaltigen Nutzung der Ressourcen im Gebiet und der Erhaltung der biologischen Vielfalt abgeben;
(e) wissenschaftliche, technische, technologische und methodologische Fragen beantworten, die ihr von dem Rat, der Versammlung und ihren Nebenorganen vorgelegt werden.

Artikel 164
Die Kommission für rechtliche und wirtschaftliche Planung

1. Die Mitglieder der Kommission für rechtliche und wirtschaftliche Planung müssen Fachleute für wirtschaftliche und rechtliche Fragen sein, die mit dem Bergbau im Meer und verwandten Fachgebieten zusammenhängen.
2. Die Kommission soll
   (a) Regeln, Vorschriften und Verfahren für die Beratung durch den Rat entwerfen;
   (b) auf Ersuchen des Rates Maßnahmen vorschlagen, um die nach diesem Übereinkommen gefaßten Beschlüsse über Tätigkeiten im Gebiet durchzuführen;
   (c) Entwicklungstendenzen und Faktoren überprüfen, die Angebot, Nachfrage und Preise der durch Abbau am Meeresboden gewonnenen Materialien beeinflussen, die aus dem Gebiet gewonnen werden können, wobei auf die Interessen sowohl der Einfuhr- als auch der Ausfuhrländer, vor allem jedoch der Entwicklungsstaaten unter ihnen, Rücksicht zu nehmen ist;
   (d) Arbeitspläne für Tätigkeiten im Gebiet überprüfen und dem Rat geeignete Empfehlungen geben;
   (e) auf Ersuchen des Rates die Tätigkeiten im Gebiet überwachen, gegebenenfalls in Konsultation und Zusammenarbeit mit jedem Rechtsträger, der diese Tätigkeiten ausübt, und dem Rat Bericht erstatten;
   (f) dem Rat empfehlen, im Namen der Behörde Verfahren vor der Kammer für Meeresbodenstreitigkeiten in Übereinstimmung mit diesem Teil einzuleiten;
   (g) nach einer Entscheidung der gemäß Buchstabe e angerufenen Kammer für Meeresbodenstreitigkeiten dem Rat Empfehlungen über die zu ergreifenden Maßnahmen geben;
   (h) in Abstimmung mit der Kommission für Wissenschaft und Technologie dem Rat empfehlen, die Ausbeutung bestimmter Felder abzulehnen, wenn ernsthafte Gründe für die Annahme bestehen, daß daraus schwere Schäden für die Meeresumwelt entstehen könnten;
   (i) dem Rat Empfehlungen geben in bezug auf die Leitung und Kontrolle eines Stabes von Inspektoren, welche die Tätigkeiten im Gebiet überwachen, um festzustellen, ob dieser Teil, die Regeln, Vorschriften und Verfahren der Behörde, die Bedingungen der mit der Behörde geschlossenen Verträge sowie der Vorbehalt, das Gebiet ausschließlich zu friedlichen Zwecken zu nutzen, eingehalten werden.

3. Auf Ersuchen eines Vertragsstaats oder einer anderen betroffenen Partei werden die Mitglieder der Kommission bei der Durchführung ihrer Kontroll- und Überwachungsaufgaben von einem Vertreter dieses Vertragsstaats oder dieser anderen betroffenen Partei begleitet.

Artikel 165
Die Finanzkommission

1. Die Mitglieder der Finanzkommission werden unter gebührender Berücksichtigung der Notwendigkeit einer gerechten geographischen Verteilung gewählt. Unter ihnen sind die fünf Vertragsstaaten, welche die größten Beiträge zum Haushalt der Behörde leisten.
2. Die Finanzkommission gibt Empfehlungen in folgenden Fragen:
   (a) zum Entwurf von Regeln, Vorschriften und Verfahren für die Organe der Behörde sowie zum Finanzhaushalt und zur internen Finanzverwaltung der Behörde;
   (b) zur Bewertung der Beiträge der Mitglieder zum Verwaltungshaushalt der Behörde in Übereinstimmung mit Artikel 159, Absatz 2 dieses Übereinkommens;
   (c) zu allen einschlägigen finanziellen Fragen einschließlich des Entwurfes für den Jahreshaushalt, der vom Generalsekretär in Übereinstimmung mit Artikel 173 dieses Übereinkommens vorgelegt wird, und zu den finanziellen Gesichtspunkten bei der Durchführung der Arbeitsprogramme des Sekretariats;
   (d) zum Verwaltungshaushalt;
   (e) zu finanziellen Verpflichtungen der Vertragsstaaten, die aus der Umsetzung dieses Teils erwachsen, sowie zu den Auswirkungen von Vorschlägen und Empfehlungen, die mit Aufwendungen aus den Mitteln der Behörde verbunden sind, auf Verwaltung und Haushalt;
   (f) zu Regeln, Vorschriften und Verfahren über die gerechte Aufteilung des finanziellen Nutzens, der sich aus den Tätigkeiten im Gebiet und den in diesem Zusammenhang gefaßten Beschlüssen ergibt.
3. Beschlüsse der Finanzkommission über Verfahrensfragen bedürfen der Mehrheit der anwesenden und abstimmenden Mitglieder. Beschlüsse über Sachfragen werden durch Konsens gefaßt.
4. Beschlüsse der Versammlung und des Rates über die in Absatz 2 genannten Fragen stellen die Empfehlungen der Finanzkommission in Rechnung.

Unterabschnitt D. Das Sekretariat

Artikel 166
Das Sekretariat

1. Das Sekretariat der Behörde besteht aus einem Generalsekretär und dem von der Behörde benötigten Personal.

2. Der Generalsekretär wird von der Versammlung aus den vom Rat vorgeschlagenen Kandidaten für die Dauer von vier Jahren gewählt; er kann wiedergewählt werden.
3. Der Generalsekretär ist der höchste Verwaltungsbeamte der Behörde und ist in dieser Eigenschaft bei allen Sitzungen der Versammlung, des Rates sowie jedes Nebenorgans tätig; er nimmt alle sonstigen Verwaltungsaufgaben wahr, die ihm von diesen Organen übertragen werden.
4. Der Generalsekretär erstattet der Versammlung einen Jahresbericht über die Arbeit der Behörde.

Artikel 167
Das Personal der Behörde

1. Das Personal der Behörde besteht aus denjenigen befähigten wissenschaftlichen, technischen und sonstigen Mitarbeitern, die zur Erfüllung der Verwaltungsaufgaben der Behörde erforderlich sind.
2. Bei der Auswahl und Einstellung des Personals und der Festsetzung der Dienstverhältnisse ist vorrangig der Notwendigkeit Rechnung zu tragen, ein Höchstmaß an Leistungsfähigkeit, fachlicher Eignung und Ehrenhaftigkeit zu gewährleisten. Unter Beachtung dieses Erfordernisses ist die Wichtigkeit der Auswahl des Personals auf möglichst breiter geographischer Grundlage gebührend zu berücksichtigen.
3. Das Personal wird vom Generalsekretär ernannt. Die Bedingungen für die Ernennung, Vergütung und Entlassung des Personals unterliegen den Regeln, Vorschriften und Verfahren der Behörde.

Artikel 168
Internationaler Charakter des Sekretariats

1. Der Generalsekretär und das Personal dürfen in Erfüllung ihrer Pflichten von einer Regierung oder von einer anderen Stelle außerhalb der Behörde Weisungen weder einholen noch entgegennehmen. Sie haben sich jeder Handlung zu enthalten, die ihrer Stellung als internationale, nur der Behörde verantwortliche Beamte abträglich sein könnte. Jeder Vertragsstaat verpflichtet sich, den ausschließlich internationalen Charakter der Aufgaben des Generalsekretärs und des Personals zu achten und nicht zu versuchen, sie bei der Wahrnehmung ihrer Aufgaben zu beeinflussen. Jeder Verstoß eines Mitglieds des Personals gegen seine Pflichten wird nach den Regeln, Vorschriften und Verfahren der Behörde dem zuständigen Verwaltungsgericht unterbreitet.
2. Der Generalsekretär und das Personal dürfen an einer Tätigkeit im Zusammenhang mit der Erforschung und Ausbeutung im Gebiet nicht finanziell beteiligt sein. Vorbehaltlich ihrer Verpflichtungen gegenüber der Behörde dürfen sie, selbst nach Beendigung ihrer Aufgaben, keine Wirtschaftsgeheimnisse, keine rechtlich geschützten Daten, die an die Behörde weitergegeben wurden, und keine sonstigen vertraulichen Informationen preisgeben, die aufgrund ihrer Aufgaben im Dienst der Behörde zu ihrer Kenntnis gelangt sind.

3. Verstöße eines Mitglieds des Personals der Behörde gegen die in Absatz 2 genannten Verpflichtungen werden auf Ersuchen eines von dem Verstoß betroffenen Vertragsstaats oder einer natürlichen oder juristischen Person, die von einem Vertragsstaat befürwortet wird und von diesem Verstoß betroffen ist, von der Behörde gegen das betreffende Mitglied des Personals einem nach den Regeln, Vorschriften und Verfahren der Behörde bestimmten Gericht unterbreitet. Die betroffene Partei hat das Recht, an dem Verfahren teilzunehmen. Auf Empfehlung des Gerichts entläßt der Generalsekretär das betreffende Mitglied des Personals.
4. Die Regeln, Vorschriften und Verfahren der Behörde müssen die zur Durchführung dieses Artikels erforderlichen Bestimmungen enthalten.

Artikel 169
Konsultation und Zusammenarbeit mit internationalen und nichtstaatlichen Organisationen

1. Zu Angelegenheiten, die in die Zuständigkeit der Behörde fallen, schließt der Generalsekretär mit Genehmigung des Rates geeignete Vereinbarungen über Konsultation und Zusammenarbeit mit internationalen und nichtstaatlichen Organisationen, die vom Wirtschafts- und Sozialrat der Vereinten Nationen anerkannt sind.
2. Jede Organisation, mit welcher der Generalsekretär eine Vereinbarung nach Absatz 1 geschlossen hat, kann Vertreter bestimmen, die als Beobachter an den Tagungen der Organe der Behörde in Übereinstimmung mit der Geschäftsordnung dieser Organe teilnehmen. Es werden Verfahren eingeführt, um in geeigneten Fällen die Ansichten dieser Organisationen einzuholen.
3. Der Generalsekretär kann an die Vertragsstaaten schriftliche Berichte weiterleiten, welche die in Absatz 1 bezeichneten nichtstaatlichen Organisationen zu Themen unterbreiten, für die sie besonders zuständig sind und die mit der Arbeit der Behörde im Zusammenhang stehen.

Unterabschnitt E. Das System der Unternehmen

Artikel 170
Das System der Unternehmen

1. Das System der Unternehmen ist das ausführende Organ der Behörde.
2. Jedes Unternehmen besitzt im Rahmen der Völkerrechtspersönlichkeit der Behörde die Rechts- und Geschäftsfähigkeit, die ihm durch das Joint-venture-Abkommen, welches das jeweilige Unternehmen begründet, verliehen wird. Das System der Unternehmen handelt in Übereinstimmung mit diesem Übereinkommen und den Regeln, Vorschriften und Verfahren der Behörde sowie den von der Versammlung aufgestellten allgemeinen Leitsätzen und unterliegt den Richtlinien und der Kontrolle des Rates.
3. Jeder Vertragsstaat, der am System der Unternehmen teilzunehmen wünscht, benennt eine Körperschaft als Unterzeichner für das System der Unternehmen. Die

Unterzeichner können staatliche Unternehmen oder natürliche oder juristische Personen sein, welche die Staatsangehörigkeit eines Vertragsstaates besitzen oder von diesen oder ihren Staatsangehörigen wirksam kontrolliert werden, wenn sie von solchen Staaten oder einer der zuvor genannten Gruppen in Übereinstimmung mit den Vorschriften dieses Übereinkommens benannt werden.

4. Ein Vertragsstaat oder eine Gruppe von Vertragsstaaten, die einen Unterzeichner benannt haben, sind berechtigt, ein Unternehmen als Joint-venture mit der Behörde einzurichten, um ein genehmigtes Vorhaben der Forschung und Entwicklung und/oder der Erforschung und Produktion durchzuführen.
5. An jedem Unternehmen soll mindestens ein Entwicklungsstaat als Partner des Joint-venture beteiligt sein.
6. Jedes Unternehmen wird von der Behörde und den Unterzeichnern finanziert; die jeweiligen Anteile werden in dem Übereinkommen über das Joint-venture festgelegt.
   (a) Im allgemeinen sollen die Anteile ungefähr 50 zu 50 betragen.
   (b) Die Behörde bemüht sich für ihren Anteil an der Finanzierung eines Unternehmens um die Unterstützung internationaler Finanzierungseinrichtungen und bilateraler Hilfsinstitutionen; dies geschieht in Übereinstimmung mit ihrer völkerrechtlichen Verpflichtung, die Entwicklung und Weitergabe ökologisch nachhaltiger Technologie und die Erhaltung der biologischen Vielfalt zu unterstützen.
   (c) Die Erlöse werden zwischen der Behörde und den Unterzeichnern entsprechend ihren Anteilen an den Investitionen ausgeteilt.
7. Jedes Unternehmen wird vom eigenen Joint-venture-Verwaltungsrat geleitet.
   (a) Der Joint-venture-Verwaltungsrat eines Unternehmens besteht aus 16 Mitgliedern.
   (b) Acht Mitglieder werden von den Unterzeichnern benannt, die Benennung der anderen acht erfolgt durch den Rat der Behörde, der dabei den Grundsatz der gerechten geographischen Vertretung unter gebührender Berücksichtigung der Entwicklungsstaaten beachtet.
   (c) Die acht vom Rat der Behörde benannten Mitglieder können für mehrere Joint-venture-Verwaltungsräte nominiert werden.
   (d) Jedes Mitglied des Verwaltungsrates hat eine Stimme. Jeder Unterzeichner ist entsprechend seiner Investition an den Abstimmungen beteiligt; die vom Rat benannten Mitglieder sind an den Abstimmungen mit einem Gewicht beteiligt, das jeweils einem Achtel der Investition der Behörde entspricht.
8. Die Tätigkeiten im Gebiet werden in Übereinstimmung mit einem Arbeitsplan durchgeführt und vom Rat genehmigt.
9. Die Behörde übt die Kontrolle über ihre Unternehmen so aus, wie es notwendig ist, damit die Einhaltung der einschlägigen Vorschriften dieses Teils und der damit zusammenhängenden Anlagen, der Regeln, Vorschriften und Verfahren der Behörde sowie der nach Absatz 7 genehmigten Arbeitspläne gewährleistet wird. Die Vertragsstaaten unterstützen die Behörde, indem sie alle Maßnahmen ergreifen, um diese Einhaltung sicherzustellen.

10. Die Behörde ist berechtigt, jederzeit die in diesem Teil vorgesehenen Maßnahmen zu ergreifen, um die Einhaltung ihrer Vorschriften und der danach oder nach einem Joint-venture-Übereinkommen ausgeübten Kontroll- und Regulationsaufgaben zu gewährleisten. Die Behörde ist berechtigt, alle Anlagen im Gebiet zu besichtigen, um die Einhaltung der Regeln und Vorschriften sowie die Nutzung zu ausschließlich friedlichen Zwecken sicherzustellen.
11. Joint-venture-Übereinkommen, durch die ein Unternehmen zur Erforschung und/oder Ausbeutung gegründet wird, werden für eine festgelegte Dauer geschlossen. Entsprechend werden solche Übereinkommen nicht ohne die Zustimmung des Unterzeichners oder der Unterzeichner geändert, suspendiert oder beendet.

Artikel 171
Erfindungen und technische Informationen

1. Die Behörde erlangt in Verbindung mit allen Arbeiten, die von ihr oder in ihrem Auftrag von einem Joint-venture durchgeführt werden, diejenigen und nur diejenigen Rechte an Erfindungen und technischen Informationen, die im gemeinsamen Interesse der Behörde und der Vertragsstaaten in ihrer Eigenschaft als solche notwendig sind. Im Fall von Arbeiten, die im Rahmen eines Joint-venture-Übereinkommens durchgeführt werden, werden solche Rechte in nichtexklusiver Form erlangt.
2. Für die Zwecke des Absatz 1 sorgt die Behörde unter Berücksichtigung ihrer Grundsätze und allgemein anerkannter Verfahrensweisen der Industrie in Verbindung mit Arbeiten, die ein nennenswertes Element der Untersuchung, Forschung oder Entwicklung umfassen, selbst für
   (a) das Recht, sich unentgeltlich über alle Erfindungen und technischen Informationen in Kenntnis setzen zu lassen, die sich aus solchen Arbeiten ergeben;
   (b) das Recht, Vertragsstaaten, juristische Personen und andere unter der Hoheit eines Vertragsstaats über solche Erfindungen und technischen Informationen in Kenntnis zu setzen oder in Kenntnis setzen zu lassen, solche Erfindungen und technischen Informationen unentgeltlich zu nutzen und Vertragsstaaten, Unterzeichner und die genannten anderen zur unentgeltlichen Nutzung solcher Erfindungen und technischen Informationen zu ermächtigen oder ermächtigen zu lassen.
3. Die Behörde sichert sich selbst das Recht, unter gerechten und sachgemäßen Bedingungen diejenigen Erfindungen und technischen Informationen zu nutzen und nutzen zu lassen, die bei der Ausführung von Arbeiten in ihrem Auftrag verwendet werden und nicht von Absatz 2 erfaßt sind; das geschieht in dem Umfang, der für den Wiederaufbau oder die Abwandlung eines Produkts notwendig ist, das tatsächlich im Rahmen eines von der Behörde mitfinanzierten Übereinkommens geliefert wird, und in dem Umfang, in dem die Person, die derartige Arbeiten ausgeführt hat, zur Vergabe eines solches Rechts befugt ist.
4. Der Rat kann in Einzelfällen Abweichungen von den in Absatz 2b und 3 genannten Leitlinien genehmigen, wenn dem Rat im Verlauf der Verhandlungen dargelegt wird, daß das Festhalten an den Leitlinien für die Behörde schädlich wäre.

5. In bezug auf Erfindungen und technische Informationen, für welche die Behörde auf andere als die in Absatz 2 genannte Weise Rechte erlangt, wird die Behörde in dem Umfang, in dem sie dazu berechtigt ist,
   (a) solche Erfindungen und technischen Informationen jedem Vertragsstaat oder jeder juristischen Person zugänglich machen oder zugänglich machen lassen, der zum Ersatz von Zahlungen herangezogen wird, die von der Behörde in der Ausübung dieses Rechts der Zugänglichmachung geleistet oder verlangt werden;
   (b) allen Vertragsstaaten und juristischen Personen das Recht gewähren, anderen unter der Hoheit eines Vertragsstaates die Nutzung solcher Erfindungen und technischen Informationen zu gestatten oder gestatten zu lassen, und zwar
   i) unentgeltlich im Zusammenhang mit jedem Abbau am Meeresboden in Verbindung mit dieser Vorschrift ;
   ii) zu allen anderen Zwecken zu gerechten, sachgemäßen Bedingungen, die zwischen den Unterzeichnern oder anderen unter der Hoheit eines Vertragsstaats und der Behörde oder zwischen dem Eigentümer der Erfindungen und technischen Informationen oder einer anderen berechtigten Körperschaft oder Person, welche ein Eigentumsinteresse daran hat, ausgehandelt werden und den Ersatz aller Zahlungen beinhalten, welche von der Behörde im Zusammenhang mit der Ausübung dieser Rechte geleistet oder verlangt werden.
6. Die Offenlegung und Nutzung aller Erfindungen und technischen Informationen, an denen die Behörde Rechte erlangt hat, sowie die Bedingungen für diese Offenlegung und Nutzung entsprechen dem Grundsatz der Nichtdiskriminierung im Hinblick auf alle juristischen Personen und andere unter der Hoheit der Vertragsstaaten.
7. Dieser Artikel berührt nicht das Recht der Behörde, erforderlichenfalls Verträge mit Personen abzuschließen, die im Zusammenhang mit der Offenlegung technischer Informationen den Gesetzen und Vorschriften einzelner Staaten unterliegen.

Unterabschnitt F. Finanzielle Regelungen der Behörde

Artikel 172
Finanzielle Mittel der Behörde

Die finanziellen Mittel der Behörde umfassen
(a) die in Übereinstimmung mit Artikel 159, Absatz 2, Buchstabe f berechneten Beiträge der Mitglieder der Behörde;
(b) die vom System der Unternehmen vereinnahmten Mittel;
(c) die nach Artikel 82 überwiesenen Mittel;
(d) die nach Artikel 175 aufgenommenen Kredite;
(e) die freiwilligen Beiträge von Mitgliedern oder anderen Rechtsträgern.

Artikel 173
Jahreshaushalt der Behörde

Der Generalsekretär arbeitet den Entwurf des jährlichen Haushalts der Behörde aus und unterbreitet ihn dem Rat. Der Rat prüft den Entwurf, ersucht die Finanzkommission um ihre Stellungnahme und legt ihn mit seinen Stellungnahmen und Empfehlungen in Übereinstimmung mit Artikel 160, Absatz 2, Buchstabe p der Versammlung vor.

Artikel 174
Ausgaben der Behörde

1. Die Beiträge nach Artikel 172, Buchstabe a werden auf ein Sonderkonto eingezahlt und dienen zur Bestreitung der Verwaltungskosten der Behörde, bis diese über ausreichende finanzielle Mittel aus anderen Quellen zur Bestreitung dieser Kosten verfügt.
2. Aus den finanziellen Mitteln der Behörde werden zuerst die Kosten für die Verwaltung der Behörde bestritten. Mit Ausnahme der Beiträge nach Artikel 172, Buchstabe a können die nach Zahlung der Verwaltungskosten verbleibenden Mittel unter anderem
   (a) in Übereinstimmung mit Artikel 138 und Artikel 159, Absatz 2, Buchstabe g verteilt werden;
   (b) zur Ausstattung des Systems der Unternehmen mit Mitteln in Übereinstimmung mit Artikel 170, Absatz 6 genutzt werden.

Artikel 174
Befugnis der Behörde zur Kreditaufnahme

1. Die Behörde ist befugt, Kredite aufzunehmen.
2. Die Versammlung legt die Grenzen für die Befugnis der Behörde zur Kreditaufnahme in den nach Artikel 159, Absatz 2, Buchstabe g angenommenen Finanzvorschriften fest.
3. Der Rat übt die Befugnis der Behörde zur Kreditaufnahme aus.
4. Die Vertragsstaaten haften nicht für die Schulden der Behörde.

Artikel 175
Jährliche Rechnungsprüfung

Die Unterlagen, Bücher und Konten der Behörde, einschließlich ihrer Jahresabschlüsse, werden jedes Jahr von einem von der Versammlung bestellten unabhängigen Rechnungsprüfer geprüft.

Unterabschnitt G. Rechtsstellung, Vorrechte und Immunitäten

Artikel 177
Rechtsstellung

Die Behörde besitzt Völkerrechtspersönlichkeit sowie die Rechts- und Geschäftsfähigkeit, die zur Wahrnehmung ihrer Aufgaben und zur Verwirklichung ihrer Ziele erforderlich ist.

Artikel 178
Vorrechte und Immunitäten

Um der Behörde die Wahrnehmung ihrer Aufgaben zu ermöglichen, werden ihr im Hoheitsgebiet jedes Vertragsstaats die in diesem Unterabschnitt vorgesehenen Vorrechte und Immunitäten gewährt. Die Vorrechte und Immunitäten, die sich auf das System der Unternehmen beziehen, werden in den einzelnen Joint-venture-Übereinkommen vorgesehen.

Artikel 179
Immunität von der Gerichtsbarkeit

Die Behörde, ihr Vermögen und ihre Guthaben genießen Immunität von der Gerichtsbarkeit, sofern die Behörde nicht im Einzelfall ausdrücklich darauf verzichtet.

Artikel 180
Immunität von Durchsuchung und jeder sonstigen Form des Zugriffs

Das Vermögen und die Guthaben der Behörde, gleichviel wo und in wessen Besitz sie sich befinden, sind der Durchsuchung, Beschlagnahme, Einziehung, Enteignung und jeder sonstigen Form des Zugriffs durch vollziehende oder gesetzgeberische Maßnahmen entzogen.

Artikel 181
Befreiung von Beschränkungen, Vorschriften, Kontrollen und Moratorien

Das Vermögen und die Guthaben der Behörde sind von Beschränkungen, Vorschriften, Kontrollen und Moratorien jeder Art befreit.

Artikel 182
Archive und amtlicher Nachrichtenverkehr der Behörde

1. Die Archive der Behörde sind unverletzlich, gleichviel wo sie sich befinden.
2. Rechtlich geschützte Daten, Wirtschaftsgeheimnisse oder ähnliche Informationen sowie Personalakten dürfen nicht in Archiven aufbewahrt werden, die der Öffentlichkeit zugänglich sind.

3. Jeder Vertragsstaat gewährt der Behörde für ihren amtlichen Nachrichtenverkehr keine weniger günstige Behandlung als diejenige, die er anderen internationalen Organisationen gewährt.

Artikel 183
Vorrechte und Immunitäten bestimmter im Rahmen der Behörde tätiger Personen

Die Vertreter der Vertragsstaaten, die an Sitzungen der Versammlung, des Rates oder der Organe der Versammlung oder des Rates teilnehmen, sowie der Generalsekretär und das Personal der Behörde genießen im Hoheitsgebiet jedes Vertragsstaats

(a) Immunität von der Gerichtsbarkeit für die in Wahrnehmung ihrer Aufgaben vorgenommenen Handlungen, sofern nicht der Staat, den sie vertreten, oder gegebenenfalls die Behörde im Einzelfall ausdrücklich darauf verzichtet;

(b) sofern sie nicht Angehörige des betreffenden Vertragsstaats sind, die gleiche Befreiung von Einreisebeschränkungen, von der Ausländermeldepflicht und von den Verpflichtungen zur nationalen Dienstleistung sowie die gleichen Erleichterungen in bezug auf Devisenbeschränkungen und die gleiche Behandlung im Hinblick auf Reiseerleichterungen, wie sie der betreffende Vertragsstaat den Vertretern, Beamten und Angestellten vergleichbaren Ranges anderer Vertragsstaaten gewährt.

Artikel 184
Befreiung von Steuern und Zöllen

1. Im Rahmen ihrer amtlichen Tätigkeit sind die Behörde, ihre Guthaben, ihr Vermögen, ihre Einkünfte und ihre nach diesem Übereinkommen zugelassenen Operationen und Transaktionen von jeder direkten Steuer befreit; die für ihren amtlichen Gebrauch ein- oder ausgeführten Güter sind von allen Zöllen befreit. Die Behörde beansprucht keine Befreiung von Steuern, bei denen es sich lediglich um eine Vergütung für Dienstleistungen handelt.
2. Werden von oder im Namen der Behörde Güter oder Dienstleistungen von beträchtlichem Wert erworben, die für die amtliche Tätigkeit der Behörde erforderlich sind, und schließt der Preis solcher Güter oder Dienstleistungen Steuern oder sonstige Abgaben ein, so ergreifen die Vertragsstaaten, soweit durchführbar, geeignete Maßnahmen, um eine Befreiung von diesen Steuern oder sonstigen Abgaben zu gewähren oder für ihre Erstattung zu sorgen. Güter, die im Rahmen einer in diesem Artikel vorgesehenen Befreiung eingeführt oder erworben werden, dürfen im Hoheitsgebiet des Vertragsstaats, der die Befreiung gewährt hat, weder verkauft noch anderweitig veräußert werden, es sei denn zu Bedingungen, die mit diesem Vertragsstaat vereinbart worden sind.
3. Die Vertragsstaaten erheben keine Steuern, die sich auf Gehälter und andere Bezüge oder sonstige Zahlungen seitens der Behörde an den Generalsekretär und das Personal der Behörde sowie an Aufträge der Behörde ausführende Fachleute beziehen, sofern es sich nicht um ihre Staatsangehörigen handelt.

Unterabschnitt H. Suspendierung der Ausübung von Rechten und Vorrechten der Mitglieder

Artikel 185
Suspendierung der Ausübung des Stimmrechts

Ein Vertragsstaat, der mit der Zahlung seiner finanziellen Beiträge an die Behörde im Rückstand ist, hat kein Stimmrecht, wenn seine Rückstände die Höhe seiner für die beiden vorangegangenen vollen Jahre fälligen Beiträge erreichen oder übersteigen. Die Versammlung kann jedoch einem solchen Mitglied die Teilnahme an Abstimmungen gestatten, wenn sie davon überzeugt ist, daß das Versäumnis auf Umstände zurückzuführen ist, auf die das Mitglied keinen Einfluß hat.

Artikel 186
Suspendierung der Ausübung von Rechten und Vorrechten aus der Mitgliedschaft

1. Ein Vertragsstaat, der gegen die Bestimmungen dieses Teiles grob und beharrlich verstößt, kann auf Empfehlung des Rates durch die Versammlung von der Ausübung der Rechte und Vorrechte aus seiner Mitgliedschaft suspendiert werden.
2. Maßnahmen nach Absatz 1 dürfen nicht ergriffen werden, solange die Kammer für Meeresbodenstreitigkeiten nicht festgestellt hat, daß ein Vertragsstaat gegen die Bestimmungen dieses Teiles grob und beharrlich verstoßen hat.

Abschnitt 5. Beilegung von Streitigkeiten und Gutachten

Artikel 187
Kammer für Meeresbodenstreitigkeiten des Internationalen Seegerichtshofs

Die Bildung der Kammer für Meeresbodenstreitigkeiten und die Art der Wahrnehmung ihrer Zuständigkeit sind in diesem Abschnitt, in Teil XV und in Anlage VI geregelt.

Artikel 188
Zuständigkeit der Kammer für Meeresbodenstreitigkeiten

1. Die Kammer für Meeresbodenstreitigkeiten ist nach diesem Teil und den sich darauf beziehenden Anlagen für folgende Kategorien von Streitigkeiten zuständig, die Tätigkeiten im Gebiet betreffen:
   (a) Streitigkeiten zwischen Vertragsstaaten über die Auslegung oder Anwendung dieses Teiles;
   (b) Streitigkeiten zwischen einem Vertragsstaat und der Behörde über
   i) Handlungen oder Unterlassungen der Behörde oder eines Vertragsstaats, von denen behauptet wird, daß sie einen Verstoß gegen diesen Teil oder die in Übereinstimmung damit angenommenen Regeln, Vorschriften oder Verfahren der Behörde darstellen, oder

ii) Handlungen der Behörde, von denen behauptet wird, daß sie deren Zuständigkeit überschreiten oder einen Mißbrauch ihrer Befugnisse darstellen;

(c) Streitigkeiten zwischen Parteien eines Joint-venture-Übereinkommens oder Vertrags, die Vertragsstaaten sind, der Behörde oder einem ihrer Unternehmen, und staatlichen Unternehmen über

i) die Auslegung oder Anwendung eines entsprechenden Vertrags oder eines Arbeitsplans oder

ii) Handlungen oder Unterlassungen einer Partei des Übereinkommens oder Vertrags, die sich auf Tätigkeiten im Gebiet beziehen und gegen die andere Partei gerichtet sind oder deren berechtigte Interessen unmittelbar berühren;

(d) jede sonstige Streitigkeit, für die in diesem Übereinkommen die Zuständigkeit der Kammer ausdrücklich vorgesehen ist.

2. Meinungsverschiedenheiten zwischen der Behörde und Vertragsstaaten oder Unterzeichnern über die Auslegung oder Anwendung von Joint-venture-Übereinkommen, die Gebiete unter nationaler Hoheit betreffen, werden in Übereinstimmung mit den Bedingungen des Joint-venture-Abkommens und des Teils XV beigelegt.

Artikel 189

Verweisung von Streitigkeiten an eine Sonderkammer des Internationalen Seegerichtshofs, eine Ad-hoc-Kammer der Kammer für Meeresbodenstreitigkeiten oder Unterwerfung unter ein bindendes Handelsschiedsverfahren

1. Die in Artikel 188, Buchstabe a genannten Streitigkeiten zwischen Vertragsstaaten können unterbreitet werden

(a) auf Antrag der Streitparteien einer in Übereinstimmung mit Anlage VI, Artikel 15 und 17 zu bildenden Sonderkammer des Internationalen Seegerichtshofs oder

(b) auf Antrag einer Streitpartei einer in Übereinstimmung mit Anlage VI, Artikel 36 zu bildenden Ad-hoc-Kammer der Kammer für Meeresbodenstreitigkeiten.

2. (a) Die in Artikel 188, Absatz 1, Buchstabe c oder Absatz 2 genannten Streitigkeiten über die Auslegung oder Anwendung eines Joint-venture-Übereinkommens werden auf Antrag einer Streitpartei einem bindenden Handelsschiedsverfahren unterworfen, sofern die Streitparteien nichts anderes vereinbaren. Ein Handelsschiedsgericht, dem eine solche Streitigkeit unterbreitet wird, ist für die Entscheidung über Fragen der Auslegung dieses Übereinkommens nicht zuständig. Ist mit dieser Streitigkeit auch eine Frage über die Auslegung des Teiles XI und der sich darauf beziehenden Anlagen verbunden, die Tätigkeiten im Gebiet betrifft, so wird diese Frage an die Kammer für Meeresbodenstreitigkeiten zur Entscheidung verwiesen.

(b) Stellt das Schiedsgericht zu Beginn oder im Verlauf des Schiedsverfahrens entweder auf Antrag einer Streitpartei oder von Amts wegen fest, daß seine Entscheidung von einer Entscheidung der Kammer für Meeresbodenstreitigkeiten abhängt, so verweist das Schiedsgericht diese Frage zur Entscheidung an die Kammer für Meeresbodenstreitigkeiten. Das Schiedsgericht fällt dann seinen Spruch nach Maßgabe der Entscheidung der Kammer für Meeresbodenstreitigkeiten.

(c) Enthält der Vertrag keine Bestimmung über das bei der Streitigkeit anzuwendende Schiedsverfahren, so wird, falls die Streitparteien nichts anderes vereinbaren, das Schiedsverfahren in Übereinstimmung mit der UNCITRAL-Schiedsordnung oder einer anderen Schiedsordnung durchgeführt, die in den Regeln, Vorschriften und Verfahren der Behörde vorgeschrieben sein kann.

Artikel 190
Begrenzung der Zuständigkeit hinsichtlich der Beschlüsse der Behörde

Die Kammer für Meeresbodenstreitigkeiten ist nicht zuständig in bezug auf die Ausübung der Ermessensbefugnisse durch die Behörde in Übereinstimmung mit diesem Teil; sie darf keinesfalls das Ermessen der Behörde durch ihr eigenes ersetzen. Unbeschadet des Artikels 191, äußert sich die Kammer für Meeresbodenstreitigkeiten bei der Ausübung ihrer Zuständigkeit nach Artikel 188 nicht zu der Frage, ob Regeln, Vorschriften oder Verfahren der Behörde mit diesem Übereinkommen vereinbar sind, noch erklärt sie solche Regeln, Vorschriften oder Verfahren für ungültig. Ihre Zuständigkeit in dieser Hinsicht beschränkt sich auf die Entscheidung der Frage, ob die Anwendung von Regeln, Vorschriften oder Verfahren der Behörde im Einzelfall den vertraglichen Verpflichtungen der Streitparteien oder ihren Verpflichtungen aus diesem Übereinkommen widerspricht, der Frage eines Überschreitens der Zuständigkeit oder eines Mißbrauchs von Befugnissen sowie von Forderungen auf Schadenersatz oder sonstige Ersatzleistung, die der betroffenen Partei wegen Nichterfüllung der vertraglichen Verpflichtungen der anderen Partei oder deren Verpflichtungen aus diesem Übereinkommen zu gewähren ist.

Artikel 191
Teilnahme und Auftreten der befürwortenden Vertragsstaaten in Verfahren

1. Ist eine juristische Person Partei einer in Artikel 187 genannten Streitigkeit, so wird der sie befürwortende Staat davon unterrichtet und ist berechtigt, an dem Verfahren durch Abgabe schriftlicher oder mündlicher Erklärungen teilzunehmen.
2. Wird in einer in Artikel 188, Buchstabe c genannten Streitigkeit von einer natürlichen oder juristischen Person, die von einem Vertragsstaat befürwortet wird, gegen einen anderen Vertragsstaat Klage erhoben, so kann der beklagte Staat den diese Person befürwortenden Staat ersuchen, im Namen dieser Person im Verfahren aufzutreten. Tritt jener Staat nicht in dem Verfahren auf, so kann sich der beklagte Staat durch eine juristische Person seiner Staatszugehörigkeit vertreten lassen.

Artikel 192
Gutachten

Die Kammer für Meeresbodenstreitigkeiten gibt auf Antrag der Versammlung oder des Rates Gutachten zu Rechtsfragen ab, die sich aus dem Tätigkeitsbereich dieser Organe ergeben. Diese Gutachten werden so schnell wie möglich abgegeben.

Erläuterungen zum Anhang

Artikel 133
Absatz b wurde eingefügt, um die Teile XI und VI besser in Einklang zu bringen. Die Formulierung wurde aus Artikel 77, Absatz 4 des Übereinkommens übernommen.
Absatz c soll das Übereinkommen in Einklang mit den neueren Entwicklungen bei der Erforschung und Erkundung des Meeresbodens bringen.

Artikel 134
Mit der Vereinfachung dieses Artikels wurde der Versuch unternommen, den territorialen Aspekt im Aufgabenbereich der Behörde weniger stark zu gewichten und den funktionellen Aspekt in den Vordergrund zu stellen.

Artikel 137 bis 140
Hier wurden die Artikel 137, 140, 141 und 145 des Übereinkommens, die bisher ein wenig verstreut sind, in einer neuen Gruppe zusammengefaßt, denn sie definieren den Grundsatz vom gemeinsamen Erbe: Verbot der Aneignung, Bewirtschaftung zum Nutzen der gesamten Menschheit, Vorbehalt für ausschließlich friedliche Zwecke und Erhaltung von Ressourcen und Umwelt für zukünftige Generationen.
Außerdem wurde ein Bezug zu den später verabschiedeten Übereinkommen über Klimaschutz und biologische Vielfalt sowie zu dem im Entstehen begriffenen Regionalmeerübereinkommen hergestellt, denn die in diesem Teil vorgeschriebene Vorgehensweise für die Ausbeutung des Meeresbodens muß in Wechselbeziehung zu den Verfahren stehen, die mit den anderen Übereinkommen geschaffen wurden.

Artikel 141 und 142
Im bisherigen Artikel 143 des Übereinkommens, der sich mit der wissenschaftlichen Meeresforschung befaßt, werden einige kleinere Veränderungen vorgeschlagen.
Teil XI besagt nichts über einen institutionellen Mechanismus, durch den die Behörde im Gebiet wissenschaftliche Meeresforschung durchführen könnte. Dahinter steckte offensichtlich der Gedanke, daß für solche Forschungsarbeiten Verträge abgeschlossen werden sollten. Aber angesichts der Tatsache, daß Grundlagenforschung, angewandte Forschung und Entwicklung für die Behörde und das Unternehmen – in welcher Form sie auch überleben – von entscheidender Bedeutung sind, schlage ich

vor, daß die Behörde »zu diesem Zweck geeignete Vereinbarungen mit Institutionen treffen« kann. Diese Formulierung ist so umfassend, daß sie sowohl Vereinbarungen mit anderen Institutionen als auch solche innerhalb der Behörde selbst abdeckt.
Die Zusammenarbeit mit der *Intergovernmental Oceanographic Commission* der UNESCO bei der wissenschaftlichen Erforschung der Tiefsee erscheint ganz natürlich. Zu den Themen gehört dabei auch die Bedeutung des Meeresbodens und seiner vulkanischen Tätigkeit für den Kreislauf des Kohlendioxids und seine Auswirkungen auf das Klima.
Bisher hat kein Forum der Vereinten Nationen sich mit der Umsetzung der Artikel 267 und 277 des Übereinkommens befaßt, in denen die Einrichtung dieser Zentren vorgesehen ist. Es liegt auf der Hand, daß solche Einrichtungen äußerst nützlich wären, besonders für Regionalmeere, die von Entwicklungsstaaten umgeben sind, für die Entwicklung menschlicher Ressourcen sowie für die Kooperation und Entwicklung im Bereich der Technologie. Sollte im kommenden Jahrhundert ein solches Zentrum in der Karibik eingerichtet werden, wird seine enge Zusammenarbeit mit der Behörde in Jamaika für beide Seiten von Nutzen sein. Die Behörde sollte zu allen regionalen Zentren, die man im nächsten Jahrhundert zum Aufbau einer ökologisch und sozialen nachhaltigen Entwicklung gründen wird, selbstverständlich Beziehungen unterhalten.
Es geht hier weniger darum, die »Verbreitung« von Forschungsergebnisse zu koordinieren; koordiniert werden muß vielmehr die Durchführung der wissenschaftlichen Forschung selbst. In diesem Sinn wurde der entsprechende Satz neu formuliert.
In der derzeitigen Situation und für die absehbare Zukunft sollte die Behörde das Schwergewicht auf die Verstärkung und Internationalisierung der wissenschaftlichen Meeresforschung sowie auf die Entwicklung von Technologie für die Erforschung und Erkundung der Tiefsee legen, denn diese Tätigkeiten werden heute von den technisch am weitesten entwickelten Staaten ausgeführt. Internationale Zusammenarbeit bei der Entwicklung der erforderlichen Hochtechnologie wird vertrauensbildend wirken und in einem späteren Stadium die industrielle Zusammenarbeit erleichtern.
Artikel 142 ist eine vereinfachte Fassung des bisherigen Artikels 144, der ein wenig redundant formuliert ist. Im wesentlichen besagt er: Technologie sollte durch internationale Zusammenarbeit an die Behörde und über sie an die Entwicklungsstaaten »weitergegeben« werden.

Artikel 144
Dies ist der Artikel 139 des Übereinkommens. Die Bezüge zu Anlage 3 wurden weggelassen. Die Anlage 3 ist fast völlig veraltet und sollte aufgegeben werden.

Artikel 145
Das Neue in diesem Artikel ist die Aufforderung, in einem Bereich zwischen 300 und 400 Meilen vor der Küste eines Küstenstaates gemeinsame Verwaltungszonen oder gemeinsame Entwicklungszonen einzurichten. Die Grenzen des Kontinentalsockels genau festzulegen kann kostspielig und zeitaufwendig sein. Wären Staaten mit breitem Kontinentalsockel statt dessen bereit, ihre Ansprüche »einzufrieren« (ohne sie

aufzugeben) und solche gemeinsamen Zonen einzurichten, käme das Übereinkommen ohne die Kommission für die Grenzen des Kontinentalsockels aus, und das könnte zu beträchtlichen finanziellen Einsparungen führen.

Artikel 146

Artikel 146 ist neu. Er entspringt dem Bestreben, die Behörde möglichst bald möglichst nützlich zu machen, besonders für die Entwicklungsstaaten.

Artikel 149

In Übereinstimmung mit neueren Entwicklungen, besonders der Konferenz von Barbados (1994) über kleine Entwicklungsstaaten auf Inseln, wurden diese Staaten überall zusätzlich zu den anderen benachteiligten Staaten erwähnt, die besonderer Beachtung bedürfen.

Artikel 150 bis 155

Abschnitt 3 des Teils IX mit dem Titel »Erschließung der Ressourcen im Gebiet«, der aus den Artikeln 150 bis 155 besteht, wurde auf eine ganz neue konzeptionelle Grundlage gestellt. In dem Übereinkommen sind Artikel, die sich mit der Politik im Zusammenhang mit Tätigkeiten im Gebiet (Artikel 150) und Produktionen (Artikel 151) befassen, eng auf die Erforschung und Ausbeutung der Manganknollen in einem genau abgegrenzten geographischen Bereich zugeschnitten. Dieses Konzept ist veraltet. Eine Internationale Meeresbodenbehörde für das 21. Jahrhundert muß einen erheblich erweiterten Aufgabenbereich haben. Sie muß sich mit der internationalen Zusammenarbeit bei der wissenschaftlichen Erforschung der Tiefsee, mit der Erforschung und Entwicklung der erforderlichen Technologie sowie mit Erkundung und Produktion befassen, und zwar nicht beschränkt auf die Manganknollen, sondern im Zusammenhang mit allen Ressourcen der Tiefsee. Der politische Rahmen muß so gestaltet sein, daß die Behörde großes Gewicht hat, mit den neuesten Entwicklungen in Wissenschaft und Technologie Schritt halten kann und für die Staatengemeinschaft, besonders die armen Länder, unmittelbar nützlich ist. Der politische Rahmen muß im Einklang mit den neuen Konzepten stehen, die durch den Umweltgipfel und die durch ihn eingeleiteten Entwicklungen geschaffen wurden (nachhaltige Entwicklung, biologische Vielfalt, Klimaschutz, Ausrottung der Armut), denn diese sind mit dem Grundsatz vom gemeinsamen Erbe der Menschheit ganz und gar vereinbar. Außerdem darf das Prinzip vom gemeinsamen Erbe der Menschheit nicht nur in einigen Artikeln der Präambel vorkommen, sondern der gesamte politische Rahmen muß davon durchdrungen sein.

Artikel 153 stellt eine Abweichung von dem Parallelsystem dar, das ein unglücklicher politischer Kompromiß war: Ein unpraktischeres und weniger kosteneffizientes System hätte man kaum entwickeln können. Heute, da das Parallelsystem unter allen praktischen Gesichtspunkten durch das Implementierungsabkommen außer Kraft gesetzt wurde, so daß für die absehbare Zukunft nur Staaten und ihre Firmen als Akteure im Gebiet übrigbleiben, ist es an der Zeit, für das kommende Jahrhundert über ein besseres System nachzudenken. Inzwischen besteht allgemein Einigkeit darüber – und diese Ansicht hat auch Eingang in das Implementierungsabkommen (Abschnitt 2, Paragraph 2) gefunden –, daß das Unternehmen, sofern es eines Tages seine Tätigkeit aufnimmt, durch Beteiligung an Joint-ventures arbeiten sollte. UNCLOS III und die Vorbereitungskommission waren der Anlaß für eine relativ umfangreiche Literatur über Joint-ventures zwischen Firmen wie auch zwischen Staaten, und es gibt Beispiele dafür, wie staatenübergreifende Organisationen den privatwirtschaftlichen Sektor recht erfolgreich in Joint-ventures aufgenommen haben. In dem folgenden Abschnitt dienen die Statuten der *International Maritime Satellite Organization* (INMARSAT) als Vorbild. Auf dieses Modell machte die österreichische Delegation UNCLOS III schon 1977 auf einer Tagung aufmerksam, die zwischen den offiziellen Sitzungen in Genf stattfand; den Vorsitz führte dabei der norwegische Botschafter Jens Evenson, der den Gedanken in seinen Bericht an den Hauptausschuß aufnahm. Viele Delegationen bekundeten Interesse an dem Ansatz – aber die Entscheidung zugunsten des Parallelsystems war bereits gefallen, und gegen eine Veränderung gab es große Widerstände. Das Konzept der Überprüfungskonferenzen, das durch das Implementierungsabkommen aufgegeben wurde, führe ich hier wieder ein (Artikel 154). Die meisten modernen Abkommen schreiben Überprüfungskonferenzen in regelmäßigen Abständen vor, damit das Vertragswerk seine Bedeutung behält und mit den fortlaufenden Veränderungen Schritt hält. Dieser Bericht (Kapitel 4 und 6) empfiehlt, die Tagungen der Vertragsstaaten mit erweiterten Funktionen auszustatten, damit sie das gesamte Abkommen einschließlich des Teils XI und des Implementierungsabkommens alle sechs Jahre überprüfen können.

Artikel 156

Das Wesen und die Prinzipien der Behörde wurden leicht verändert. Der Grundsatz vom gemeinsamen Erbe, der dem Prinzip der nachhaltigen Entwicklung zugrunde liegt, ist für die Behörde von ebenso grundsätzlicher Bedeutung wie die gleichberechtigte Souveränität aller ihrer Mitglieder.

Artikel 159

Zusammensetzung, Befugnisse und Aufgaben der Versammlung bleiben im wesentlichen unverändert. Der Bezug auf die »Interessen«, die in den Nebenorganen [(d)] vertreten sein müssen, wurde weggelassen. Die Behörde ist eine politische, zwischenstaatliche Institution mit weit gefaßten Aufgaben, denen sie unabhängig und objektiv gerecht werden muß. Natürlich wird sie »Interessen« berücksichtigen, aber diese dürfen nicht Bestandteil ihrer Organe sein. Auch der Bezug auf die »Zuständigkeit« von Mitgliedern der Nebenkörperschaften wurde weggelassen. Daß die Mitglieder der Nebenkörperschaften für die Bereiche, mit denen sie sich befassen, zuständig sein müssen, versteht sich von selbst. Diese besondere Anforderung erscheint den Entwicklungsstaaten gegenüber ein wenig erniedrigend und gönnerhaft.
Die beiden Etatbestimmungen in den Abschnitten f, i und ii wurden ebenfalls weggelassen. Sie werden von dem neuen, sehr umfassenden Abschnitt g mit erfaßt. Das geschah im Hinblick auf die allgemeine Notwendigkeit, den Text zu straffen und von einem Übermaß an Einzelheiten zu befreien.

Der neue Buchstabe j wurde umfassender gestaltet und schließt in allgemeinerer Form die Funktionen ein, die in dem Übereinkommen unter den Buchstaben k und l beschrieben werden.

Artikel 160

Artikel 161 des Übereinkommens, der Zusammensetzung, Verfahren und Abstimmungen des Rates regelt, wurde erheblich gestrafft. Vor dem Hintergrund der quälenden Wahl des ersten Rates in den Jahren 1995/1996 in Verbindung mit dem Bestreben, nicht noch einmal eine solche erniedrigende Erfahrung zu machen, wurden das »Kammersystem« und die Vertretung der Interessengruppen aufgegeben. Finanzielle Interessengruppen sind im Verhältnis ihrer Investitionen in den Joint-venture-Gremien des Systems der Unternehmen vertreten. Um es noch einmal zu wiederholen: Die Behörde ist eine zwischenstaatliche politische Institution mit weit gefaßten Aufgaben in den Bereichen von Wissenschaft, Technologie, Wirtschaft und Umweltschutz. Interessengruppen haben in ihren Organen keinen Platz. Und – das sollte man hinzufügen – ein Übereinkommen sollte seine grundsätzliche Gültigkeit so lange wie möglich behalten, Interessengruppen dagegen können sich schnell wandeln. Sie werden sich beispielsweise zwangsläufig verändern, wenn man die Aufgaben der Behörde von dem Abbau der Manganknollen auf ein breiteres Spektrum von Tätigkeiten erweitert. Das System der Unternehmen wird zahlreiche Einzelinvestitionen tätigen und die damit zusammenhängenden finanziellen Entscheidungen treffen. Die Beschlüsse des Rates werden weiter gefaßt und in ihrem Wesen politischer sein. Entsprechend wurde das Verfahren für die Beschlußfassung gestrafft.

Artikel 161

Die Befugnisse und Aufgaben des Rates wurden soweit wie möglich gestrafft. Die meisten Vorschriften des Übereinkommens bleiben weiterhin gültig. Der Buchstabe u nennt bei den Aufgaben für Inspektionen auch die Prüfung, ob die Vorschrift einer ausschließlich friedlichen Nutzung des Gebietes eingehalten wird. Da es sich hier um ein Grundprinzip des Übereinkommens handelt, dessen Umsetzung durch die regelmäßig stattfindenden Überprüfungskonferenzen überwacht werden muß, ist auch seine Einhaltung nachzuprüfen.

Artikel 162

Angesichts der grundlegenden Bedeutung von Wissenschaft und Technologie für die Tätigkeit der Behörde wird hier die Einrichtung einer Kommission für Wissenschaft und Technologie vorgeschlagen. Dies steht im Einklang mit neueren Übereinkommen, beispielsweise denen für Klimaschutz und biologische Vielfalt.
In Übereinstimmung mit dem Implementierungsabkommen wurde bereits ein Finanzausschuß gegründet. Er wird hier aus Gründen der sprachlichen Einheitlichkeit nicht als »Ausschuß«, sondern als »Kommission« bezeichnet.

Artikel 163

Dieser Artikel wurde aus dem Abkommen für biologische Vielfalt übernommen und entsprechend angepaßt.

Artikel 164
In Übereinstimmung mit Abschnitt 1, Paragraph 4 der Anlage zum Implementierungsabkommen wurden die Aufgaben der Kommission für wirtschaftliche Planung und der Rechts- und Fachkommission zusammengefaßt und an den breiteren Geltungsbereich des Übereinkommens angepaßt.

Artikel 165
Dieser Artikel wurde aus dem Implementierungsabkommen übernommen und entsprechend angepaßt.

Artikel 170
Die Struktur des Systems der Unternehmen lehnt sich an die Statuten der INMARSAT an, der es gelungen ist, den privatwirtschaftlichen Sektor in die Struktur einer öffentlichen internationalen Organisation einzubeziehen. Der Unterschied besteht darin, daß INMARSAT nur einem einzigen Zweck dient, so daß die Unterzeichner dem Rat der Organisation angehören. Die ganze Organisation bildet ein Unternehmen.
Die Meeresbodenbehörde dagegen hat zahlreiche Zielsetzungen und besitzt einen ausführenden Arm. Der Rat hat viele Aufgaben, die über das Tätigkeitsspektrum eines solchen ausführenden Organs hinausgehen. Deshalb müssen die juristischen Personen auf der Ebene des ausführenden Organs in die Struktur einbezogen werden. Sie ist die kommerzielle Ebene, auf der finanzielle und andere geschäftliche Interessen zu schützen sind und sich in den Mechanismen der Beschlußfassung widerspiegeln müssen.
Dieses System geht über das unrealistische Parallelsystem hinaus, das unter allen praktischen Gesichtspunkten bereits durch das Implementierungsabkommen aufgegeben wurde; deshalb sollte es einerseits für die Anhänger des Unternehmens akzeptabel sein, da heute Einigkeit darüber besteht, daß Joint-ventures die einzige Lösung für die Probleme des Unternehmens sind, andererseits sollten aber auch die Anhänger des privaten Sektors es akzeptieren können, denn wenn der privatwirtschaftliche Bereich in dem zweischichtigen (Vertragsstaaten/juristische Personen) Joint-venture-System von INMARSAT gut funktioniert, gibt es keinen Grund, warum es in einem entsprechenden, auf das Unternehmen angewandten System nicht ebensogut arbeiten sollte.
Das System der Unternehmen ist dezentralisiert und flexibel, so daß sich in ihm die vielen Zielsetzungen der Internationalen Meeresbodenbehörde widerspiegeln. Jedes Joint-venture-Abkommen wird für die spezifischen Bedürfnisse des jeweiligen Unternehmens, seine Finanzierung und seine Tätigkeiten maßgeschneidert.

Artikel 171
Dieser Artikel wurde aus den Statuten von INMARSAT übernommen und angepaßt.

Übrige Artikel
In den übrigen Artikeln wurden nur geringfügige sprachliche Anpassungen vorgenommen.

Literatur

Ahmad, Sheikh Mahmud. 1974. *Economics of Islam.* Lahore: Muhammad Ashraf.

Annan, Kofi, Generalsekretär der Vereinten Nationen, Pressekonferenz am 1. Mai 1997, *The New York Times,* 2. Mai 1997.

Barde, J.-P., und D. W. Pearce (Hrsg.). 1991. *Valuing the Environment: Six Case Studies.* OECD, London: Earthscan.

Bates, M. 1960. *The Forest and the Sea: A Look at the Economy of Nature and the Ecology of Man.* New York: Random House.

Baudelaire, Charles Pierre. 1857. *Les Fleurs du mal.*

– 1996. *Ocean Governance and the United Nations.* Halifax: Centre for Foreign Policy Studies, Dalhousie University.

Borgese, Elisabeth Mann. 1977. *Das Drama der Meere.* Frankfurt: S. Fischer.

– 1985. *Die Zukunft der Weltmeere: ein Bericht an den Club of Rome.* Wien, München, Zürich: Europaverlag.

Borgese, Elisabeth Mann. 1987. *Mediterranean Centre for Research and Development in Marine Industrial Technology.* Malta: Foundation for International Studies.

– (ed.). 1965. *A Constitution for the World.* Santa Barbara, CA: Center for the Study of Democratic Institutions.

– (ed.). 1997. *Peace in the Oceans: Ocean Governance and the Agenda for Peace.* The Proceedings of Pacem in Maribus XXIII, Costa Rica, 1995. Paris: UNESCO. Intergovernmental Oceanographic Commission, Technical Series No. 47.

Borgese, G. A. 1943. *Common Cause.* New York: Duell, Sloan and Pierce.

Boutros-Ghali, Boutros. 1995. *An Agenda for Peace, 1995: With the new supplement and related UN Documents.* Report by the Secretary-General to the United Nations General Assembly. 2nd ed. New York: United Nations. (Deutsche Fassung beim Deutschen Übersetzungsdienst der Vereinten Nationen, http://www.un.org/Depts/german/afried/afried-1.htm)

Briguglio, L. 1995. *Small Island Developing States and Their Economic Vulnerabilities.* Malta: Foundation for International Studies.

Buchanan, James. 1994. *The Greening of Technology Transfer: Protection of the Environment and of Intellectual Property.* Franklin Pierce Law Center, 9 April 1994, Afternoon Session, on website http://www.fplc.edu/green/after.htm

Cleveland, Harlan. 1996. *Hail and Farewell.* Ansprache beim Hubert H. Humphrey Institute of Public Affairs, University of Minnesota.

Commission on Global Governance. 1995. *Our Global Neighbourhood.* Oxford: Oxford University Press.

Court of Justice of the European Communities, 1963 Decision, *American Journal of International Law* 58:1.
Cronan, David. 1992. *Marine Minerals in Exclusive Economic Zones.* London: Chapman and Hall.
De Groot, R. S. 1992. *Functions of Nature: Evaluation of Nature in Environmental Planning, Management and Decision Making.* Groningen: Wolters-Noordhoff.
Dillon, William. 1992. U.S. Geological Survey, Marine and Coastal Geology Program, Washington, D.C., September.
Dror, Yehezkel. 1995. *Ist die Erde noch regierbar? Ein Bericht an den Club of Rome.* München: Bertelsmann.
Drucker, Peter. 1992. *Die Zukunft managen.* Düsseldorf, Wien, New York, Moskau: Econ.
Earney, Fillmore C. F. 1990. *Marine Mineral Resources.* London: Routledge.
Englezos, P. 1993. »Clathrate Hydrates«, *Industrial and Engineering Chemistry Research* 32(7).
Evenson, Jens. 1986. »The Law of the Sea Regime«. In: R. B. Byers, Hrsg. *The Denuclearisation of the Oceans.* New York: St. Martin's Press.
Fanning, Lucia M. 1997. The Co-Management Paradigm: Criteria for Sustainable Marine-Resource Management. Master's thesis, Halifax, Dalhousie University.
Gandhi, M. K. 1947. *India of My Dreams.* R. K. Prabhu, ed. Bombay.
GESAMP. 1997. *State of the Marine Environment Report* (in Vorbereitung).
– 1998. *Review of Landbased Activities Affecting the Marine Environment* (in Vorbereitung).
Giarini, Orio. 1986. *Wohlstand und Wohlfahrt: Dialog über eine alternative Ansicht zu weltweiter Kapitalbildung; ein Bericht an den Club of Rome.* Frankfurt, Bern, New York: Lang.
– 1987. Arbeitspapier prepared for the International Centre for Ocean Development (ICOD). Halifax, nicht veröffentlicht.
– 1988. *The Emerging Service Economy.*
Giarini, Orio, und Patrick M. Liedtke. 1997. *Wie wir arbeiten werden. Der neue Bericht an den Club of Rome mit einem Vorwort von Ernst Ulrich von Weizsäcker.* Hamburg: Hoffmann und Campe.
Giarini, Orio, und Max Börlin. 1991. »Toward Estimating the Contribution of Oceans to Wealth and Welfare«. In: J. Vandermeulen und S. Walker, Hrsg. *Ocean Technology, Development, Training and Transfer.* Proceedings of Pacem in Maribus XVI, August 1988. Oxford: Pergamon Press.
Giarini, Orio, und Walter Stahel. 1989. *The Limits of Certainty.* Dordrecht: Kluwer Academic Publishers.
Gillies, Bruce. 1995. »The Nunavut Final Agreement and Marine Management in the North«. *Northern Perspectives* 23(l): 17–19. Canadian Arctic Resources Committee.
Glowka, Lgle. 1996. »The Deepest of Ironies: Genetic Resources, Marine Scientific Research, and the Area«, *Ocean Yearbook* 12. Chicago: Chicago University Press.
Graham, Darid M. 1997. »Editorial«, *Sea Technology,* March.

Gray, K. 1993. »The Ambivalence of Property«. In: G. Prins, Hrsg. *Threats Without Enemies: Facing Environmental Insecurity,* London: Earthscan Publications.

Hammond, A. L. 1995. *Environmental Indicators: A Systematic Approach to Measuring and Reporting on Environmental Policy Performance in the Context of Sustainable Development.* Washington, D. C.: World Resources Institute.

Hardy, A. 1965. *The Living Stream.* New York: Harper & Row.

Hasler, Richard. 1998. »Towards Political Ecologies of Scale: Conceptualizing Community-based Coastal and Fisheries Co-Management on the West Coast of South Africa«. *Ocean Yearbook* 14. Chicago: University of Chicago Press (forthcoming).

Hegel, G. W. F. 1821. *Grundlinien der Philosophie des Rechts.*

Hempel, Gotthilf. 1992. »The Alfred Wegener Institute, Bremerhaven«. In: E. M. Borgese, ed. *Ocean Frontiers: Explorations by Oceanographers on Five Continents.* New York: Abrams.

Heywood, V. H., und R. T. Watson. 1995. *Global Biodiversity Assessment.* UNEP, Cambridge: Cambridge University Press.

Holland, John H. 1990. »The Global Economy as an Adaptive Process«. In: P. W. Anderson et al., Hrsg. *The Economy as an Evolving Complex System.* Redwood City, Calif: Addison Wesley Pub. Co.

Huq, A. M. 1985. »Welfare Criteria in Gandhian Economics«. In: Romesh Diwan und Mark Lutz, eds. *Essays on Gandhian Economics.* Delhi: Gandhi Peace Foundation.

IMO/FAO/UNESCO/WMO/WHO/IAEA/UN/UNEP Joint Group of Experts on the Scientific Aspects of Marine Pollution. 1990. *State of the Marine Environment,* Reports and Studies No. 39. Nairobi: UNEP.

International Seabed Authority, Kingston, Jamaica: Document ISBA/A/L.8, 21 March 1996.

Jagota, S. P. 1992. »Joint Development Zones«, *Ocean Yearbook* 10. Chicago: University of Chicago Press.

Jentoft, Svein, und Knut H. Mikalsen. 1994. »Regulating Fjord Fisheries: Folk Management or Interest Group Politics?«. In: Christopher L. Dyer und James R. McGoodwin, Hrsg. *Folk Management in the World's Fisheries: Lessons for Modern Fisheries Management.* Niwot: University Press of Colorado.

Jones, O. A., und R. Endean (Hrsg.). 1973. *Biology and Geology of Coral Reefs, Vol. 1.* London: Academic Press.

Judson, W. Irwin. 1996. Marine Pharmaceuticals: A Special Case of the Common Heritage of Mankind. Unveröffentlichtes Manuskript.

Kerr, Richard A. 1997. »Did a Blast of Sea-Floor Gas Usher in a New Age?«. *Science* 275, 28. Februar.

Khalid, Fazlun, und Joanne O'Brien (eds.). 1992. *Islam and Ecology.* New York: Cassell.

King, Alexander, und Bertrand Schneider. 1992. *Die erste globale Revolution: ein Bericht des Rates des Club of Rome.* Frankfurt: Horizonte.

Lockspeiser, E. 1962. *Debussy, His Life and Mind.* London: Cassell.

Lopez-Reyes, Ramon. 1997. »Maritime Zones of Peace: A Regime of Peace on the Seas«. In: E. M. Borgese, Hrsg. *Peace in the Oceans: Ocean Governance and the Agenda for Peace.* The Proceedings of Pacem in Maribus XXIII, Costa Rica, 1995.

Paris: UNESCO. Intergovernmental Oceanographic Commission, Technical Series No. 47.
Lovelock, J. E. 1979. *Unsere Erde wird überleben: Gaia – eine optimistische Ökologie.* München, Zürich: Piper 1982.
Mann, Thomas. 1960. »Lübeck als geistige Lebensform«. *Gesammelte Werke, Band XI.* Frankfurt am Main: S. Fischer Verlag.
– 1934. »Meerfahrt mit Don Quijote«, *Gesammelte Werke, Band XI.* Frankfurt am Main: S. Fischer Verlag.
– 1994. *Environmental Indicators: A Core Set.* Paris.
– 1994a. *Natural Resource Accounts: Taking Stock in OECD Countries.* Paris.
– 1995. *OECD Environmental Data Compendium.* Paris.
Manolis, Mikis. 1996. Functional Sovereignty and the Political Organization of Ocean Space: Creeping Jurisdiction or Multilateral Cooperation? Master's thesis. Halifax: Dalhousie University.
Miller, Robert C. 1971. *Das Meer.* Berlin, Darmstadt: Wissenschaftliche Buchgesellschaft.
Morven, M. 1980. *Legends from the Sea.* New York: Crescent Books.
Naqvi, Syed Nawab Haider. 1995. *Islam, Economics and Society.* New York: Kegan Paul.
Natural Resources Canada. 1995. *Canadian Minerals Yearbook.*
Needham, Joseph. 1965, 1971. *Science and Civilisation in China,* Vol. 4, Parts 2 and 3. Cambridge: Cambridge University Press.
Newman, E. 1967. *Wagner as Man and Artist.* New York: Dover Publications.
OECD. 1996. *Maritime Transport, 1993.* Paris.
Panos Institute. 1997. *Insurance Day,* 31. Juli. Genf.
Prus, Gwyn. 1998. »Oceanguard: The Need, Possibility, and the Concept«. *Ocean Yearbook* 14. Chicago: University of Chicago Press.
Revelle, Roger. 1992. »The Scripps Institution of Oceanography, California«. In: E. M. Borgese, Hrsg. *Ocean Frontiers: Explorations by Oceanographers on Five Continents.* New York: Abrams.
Rosensohn, Nicole, und Schneider, Bertrand. 1993. *For a Better World Order: The Message from Kuala Lumpur.* Bilbao: Fundacion BBV.
Roush, Wade. 1997. »Putting a Price Tag on Nature's Bounty«. *Science* 276, 16. Mai.
Ruggie, John Gerard. 1993. »Territoriality and Beyond: Problematizing Modernity in International Relations«. *International Organization* 47(l).
Saigal, Krishan. 1988. *Mediterranean Centre for Research and Development in Marine Industrial Technology: Feasibility Study.* Malta: International Ocean Institute. *Sustainable Development: The Spiritual Dimension* (erscheint demnächst).
Sachs, I. 1992. »Transition Strategies for the 21st Century«. Nature and Resources 28(l).
Scheingold, Stuart A. 1972. »Lessons of the European Community for an Ocean Regime«. In: E. M. Borgese, Hrsg. *Pacem in Maribus.* New York: Dodd, Mead and Co.
Schneider, Bertrand. 1986. *Die Revolution der Barfüßigen: ein Bericht an den Club of Rome.* Wien, München, Zürich: Europaverlag.

Sharp, Margaret, und Claire Shearman. 1987. *European Technological Collaboration.* London: Royal Institute of International Affairs, Routledge und Kegan Paul.
Sheng, F. 1995. *Real Value for Nature: An Overview of Global Efforts to Achieve True Measures of Economic Progress.* Gland, Switzerland: WWF International.
Sri Aurobindo Ghose. 1972. *Sri Aurobindo,* Vol. XII, Pondicherry: Sri Aurobindo Birth Centenary Library.
Stanners, D. A., und P. Bourdeau (Hrsg.). 1995. *Europe's Environment: The Dobris Assessment.* European Copenhagen: Environment Agency.
Sustainable Strategies for Oceans: A Co-Management Guide. 1998. The National Round Table on the Environment and the Economy, Ottawa.
The Dhammapada. 1987. Translated by Juan Mascaro, Penguin Books edn.
Timor Gap Cooperation Treaty of 1989, ILM 29(3), May 1990.
Tinbergen, Jan. Wir haben nur eine Zukunft: der RIO-Bericht an den Club of Rome. Opladen: Westdeutscher Verlag.
United Nations Conference on Environment and Development (UNCED). 1992. *Agenda 21.* Rio de Janeiro. (Deutsche Fassung beim Deutschen Übersetzungsdienst der Vereinten Nationen, http://www.oneworldweb.de/agenda21/welcome.html)
– 1992. Framework Convention on Climate Change. United Nations.
– 1992. Convention on Biological Diversity. United Nations.
UNDP. 1997. *Human Development Report 1995.* New York: Oxford University Press.
UNEP/DEIA. 1996. *Report of the Meeting on Integrated Environmental Assessment/Global Environmental Outlook (IEAIGEO) Core Data Working Group,* DPCSD Office, New York, Januar 1996. Nairobi.
UNEP. 1991. *Island Directory.* UNEP Regional Seas Directories and Bibliographies, No. 35.
– 1993. *Environmental Data Report, 1993–1994.* Prepared by the GEMS Monitoring and Assessment Research Centre, London, UK, in cooperation with World Resources Institute, Washington, D.C., and the UK Department of the Environment. Oxford: Blackwell.
– 1995. *The UNEP Biodiversity Programme and Implementation Strategy: A Framework for Supporting Global Conservation and Sustainable Use of Biodiversity.* Nairobi.
– 1996. Draft Proposal Submitted by the United Nations Environment Programme on Institutional Arrangements for Implementation of the Global Programme of Action for the Protection of the Marine Environment from Land-Based Activities (28. Oktober 1996).
– 1997. *Global Environment Outlook 1997* (GEO1). Nairobi.
UNESCO. 1983. *The Impact of Science on Society,* No. 3/4.
United Nations. 1994. Bericht des Generalsekretärs der Vereinten Nationen, Dok. A/51/645.
United Nations. 1993. *Satellite System for Integrated Environmental and Economic Accounting SEEA,* Handbook of National Accounting, Studies in Methods, Series F, No. 61. New York.
– 1993. *United Nations Convention on the Law of the Sea, 1982.* New York: Unit-

ed Nations. (Deutsch: Seerechtsübereinkommen der Vereinten Nationen, Bundesgesetzblatt 119, Teil II, S. 1799.)
– 1994. *System of National Accounts,* Studies in Methods, Series F, No. 2, Rev. 4. New York.
– 1994. *Agreement Relating to the Implementation of Part XI of the United Nations Convention on the Law of the Sea of 1982,* 17 August 1994, A/RES/48/263.
1995. UN Systemwide Earthwatch Programme Document. UNEP/EWWP2/WP2/rev. l.
– 1996. *Indicators of Sustainable Development: Framework and Methodologies.* New York: United Nations.
– 1996. *Agreement for the Implementation of the Provisions of the United Nations Convention on the Law of the Sea of 10 December 1982 Relating to the Conservation and Management of Straddling Fish Stocks and Highly Migratory Fish Stocks,* Doc. A/51/383, 4 October 1996.

US Bureau of Mines. 1995. *Minerals Yearbook.*

Vallas, L. 1967. *The Theories of Claude Debussy.* New York: Dover Publications.

van Dieren, W. (ed.). 1995. *Taking Nature into Account: A Report to the Club of Rome: Toward a Sustainable National Income.* New York: Copernicus.

Venezia, William A., und John Holt. 1995. »Turbine Under Gulf Stream: Potential Energy Source«. *Sea Technology.* Arlington, VA: Compass Publications, September.

Wapner, Paul. 1997. »Environmental Ethics and Global Governance: Engaging the International Liberal Tradition«. In: *Global Governance: A Review of Multilateralism and International Organizations 3(2)* Mai–August. Boulder, CO: Lynne Rienner Publishers, Inc.

Welch, Harold E. 1995. »Marine Conservation in the Canadian Arctic: Regional Overview«. *Northern Perspectives* 23(1): 5-17. Canadian Arctic Resources Committee.

Weltkommission für Umwelt und Entwicklung. 1987. *Unsere gemeinsame Zukunft.* Greven: Eggenkamp.

World Bank. 1995. *Monitoring Environmental Progress: A Report on Work in Progress.* Washington, D. C.: Environmentally Sustainable Development.

1997. *World Development Indicators.* Washington, DC: The World Bank.

World Resources Institute. 1997. *World Resources 1996–97: A Guide to the Global Environment,* Report by the WRI and the International Institute for Environment and Development. New York: Basic Books.

Anmerkungen

Prolog

1. *Biodiversity in the Seas.*
2. Graham, S. 7.
3. Ich weiß noch, wie eine bedeutende Führungspersönlichkeit von NIEO und UNCLOS, die hier namenlos bleiben soll, mir sagte, beides habe nichts miteinander zu tun und in Seerechtsfragen habe ein Land wie Mexiko mit Norwegen mehr Gemeinsamkeiten als mit Bolivien.
4. Borgese und Pardo, 1975, 1976.
5. Unsere gemeinsame Zukunft, 1987.
6. Der Gipfel von Rio verabschiedete eine Prinzipienerklärung, eine Rahmenvereinbarung über die Klimaveränderung, ein Übereinkommen über die Erhaltung der biologischen Vielfalt und das Aktionsprogramm *Agenda 21* über Wüstenbildung und Wälder. Ich übernahm die Einberufung einer Reihe von Folgekonferenzen (über den Schutz auseinandergerissener und stark wandernder Tierbestände in den Meeren, über integrierte Küstenbewirtschaftung, über Entwicklungsländer auf kleinen Inseln) und richtete ein zwischenstaatliches Gremium ein, das ein Übereinkommen zur Eindämmung der Wüstenbildung ausarbeiten sollte. Alle diese Arbeiten verliefen nach dem vorgesehenen Zeitplan. Das Kapitel 17 der *Agenda 21*, das gehaltvollste des ganzen Programms, ist der nachhaltigen Entwicklung von Meeren und Ozeanen gewidmet. Alle anderen Dokumente des Umweltgipfels, darunter auch die über Wälder und Wüstenbildung, stehen in wichtiger Verbindung zur nachhaltigen Entwicklung der Ozeane. Der Umweltgipfel erfüllte eine unentbehrliche Aufgabe: Er machte deutlich, daß die Probleme der Ozeane nicht nur untereinander eng verknüpft sind, sondern auch mit denen des Festlandes, der Atmosphäre und des Weltraums.
7. Bericht des Generalsekretärs an die Generalversammlung der Vereinten Nationen, 1994; *Addendum*, 1995.
8. *Oceans and Peace: the Potential Contributions of Ocean Governance to the Implementation of the Agenda for Peace*. The Proceedings of Pacem in Maribus XXIII, Costa Rica, 1995, Vorwort von Federico Mayor. Paris: UNESCO, 1997.
9. *Wohlstand und Wohlfahrt, The Limits of certainty.*
10. *Die Zukunft der Weltmeere*, 1985.
11. Die Weltbank bewertete kürzlich den Reichtum der Staaten neu, und zwar auf der

Grundlage der erzeugten Güter, des natürlichen Kapitals und des menschlichen Kapitals (*Monitoring Environment Progress*, 1995). Dieser Wohlstand besteht nach Angaben der Bank sowohl in Industrie- als auch in Entwicklungsländern nur zu 16 Prozent aus produzierten Gütern. Natürliches Kapital macht in Industrieländern 17 und in Entwicklungsländern 32 Prozent aus. Eine Fußnote legt die Vermutung nahe, daß diese Schätzung zu niedrig gegriffen sein dürfte. Den weitaus größten Teil – 67 Prozent in Industrie-, 52 Prozent in Entwicklungsländern – steuert das menschliche Kapital bei.

12. Giarini und Liedtke, 1997.
13. Ebenda.
14. Dror, 1995; King und Schneider, 1992. Schneider, 1986. Rosensohn und Schneider, 1993, und andere.
15. Schon Karl Marx erkannte, daß man sich mit den Problemen der wuchernden Metropolen und der zerfallenden Dörfer im Zusammenhang befassen muß. Verblüffend weitsichtig empfahl er, den Betrieb von Ackerbau und Industrie zu vereinigen und den Unterschied zwischen Stadt und Land aufzuheben.
    So etwa in: Karl Marx: *Manifest der kommunistischen Partei*, S. 39. In: Karl Marx, Friedrich Engels: Werke. Herausgegeben vom Institut für Marxismus-Leninismus beim ZK der SED, Berlin: Dietz, 1956 ff. Bd. 4, S. 481.
16. Rosensohn und Schneider weisen darauf hin, wie wichtig die gleichzeitige Entwicklung der Biotechnologie ist und wie schwer sie sich bewerkstelligen läßt. »Die neuen Anwendungsgebiete der Biotechnologie sind weitgehend durch Patente geschützt, die sich meist im Besitz von Privatunternehmen in den Industrieländern befinden. Den Entwicklungsländern steht der Nutzen dieser Technologie wegen der Beschränkungen durch Institutionen, Politik und Infrastruktur sowie wegen mangelnder Investitionen in der Regel nicht zur Verfügung.« Deshalb haben die aufsehenerregenden Fortschritte der Gentechnik in der Regel zur Folge, »daß die Kluft zwischen Besitzenden und Habenichtsen nicht kleiner, sondern größer wird«.
17. Bemerkenswerterweise sind die NGO in der Mittelmeerkommission über nachhaltige Entwicklung *gleichberechtigt* mit den Regierungen vertreten. Es werden die richtigen Verbindungen zwischen regionalen und örtlichen Entscheidungsträgern hergestellt, und der »fachspezifische Ansatz«, das Kennzeichen der vorangegangenen Phase im Regionalmeerprogramm, wurde überwunden.
18. *Ocean Governance and the United Nations*, 1996.

1. Ozeanische Perspektiven: Physis

1. Needham, in Zusammenarbeit mit Ling und Lu Gwei-Djen, 1965, 1971.
2. Gotthilf Hempel, 1992.
3. *Sea Technology*, April 1997.
4. *Science*, 14. Februar 1997.
5. Prediger, Salomo 1:7.
6. Miller, 1996.

7. Siehe Hempel, 1992.
8. Revelle, 1992.
9. Kerr, 1997.
10. Diese historische Entwicklung habe ich (nach O. A. Jones und R. Endean, Hrsg., *Biology and Geology of Coral Reefs*, vol. 1, 1973) in *Das Drama der Meere* zusammenfassend dargestellt, aber es lohnt sich, sie in dem hier vorliegenden Zusammenhang noch einmal zu erzählen.
11. *Science* 279, »Coral Reefs Dominate Integrative Biology Meeting«, 6. Februar 1998.
12. Buchanan, 1994.
13. Das *Dhammapada, v. 129.*
14. Sri Aurobindo Centenary Library, vol. XII, Pondicherry: Aurobindo Ashram, 1971.
15. Die Lehren Buddhas.
16. Kofi Annan, Pressekonferenz, 1. Mai 1997.
17. Die folgenden Abschnitte sind eine Zusammenfassung aus IMO/FAO/UNESCO/GESAMP, 1990.
18. Nach Xu Yukun, International Cooperation Department, State Oceanic Administration of China: Auszug für das IOI-Ausbildungsprogramm.
19. »Versicherer räumen ein: Wenn die globale Erwärmung Wirklichkeit wird, drohen die daraus erwachsenden Ansprüche die ganze Branche in den Bankrott zu treiben.« Panos Institute, 1997.
20. Die Lehren Buddhas.

2. Ozeanische Perspektiven: Kultur

1. Dieses Kapitel stützt sich auf meinen Aufsatz »The sea and the dreams of man«, erschienen bei der UNESCO, 1983, 3/4.
2. Bates, 1960.
3. Hardy, 1965.
4. Morven, 1980.
5. Saigal (forthcoming).
6. Saigal, *op. cit.*
7. Borgese, 1975.
8. Miller, 1971.
9. *Science* 279, 13. März 1998, »Ancient Island Tools Suggest *Homo erectus* Was a Seafarer«.
10. Morven, *op. cit.*
11. Borgese, 1943.
12. Siehe *The Ocean and the Agenda for Peace*, Paris: UNESCO/IOC, 1997.
13. Lockspeiser, 1962.
14. Ebenda.
15. Ebenda.
16. Vallas, 1967.

17. Newman, 1967.
18. A. Hovhaness, Anmerkungen im Programm zu *And God Created the Great Whales*, Aufzeichnung der Welturaufführung, Columbia Stereo Masterworks, M:30390.
19. Lockspeiser, *op. cit.*
20. Newman, 1967.
21. Lockspeiser, *op. cit.*
22. T. Mann, 1960.
23. T. Mann, »Süßer Schlaf«, *op. cit.*
24. T. Mann. »Meerfahrt mit Don Quijote«, Band IX, 1934.
25. Eine aktuelle, umfassende Analyse der Beziehung Thomas Manns zum Meer findet sich bei E. Goebel, »Thomas Mann und das Meer«, in *Mare*, I, 1. Hamburg: dreiviertel verlag, April 1997.

3. Ozeanische Perspektiven: Wirtschaft

1. Diese Zahlen werden jedoch durch die Preise des Seetransportes mit einbezogen.
2. Dies sollte man ebenfalls zu den Transportkosten hinzurechnen.
3. Wapner, 1997.
4. Glowka, 1996.
5. Nach einer Schätzung der World Conservation Union dürften bis zu zehn Millionen biologische Arten auf dem Meeresboden zu Hause sein.
6. Venezia und Holt, 1995.
7. Dillon, 1992.
8. bdillon@nobska.er.usgs.gov
9. Siehe Englezos, 1993.
10. R. Costanza, R. d'Arge, M. van den Belt, »The value of the world's ecosystem services and natural capital«. *Nature*, May 15, 1997. Vol. 387, no. 6630. S. 253–260.
11. Roush, 1997.
12. Giarini, 1987. Abstract in Giarini and Börlin, 1991.
13. Borgese, 1986.
14. Giarini, 1980.
15. UN, 1996.
16. UNDP, 1997; Weltbank, 1997.
17. UNEP/DEIA/MR. 963. Vorbereitende Initiativen der DEIA (Division of Environmental Information and Assessment) des UNEP waren eine Arbeitsgruppe für Kerndaten (1996), sechs regionale Konsultationsgespräche, die 1996 stattfanden, und eine auf Modellen basierende Analyse, die GEO-1 stützte. Die hier folgende Übersicht stützt sich auch auf: UNEP/UN Systemwide Earthwatch Coordination, 1995; UN *systemwide Earthwatch Programme Document*. Earthwatch hat die Aufgabe, die Beobachtungen, Beurteilungen und Berichte innerhalb des UN-Systems zu koordinieren, in Einklang zu bringen und zu integrieren, um geeignete ökologische und sozioökonomische Informationen für die Entscheidungsfindung über nachhaltige Entwicklung zu liefern, so unter anderem Informationen

über Belastung, Zustand und Entwicklung wichtiger globaler Ressourcen, Variablen und Prozesse in natürlichen und menschlichen Systemen sowie über die Reaktionen auf Probleme in diesen Bereichen.

18. GESAMP, 1990. »The State of the Marine Environment«. Regional Seas Reports and Studies No. 115. Nairobi: UNEP. S. 111.
19. UNEP, 1991.
20. UNEP, 1997.
21. Eine genaue Tabelle der nationalen und internationalen Systeme zum Schutz natürlicher Gebiete sowie getrennte Daten für marine und an Küsten gelegene Schutzgebiete finden sich in der alle zwei Jahre erscheinenden Publikation *World Resources* des World Resources Institute.
22. Siehe auch UNEP, 1995, *The UNEP Biodiversity Programme and Implementation Strategy* und UNEP, 1995, *Global Biodiversity Assessment;* dieser über 1100seitige Bericht enthält genaue Informationen über den derzeitigen Kenntnisstand, Wissenslücken und Bereiche, in denen weitere Forschungsarbeiten notwendig sind.
23. UNEP, 1993. Siehe auch Giarini and Stahel, 1989.
24. UNEP, 1991.
25. Briguglio, 1995.
26. World Resources Institute, 1986.
27. UN, 1996.
28. UN Statistical Office, 1994.
29. Sheng, 1995; van Dieren (Hrsg.), 1995.
30. UN Statistical Office, 1993.
31. Hammond, 1995.
32. De Groot, 1992.
33. Barde und Pearce (Hrsg.), 1991.
34. UNEP/Earthwatch Coordination, 1995.
35. European Environment Agency, 1996.
36. Hammond, 1995.
37. Giarini, 1980; Giarini und Börlin, 1991.
38. UNDP, 1997.
39. Man denke zum Beispiel im Zusammenhang mit den externen ökologischen Kosten an SEEA und im Hinblick an Reichtum, der durch die volkswirtschaftliche Gesamtrechnung nicht erfaßt wird, an den Human Development Report.
40. UNEP, 1997: GEO-1, S. 6–7.
41. Der gleichen Meinung ist auch Hammond, 1995.
42. Adresse: http://www.un.org/desa/dsd/isd.htm
43. »Wir neigen heute dazu, die Wirtschaft der USA unter dem Gesichtspunkt der Industrie zu analysieren, obwohl 50 Prozent der Arbeitsplätze, 67 Prozent des Bruttosozialprodukts, 90 Prozent der neuen Stellen und ein großer Teil der wirtschaftlichen Dynamik im Dienstleistungsbereich angesiedelt sind.« John Reed, Vorstandsvorsitzender von Citicorp.
44. Zum »Eurozentrismus« gehört natürlich auch der »Amerikazentrismus«, der mit

seiner Ökonomisierung des Lebens und der Globalisierung der Ökonomisierung seinen neuen Höhepunkt bildet.

45. *Sustainable Development: The Spiritual Dimension.*
46. *Sama Veda*, 1462; *Yayur Veda*, 3.17. Beide sind erhältlich bei Motilal Banarsidas, Delhi.
47. Derzeit werden im Westen neue, interessante Theorien über die Zusammenhänge zwischen Eigentum, Regierungsgewalt und Sicherheit entwickelt. Siehe Prins, 1998, und Gray, 1993.
48. *Anguttara Nikaya*, Anmerkung 13, V.177.
49. Holland, 1988, S. 117–123.
50. Sachs, 1992.
51. Z. B. Huq, 1985, S. 68.
52. Ebenda, S. 42.
53. Zitiert in *Islam and Ecology*, Khalid und O'Brien (Hrsg.), S. 7.
54. Siehe z. B. Lovelock, 1982.
55. Siehe z. B. Naqvi, 1995. Eine gegenteilige Ansicht vertritt Ahmad, 1974.
56. Siehe z. B. Drucker, 1992.
57. Wie wichtig der »Verlustfaktor« für die derzeitigen Bemühungen ist, »Ökonomie« und »Ökologie« in der nachhaltigen Entwicklung zusammenzuführen, wird von Ressourcenfachleuten zunehmend betont.
58. »Ganzheitlich« heißt, daß die Spezialisierung überwunden wird.
59. Mit den Auswirkungen der Informationsrevolution auf das geistige Eigentum befaßt sich Harlan Cleveland. Er weist darauf hin, daß Information nicht »ausgetauscht«, sondern »geteilt« wird, und das erklärt nach seiner Überzeugung, »warum der Begriff ›geistiges Eigentum‹ angesichts der Tatsache, daß man Informationen eigentlich nicht ›besitzen‹ kann, ein Widerspruch in sich selbst ist« (Cleveland, 1996). Nachhaltige Entwicklung der Meere erfordert in großem Maßstab technische Kooperation. Ohne die erforderliche Technologie werden die Entwicklungsländer nicht in der Lage sein, ihre neuen Aufgaben wahrzunehmen. Komplizierter wird die Angelegenheit durch den derzeitigen Trend, Patent- und andere geistige Eigentumsrechte zu stärken. Deshalb besagt die Konvention über biologische Vielfalt: »Die Unterzeichnerstaaten erkennen an, daß Patente und andere Rechte auf geistiges Eigentum Auswirkungen auf die Umsetzung dieser Konvention haben können, und werden in dieser Hinsicht im Rahmen der nationalen Gesetze und des internationalen Rechts zusammenarbeiten, *um zu gewährleisten, daß solche Rechte ihren Zielen dienen und ihnen nicht zuwiderlaufen*« (Art. 16.5). Das heißt: Wenn Konflikte zwischen nachhaltiger Entwicklung und anerkannten Rechten auf geistiges Eigentum auftreten, hat erstere die höhere Priorität.

    Kürzlich schlug Richard Stallman, der Entwickler und Eigentümer eines größeren Softwareprogramms, in einem Interview mit der *International Herald Tribune* (14. März 1998) vor, Software kostenlos zu verteilen. »Unsere Software unterliegt dem Urheberrecht, aber wir gestatten, daß Kopien angefertigt und veränderte Versionen veröffentlicht werden.«

4. Ozeanische Perspektiven: Recht

1. Konvention über biologische Vielfalt; Klimaschutzkonvention; *Agenda 21;* Konvention über Wüstenbildung; Aktionsprogramm für kleine Entwicklungsländer auf Inseln; Implementierungsabkommen über grenzüberschreitende und weit wandernde Fischbestände; globales Aktionsprogramm zur Verhütung von Umweltverschmutzung durch landgestützte Tätigkeiten; Aktionsprogramm für integrierte Küstenbewirtschaftung; Habitat; Sozialgipfel.
2. »Transfer« steht in Anführungszeichen, weil es ihn nach meiner Überzeugung im herkömmlichen Sinn nicht mehr gibt. Die Hochtechnologie ist in ihrem Wesen qualitativ anders als die herkömmliche Technik. Sie stützt sich weitaus stärker auf Software, Wissen und Information als auf Hardware, Kapital und Material. Man kann sie nicht »kaufen«, sondern man muß sie lernen. Mit der Frage, welche Auswirkungen sich daraus für die Institutionen ergeben, befaßt sich Kapitel 5.
3. Boutros-Ghali, 1993.
4. Manolis, 1996.
5. Ruggie, 1993.
6. Manolis, 1996.
7. Borgese, 1995.
8. Artikel 60.
9. Artikel 81.
10. Artikel 94.
11. Artikel 79.
12. Einzelpersonen können nicht vor dem Internationalen Gerichtshof auftreten. Das ist auf globaler Ebene etwas Neues. Auf regionaler Ebene können einzelne auch vor den europäischen Gerichtsinstanzen nicht auftreten. Welche Auswirkungen sich daraus für die Souveränität ergeben, kann man an dem folgenden Zitat ablesen; es stammt aus einer Entscheidung des Gerichtshofes der Europäischen Gemeinschaft aus dem Jahr 1963 (*American Journal of International Law* 58,1): »Die Gemeinschaft stellt eine neue Rechtsordnung internationalen Charakters dar; zu ihren Gunsten haben die Staaten – allerdings nur auf beschränkten Gebieten – ihre Hoheitsrechte eingeschränkt, und ihr unterliegen nicht nur die Mitgliedsstaaten, sondern auch ihre Staatsangehörigen; deshalb schafft das Gemeinschaftsrecht nicht nur unabhängig von der Gesetzgebung der Mitgliedsstaaten Belastungen für die Menschen als solche, sondern es verleiht ihnen auch Rechte, die in ihr juristisches Erbe eingehen.«
13. Gewählt werden sie allerdings von den Regierungen, und zwar nach einem Prinzip, das erstmals schon 1918 von der ILO angewandt wurde.
14. Persönliche Mitteilung.
15. Scheingold, 1972.
16. ILM, Vol. XXIX, No. 3, May 1990.
17. UNEP, Weltbank, UNDP und die Global Environment Facility haben ihre innere Organisation und ihr Projektmanagement neu strukturiert, um die Bewirtschaftung von Meer- und Süßwasser einzubeziehen. An den Küsten stehen beide in

mehrfacher Hinsicht in Wechselbeziehung. Meerwasserentsalzung liefert einen immer größeren Anteil des Wassers für die Bewässerung und sogar des Trinkwassers; Flüsse und Mündungsgebiete beeinflussen die Küsten (Erosion, Versandung) und die ausschließliche Wirtschaftszone.

18. Im April 1991 bestätigte der chinesische Premierminister ausdrücklich: »Wir sind bereit, die Frage der Nashan-(Spratly-)Inseln mit den betroffenen Ländern in friedlichen, freundschaftlichen Konsultationen zu erörtern.« Siehe Jagota, 1992.

5. Ozeanische Perspektiven: Institutionen

1. Siehe Kapitel 3.
2. Bericht der World Commission on Environment and Development, 1987.
3. UN-Umweltgipfel, Rio de Janeiro, 1992.
4. Hasler, 1998.
5. Ebenda.
6. Fanning, 1997.
7. Bruce Gillies, 1999, »The Nunavut Final Agreement« and Marine Management in the North, *Northern Perspectives* 23(1): 17–19. Canadian Arctic Resources Committee.
8. Jentoft und Mikalsen, 1994.
9. Welch, 1995.
10. Borgese, 1995.
11. UNEP, 1993.
12. *European Technological Collaboration*, 1987.
13. Malta: Foundation for International Studies, 1987.
14. Saigal, 1988.
15. Das Technologietransferprogramm des Protokolls von Montreal mit seiner multilateralen Finanzierung wurde als großer Erfolg gefeiert. Anil Agarwal, Direktor am Ministerium für Umweltschutz und Forstwirtschaft der indischen Regierung, hat jedoch einige schwerwiegende Vorbehalte: »Wiederum macht sich der Eindruck breit, daß neue Technologien die vorhandenen verdrängen werden. Das wird vor allem im Norden stattfinden, und der Süden wird später die Kosten für die Umstellungen tragen müssen. Die Folgerungen sind noch nicht in vollem Umfang abzusehen, aber der Gedanke an technologische Abhängigkeit hinterläßt ein sehr ungutes Gefühl« (UNEP, *Our Planet*, Vol. 9, No. 2, 1997). Durch gemeinsame Technologieentwicklung sowie durch gemeinsame Forschungs- und Entwicklungsprojekte, wie ich sie hier vorschlage, könnte man solche Bedenken abmildern.
16. Als das Seerechtsübereinkommen 1982 verabschiedet wurde, umfaßte sein Geltungsbereich alle Meere – entweder direkt oder indirekt über die »zuständigen internationalen Organisationen« mit ihren Konventionen und Programmen. Die Entwicklungen der neunziger Jahre konnte das Übereinkommen noch nicht berücksichtigen, und diese stellen ihrerseits das Übereinkommen zuwenig in Rechnung. Deshalb ist das Vorgehen im Zusammenhang mit den Meeren wie-

derum zersplittert und nach Fachgebieten aufgeteilt. Das Grundproblem ist nicht zu lösen, solange es nicht ein Forum gibt, in dem Staaten und nichtstaatliche Akteure die eng miteinander verbundenen Probleme des Meeresraumes als Ganzes erörtern können, wobei das Übereinkommen als lebendes Gebilde betrachtet wird, das sich weiterentwickelt und sich damit auf neue Entwicklungen wie die der neunziger Jahre einstellt. Mit einer liberaleren Interpretation der neuen juristischen Instrumente für die technologische Kooperation könnte man aber den neuen Integrationsprozeß bis zu einem gewissen Grade vorwegnehmen und anregen.

17. Nach der Veröffentlichung der IOI-Studie ergriff der italienische EUROMAR-Koordinator die Initiative und berief eine Tagung ein, auf der die Möglichkeit erörtert wurde, EUROMAR auch für Entwicklungsländer zu öffnen. Der Vorschlag wurde damals zurückgewiesen. Besonders die französische Delegation beharrte darauf, EUROMAR und EUREKA müßten europäische Institutionen bleiben, weil ihr Hauptziel darin bestand, die europäische Industrie weltweit wettbewerbsfähig zu machen. Heute ist die Situation ein wenig anders. Das Bestreben der Europäischen Union, den Staaten am südlichen und östlichen Mittelmeer technische Hilfe zu gewähren, bietet weit bessere Aussichten auf eine Zusammenarbeit.
18. In Paragraph 92 des Programms heißt es: »Die Regierungen sollen einen juristischen und politischen Rahmen schaffen, der technologieorientierten Investitionen der Privatwirtschaft und den langfristigen Zielen der nachhaltigen Entwicklung dienlich ist. Regierungen und internationale Entwicklungseinrichtungen sollen weiterhin eine Schlüsselrolle für die Begründung staatlich-privater Partnerschaften spielen, und zwar sowohl innerhalb als auch zwischen Industrie-, Entwicklungs- und Schwellenländern. Solche Partnerschaften sind unentbehrlich, damit die Vorteile der Privatwirtschaft – Zugang zu Finanzierung und Technologie, effizientes Management, unternehmerische Erfahrung und technische Fachkenntnisse – mit der Fähigkeit der Regierungen verknüpft werden, um ein politisches Umfeld zu schaffen, das technologieorientierten Investitionen der Privatwirtschaft und den langfristigen Zielen der nachhaltigen Entwicklung dienlich ist.« Paragraph 93 empfiehlt die Schaffung von Zentren für den Technologietransfer auf unterschiedlichen Ebenen, einschließlich der lokalen. Paragraph 95 betont, wie wichtig geeignete Maßnahmen, mit denen die Kooperation zwischen verschiedenen Ländern des Südens gestärkt wird, für den Technologietransfer und den Aufbau neuer Fähigkeiten sind.
19. UNEP(OCA)/MED IG > 8/CRP/9, Abschnitte (a), 1–3.
20. Eine ähnliche Vorgehensweise, mit der die erwähnten Vorteile zu erreichen sind, entwickelte die *Preliminary Draft of a World Constitution*, die erstmals 1948 von der University of Chicago veröffentlicht wurde. Die Wahl einer Weltkörperschaft nach Nominierung durch lokale Körperschaften wurde als »exogene Vertretung« bezeichnet. Siehe *A Constitution for the World*, Santa Barbara, CA: Center for the Study of Democratic Institutions, 1965.
21. Diese Ansicht vertritt Jens Evenson, ein früherer Richter am Internationalen

Gerichtshof. Er stellt fest, das Seerechtsübereinkommen befasse sich nicht unmittelbar mit der Abschaffung der Kernwaffen auf den Meeren oder ähnlichen Abrüstungsfragen, gelangt dann aber zu dem Schluß: »Das Übereinkommen schreibt weiterhin die Prinzipien fest, die der friedlichen Nutzung des Meeresraums zugrunde liegen. Deshalb sollte das Übereinkommen als juristische Grundlage dienen, auf der man sich unmittelbar mit der Frage der Kernwaffen auf den Meeren befassen kann.« Evenson, 1986.

22. Siehe Lopez-Reyes, 1997.
23. Organisationen für wirtschaftliche Integration, die an der Umsetzung aller neuen Abkommen beteiligt sind.
24. Dokument A/51/645.
25. Die ISBA ist keine Fachbehörde, sondern eine unabhängige, zwischenstaatliche, durch Verträge begründete Körperschaft, die bei den Vereinten Nationen und dem Internationalen Seegerichtshof »Beobachterstatus« genießt.
26. Commission on Global Governance, 1995.
27. Die erste Sitzung (1994/95) war in drei Teile gegliedert; eine davon war die konstituierende Sitzung.
28. Abkommen über die Umsetzung des Teils XI des UN-Seerechtsübereinkommens von 1982, 17. August 1994, A/RES/48/263.
29. Implementierungsabkommen, Anhang, Abschnitt I, Paragraph 12 (a).
30. Ebenda, Paragraph 14.
31. Ebenda, Paragraph 2.
32. Im Implementierungsabkommen wird der Begriff des »Ausgleichs« zugunsten der »wirtschaftlichen Unterstützung« fallengelassen. Beibehalten wird aber der Gedanke, daß diese Unterstützung sich auf Entwicklungsländer beschränken soll, die unter schwerwiegenden Beeinträchtigungen ihrer Exporterlöse leiden, »(...) wenn diese auf einen verminderten Preis für einen der fraglichen Mineralstoffe zurückgehen (...), *und zwar in dem Umfang, in dem eine solche Verminderung durch die Tätigkeiten im Gebiet verursacht wird*« (Abschnitt 7, Paragraph 1).
33. Siehe zum Beispiel die vorläufigen Schlußfolgerungen der Beratungen der Sonderkommission 1; diese können die Grundlage ihrer Empfehlungen an die Internationale Meeresbodenbehörde bilden (überarbeitete Vorschläge des Vorsitzenden, vorläufige Schlußfolgerung 8): »Die Behörde sollte ein Verfahren entwickeln, mit dem sich die Auswirkungen der Produktion am Meeresboden auf Preis und Exportvolumen feststellen lassen und die eine Trennung von den Auswirkungen anderer Faktoren ermöglicht. Bei der Entwicklung eines solchen Verfahrens sollte die Behörde folgende Faktoren berücksichtigen: Lage der Weltmärkte für Metalle; Veränderungen des Verbrauchs; Produktion in Meereszonen unter nationaler Hoheit; Ersatz; Recycling; technische Entwicklungen; andere bedeutsame Faktoren wie allgemeine Konjunkturlage, staatliche Politik und Erschöpfung der landgebundenen Lagerstätten unter nationaler Hoheit der betroffenen Entwicklungsländer.« In: Renate Platzöder (Hrsg.), *The Law of the Sea Documents: 1983–1990*, Vol. XI. Dobbs Ferry, NY: Oceana Press, 1990.
34. Art. 7, Paragraph 2: »Schutz- und Bewirtschaftungsmaßnahmen, die auf hoher

See und in Gebieten unter nationaler Hoheit ergriffen werden, müssen vereinbar sein, damit der Schutz und die Bewirtschaftung der Bestände insgesamt gewährleistet sind. Zu diesem Zweck sind Küstenstaaten und Staaten, die auf hoher See fischen, zur Zusammenarbeit verpflichtet, damit im Hinblick auf grenzüberschreitende und weit wandernde Fischbestände vereinbare Maßnahmen ergriffen werden.«

35. Diese Befugnis, in Zukunft die Produktion von Mineralien einzuschränken, die aus anderen Ressourcen als den Manganknollen gewonnen werden, wurde durch Abschnitt 6, Paragraph 7 des Implementierungsabkommens aufgehoben.

36. Das Implementierungsabkommen beschränkt die Anwendung dieser Vorschrift offenbar auf Fragen, die in den Abschnitten 2 (Das Unternehmen), 5 (Technologietransfer), 6 (Produktionspolitik), 7 (Wirtschaftliche Unterstützung) und 8 (Finanzielle Vertragsbedingungen) geregelt sind. Andere Ressourcen als die Manganknollen sind dabei nicht erfaßt. Allerdings gibt es keine Aussage, wonach die Vorschrift bezüglich anderer Ressourcen »nicht gelten soll«.

37. Der Rat besteht aus 36 Mitgliedern, die von der Versammlung in der folgenden Reihenfolge gewählt werden müssen:
erstens (a) vier Mitglieder aus Staaten, welche die größten Verbraucher und/oder Importeure der aus den Knollen produzierten Metalle sind und mehr als zwei Prozent der gesamten weltweiten Verbrauchs- oder Importmenge verbraucht oder importiert haben. Eines dieser vier Mitglieder muß aus einem Staat des (sozialistischen) Osteuropa stammen;
zweitens (b) vier Mitglieder aus den acht Staaten, welche die größten Investitionen in den Abbau der Knollen getätigt haben. Auch unter diesen muß ein Staat aus Osteuropa sein;
drittens (c) vier Mitglieder aus Staaten, welche die größten Produzenten und/oder Exporteure der in dem Gebiet produzierten Metalle sind; unter diesen vier müssen mindestens zwei Entwicklungsländer sein, in denen der Export solcher Mineralien erhebliche Auswirkungen auf die gesamte Wirtschaft hat;
viertens (d) sechs Entwicklungsländer, die besondere Interessen vertreten, darunter Staaten mit großer Bevölkerungszahl, Staaten ohne Zugang zum Meer oder mit anderen geographischen Nachteilen, Staaten, die große Importeure dieser Mineralien sind, Staaten, die potentielle Produzenten sind, und die am geringsten entwickelten Staaten;
fünftens und letztens (e) werden 18 Mitglieder so gewählt, daß in dem Rat insgesamt eine gerechte geographische Vertretung gewährleistet ist.
Die Mitglieder werden für vier Jahre gewählt; bei der ersten Wahl wird die Hälfte der Mitglieder für zwei Jahre gewählt, so daß sich versetzte Amtszeiten ergeben.
Jedes Mitglied hat eine Stimme.
Die Entscheidungsfindung erfolgt nach einem Stufensystem. Verfahrensfragen erfordern die einfache Mehrheit der anwesenden und abstimmenden Mitglieder. Wenig umstrittene substantielle Fragen erfordern eine Zweidrittelmehrheit; stärker umstrittene Fragen erfordern eine Dreiviertelmehrheit; die am stärksten

umstrittenen Fragen – über den Schutz landgestützter Produzenten der Entwicklungsländer gegen nachteilige wirtschaftliche Auswirkungen, Aufteilung finanzieller oder anderer wirtschaftlicher Gewinne und einige andere Fragen sowie Ergänzungen – müssen einstimmig beschlossen werden.
Es ist ein schwerfälliger, komplizierter Prozeß, aber er konnte umgesetzt werden. Wie effizient er sein wird, bleibt abzuwarten; offen ist auch die Frage, wann bei den in (a) und (b) genannten »Interessengruppen« eine Veränderung eintreten muß – zum Beispiel weil anstelle der Manganknollen andere Ressourcen ausgebeutet werden.

38. Dokument ISBA/A/L.8, 21. März 1996.

39. Die Bundesrepublik Deutschland bot, obwohl sie nicht dazu verpflichtet war, ein Ausbildungsprogramm an, das natürlich genutzt werden sollte. Das International Ocean Institute führt, in Zusammenarbeit mit China und Indien und finanziert von der japanischen Nippon Foundation, Ausbildungsprogramme für Manager und Projektplaner meeresbodenbezogener Tätigkeiten durch. Das fünfwöchige Intensivprogramm findet jährlich abwechselnd in Indien und China statt. Im Jahr 1997 wurde es an der University of the West Indies in Kingston (Jamaika) veranstaltet, weil die Teilnehmer die Gelegenheit haben sollten, unmittelbare Kontakte zur Internationalen Meeresbodenbehörde zu knüpfen. Die Leitung des Programms hat der ehrenwerte Joseph Wariobaa aus Tansania in Zusammenarbeit mit den Direktoren des IOI Indien und des IOI China.

40. Ein solches Programm wurde 1987 von der Bundesrepublik Deutschland vorgeschlagen.

Index